京欣 1 号

京欣 2 号

京欣 4 号

郑抗 8 号

特大郑抗 2 号

贵妃

开杂 88

小兰

特小凤

黑美人

京颖 4 号

德佳三号

郑抗 10 号

育苗

西瓜日光温室栽培

小型西瓜日光温室栽培

西瓜大棚吊蔓栽培

西瓜大棚栽培

西瓜中拱棚双膜覆盖栽培

西瓜中拱棚栽培

露地小型西瓜立架栽培

西瓜花生间作

方型西瓜

刻字西瓜

无土栽培"西瓜树"

西瓜病毒病（蕨叶型）　　　　　西瓜枯萎病　　　　西瓜绿斑花叶病毒病（一）

西瓜绿斑花叶病毒病（二）　　　　　　西瓜蔓枯病（一）

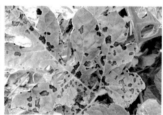

西瓜蔓枯病（二）　　　　西瓜炭疽病（一）　　　　西瓜炭疽病（二）

西瓜疫病（一）　　　　　　　西瓜疫病（二）

山东省现代农业产业技术体系
山东省农业重大应用技术创新项目　资助

西瓜绿色栽培新技术大全

◎ 贺洪军　著

中国农业科学技术出版社

图书在版编目（CIP）数据

西瓜绿色栽培新技术大全 / 贺洪军著 . —北京：中国农业科学技术
出版社，2016.6

ISBN 978 - 7 - 5116 - 2614 - 1

Ⅰ . ①西…　Ⅱ . ①贺…　Ⅲ . ①西瓜 - 瓜果园艺　Ⅳ . ①S651

中国版本图书馆 CIP 数据核字（2016）第 116295 号

责任编辑	崔改泵
责任校对	杨丁庆
出 版 者	中国农业科学技术出版社
	北京市中关村南大街 12 号　邮编：100081
电 话	（010）82109194（编辑室）　（010）82109702（发行部）
	（010）82109709（读者服务部）
传 真	（010）82106650
网 址	http://www. castp. cn
经 销 者	各地新华书店
印 刷 者	北京富泰印刷有限责任公司
开 本	710 mm×1 000 mm　1/16
印 张	16.75　彩插　4 面
字 数	290 千字
版 次	2016 年 6 月第 1 版　2017 年 3 月第 2 次印刷
定 价	38.00 元

前　言

　　西瓜是深受广大消费者喜爱的夏令消暑解渴之佳品，素有"夏果之王"的美誉。西瓜汁多味甜，质细性凉，食之爽口，不仅营养丰富，而且具有较高的药用价值，除直接食用外，还可加工成多种营养食品，实现出口创汇和丰富人们的食物构成，增加社会经济效益。进入 21 世纪以来，随着生产技术的进步和人民生活水平的提高，西瓜已初步实现周年生产和周年供应，逐渐成为四季水果。

　　我国西瓜栽培历史悠久，已有上千年的历史，在长期的生产实践中，广大劳动人民积累了丰富的栽培管理经验。加之我国地域辽阔，不同地区农业生产条件差异较大，多年以来，各地西瓜科研机构和瓜农根据当地生产特点，研究探索出了许多新的栽培技术模式，有力地促进了当地西瓜产业的发展。近年来，随着农业种植结构的调整和大批农业科技新成果、新技术的推广应用，各地西瓜栽培面积迅速增加。据统计，2012—2014 年，我国西瓜年栽培面积均超过 200 万公顷，产量占世界西瓜总产量的 60% 以上，我国已成为世界上西瓜生产规模最大的国家。山东省常年西瓜栽培面积 20 万~25 万公顷，种植规模仅次于河南，在国内名列前茅。由于西瓜生育期短，适应地域广，加上适合间作套种，比较效益高，因此，西瓜生产已成为许多地区农业支柱产业之一。例如，北京市大兴区，山东省昌乐县、东明县、德州市德城区，河南省开封县等成为远近闻名的"西瓜之乡"；种植西瓜是当地农民增收致富的重要途径。为了提高我国西瓜生产水平，增强市场竞争力，各地农技服务部门、西瓜种植专业合作社、西瓜产业园区及广大瓜农迫切希望了解国内外西瓜方面的新品种、新成果、新技术，掌握西瓜优质、绿色、高产、高效及其周年生产的最新栽培技术措施。

　　本书作者系山东省现代农业产业技术体系蔬菜创新团队岗位专家，从事西瓜、辣椒等的育种和栽培技术研究工作 30 多年，先后获得国家、省、市西瓜方面的研究成果 10 余项，出版西瓜方面的书籍 6 部，发表相关论文

20 多篇。本书在总结作者几十年科研成果的基础上,广泛吸收国内外西瓜方面的最新成果和先进经验,加以优化组装和集成,全面系统地介绍了西瓜的特征、特性、良种选择及繁育、日光温室栽培、大棚栽培、中拱棚栽培、双膜覆盖栽培、秋延迟栽培以及无土栽培、扦插栽培、异形西瓜栽培、特大西瓜栽培、小型西瓜栽培、无籽西瓜栽培、有机西瓜栽培和瓜田立体栽培技术等。另外,还有许多单项实用创新技术,例如保护地西瓜多次结果技术、水肥一体化技术、果实印字技术、立架栽培技术、秸秆生物反应堆技术以及苗情诊断等群众喜闻乐见的内容融合于有关章节中,许多内容是国内同类书中涉及较少或尚未涉及的。

本书在编写时注重技术的先进性和实用性,文字通俗简练,各章节既前后呼应,又独立成篇,具有较强的可操作性。本书可作为广大瓜农和县乡农技人员的生产用书,也可作为农业院校师生的参考书。在成书过程中,笔者引用了散见于国内外报刊上的部分文献资料,因体例所限,难以一一列举,在此谨对原作者表示谢意。在本书编写过程中,山东省农业科学院蔬菜研究所焦自高研究员提供部分宝贵资料,德州市农业科学研究院的张自坤、王磊、王友平、李腾飞、常培培等同志提供了大量帮助,在此一并致谢。我国地域辽阔,各地生产条件和种植习惯也不尽相同,对书中所列栽培技术,各地应因地制宜,发挥当地优势,在吸收借鉴的基础上,不断发展和创新。

由于作者水平所限,书中错误和疏漏之处在所难免,敬请广大读者朋友赐正。

著　者

2016 年 3 月

目　　录

第一章 基础知识

第一节 国内外西瓜栽培概况

一、西瓜的发展概况

西瓜是世界上重要的果品之一，素有"夏果之王"的美誉，有着悠久的栽培历史。据英国的宾古斯顿在1852—1856年第一次非洲探险中考证，西瓜起源于南非中部的卡拉哈里沙漠及其周围的萨班纳地区。

世界上栽培西瓜历史最悠久的国家是埃及、印度、希腊等。特别是埃及，考古学家从埃及出土的古壁画上发现有雕刻精制的西瓜茎蔓及果实图案，证实其栽培历史至少已有5 000~6 000年。大约在公元前5世纪，西瓜由埃及传入古希腊和罗马一带。到了公元前4世纪，随着欧洲军队的远征，西瓜由海路被传播到印度，然后又逐渐在东南亚扩散开来。大约在公元前1世纪，西瓜又由陆路沿着"丝绸之路"被传到中亚波斯、西域一带。13世纪以后，西瓜从南欧传到北欧，16世纪传到英国，17世纪以后陆续传到美国、俄国和日本，并在世界上广泛传播开来。

自从西瓜被传入世界各国后，西瓜生产便逐渐发展起来，面积逐步扩大，产量和品质不断提高，西瓜已成为人们生活中必不可少的重要水果之一。据联合国粮农组织最新统计，目前世界西瓜总产量在十大水果（葡萄、柑橘、香蕉、苹果、西瓜、芒果、菠萝、梨、甜瓜、桃）中居第五位，年产量已逾3 000万吨。2012年我国西瓜种植面积已达200万公顷，居世界第一位，产量占世界西瓜总产量的60%以上。

二、西瓜的食用价值及经济价值

1. 西瓜的食用价值

西瓜汁多味甜，含水量较多，一般在95%以上，所以，有水瓜之称。

英文中的 watermelon 和日文中的すぃか都是水瓜之意。西瓜含有多种营养成分和化学物质。据分析，每 500 克西瓜果肉，含有蛋白质 6 克、糖 40 克、粗纤维 1.5 克、钾 0.6 克、磷 50 毫克、钙 30 毫克、铁 1 毫克、钠 10 毫克、镁 42 毫克、抗坏血酸（维生素 C）15 毫克、尼克酸（烟酸）1 毫克、胡萝卜素 0.85 毫克、硫胺素（维生素 B_1）0.25 毫克、核黄素（维生素 B_2）0.25 毫克。另外，还含有各种氨基酸（如瓜氨酸、β - 氨基丙酸、丙氨酸、谷氨酸等）、苹果酸及其他有机酸、果胶物质和少量苷类，以及各种碱类（如枸杞碱、甜茶碱、腺嘌呤等），并含有挥发性成分（乙醛、丁醛、己醛、异戊醛）等。

西瓜果肉中的糖分约占全部干物质的 90%，一般品种含糖量（指可溶性固形物含量）在 9%～10%，优良品种可达 12%～13%。在这些糖中有葡萄糖、果糖、蔗糖。在成熟的果实中，果糖占总糖量的 50%～60%，由于果糖甜度较高，所以，成熟的西瓜吃起来会感到很甜。

西瓜种子中除含有脂肪、蛋白质、维生素 B_2、瓜氨酸、月桂酸、棕榈酸、尿素酶和蔗糖酶外，还含有一种叫做配糖体的成分，有降血压和缓解急性膀胱炎的作用。

西瓜不仅具有丰富的营养，而且还具有良好的药用价值。我国古代医学典籍《本草纲目》《日用本草》《本草备要》《丹溪心法》等中都有西瓜入药的记载。西瓜可以治疗中暑、暑热不尿、热病伤津、心热烦躁、风火牙痛、口舌生疮、咽喉肿痛、烫伤水肿、闪腰岔气、黄疸肝炎、肾虚浮肿及心脏病、高血压、出血热等多种疾病，故有天然"白虎汤"之称。

西瓜全身是宝，各部分都可入药。西瓜皮晒干后叫做"西瓜翠衣"，对治疗水肿、烫伤、肾炎等均有一定疗效。夏天用新鲜瓜皮蒸水内服，可清热解暑。适量干西瓜皮研末后加适量盐、酒调服，可以治疗腰部闪挫疼痛。干瓜皮研末加少许冰片涂搽牙痛处，可立即止痛。

西瓜籽仁中含有丰富的脂肪和蛋白质，可清肺润肠，有补中宜气、止咳化痰之功效；炒食可治口臭，若研末去油，用水调服能治咯血、吐血及妇女月经过多等。西瓜霜可治咽喉肿痛。西瓜根煎服可治疗肠炎和痢疾。

此外，西瓜还可加工制成各种副食品，如西瓜汁、西瓜酱、西瓜脯、西瓜晶、西瓜汽水、西瓜罐头、西瓜酒、西瓜酱油、西瓜皮咸菜等。西瓜种子具有芳香味，可以炒食、煮食，做成各种风味瓜子，是我国人民的传统食品。西瓜籽仁可以作各种糕点的配料。

2. 西瓜的经济价值

西瓜是一种重要的经济作物，在我国大部分地区均能种植。因其具有栽培形式多样、栽培管理技术较易掌握，消费量大，可四季消费，比较效益高等特点，因而各地广泛种植。大力发展西瓜生产，对于丰富人们的食物结构、合理调整农业种植结构、增加农民收入都具有重要意义。因此，不少地区都把西瓜生产作为当地的主导产业来抓。

（1）西瓜收益较高。西瓜的生长期一般为 3~4 个月，普通露地栽培每 667 平方米产值为 2 000~2 500 元，是同期收获粮食作物产值的 1.5~2 倍；双膜覆盖西瓜一般每 667 平方米产值为 4 000~5 000 元，拱圆型大棚为 8 000~12 000 元，日光温室为 15 000~20 000 元，是比较效益较高、收益较为稳定的作物。

（2）西瓜是理想的前茬作物。种植西瓜时，大都深翻土地或深挖瓜沟，施用有机肥多，土壤肥力较高。而且西瓜的行距较大，西瓜生长期间，行间有较长的休闲时间，因此，种植西瓜有明显的改良土壤的作用。所以，瓜茬作物即使不施肥也具有一定的增产作用。如瓜茬棉花、小麦、白菜、萝卜等增产效果明显。在河南省东部的瘠薄沙地上，瓜茬麦的产量成倍增加。所以，各地瓜农都通过种植西瓜留好茬口，实现全年增收。

（3）西瓜比较适合间作套种。一般来讲，西瓜整个生育期较短，其种植的行距和株距又比较大，所以是一种适于间作套种的作物。在西瓜行间可以间套花生、棉花、蔬菜、玉米等多种作物，在基本不影响西瓜产量的情况下，可多种一季粮、棉或蔬菜，取得瓜粮、瓜棉或瓜菜双丰收。特别是早熟栽培的西瓜，由于收获期早，更有利于种植后茬作物，在华北地区可实现一年三作三收或四作四收。各地在生产实践中都摸索总结出了不少好的立体高效种植模式，如小麦—西瓜—玉米—白菜、洋葱—菠菜—西瓜—棉花、西瓜—小萝卜—花生—菜花、小麦—大蒜—西瓜—棉花等，充分利用了光、热、水、气等自然资源，大大提高了土地利用率，增加了复种指数，促进了农民收入的提高和农村经济的发展。

三、我国西瓜栽培的发展简述

1. 栽培历史

我国西瓜栽培已有上千年的历史，西瓜一词根据史书记载最初见于宋·欧阳修所撰《新五代史·四夷附录》载胡峤的《陷虏记》（公元947—

953 年）："胡峤入契丹，亡归中国，道其所见云，入平川始食西瓜，云契丹破回纥得此种，以牛粪覆棚而种，大如中国冬瓜而味甘。"另外，在《五代史》及明·李时珍的《本草纲目》中也有相同的记载。上述史料虽然未标明西瓜引入我国的确切时间，但至少说明在五代以前我国已开始种植西瓜。现在一般认为，西瓜在我国的引入和传播先是通过"丝绸之路"由中亚波斯引进到新疆，以后至南北朝或宋朝由新疆传入内地，其途径大体上由新疆经契丹、金等少数民族统辖区传入河北，再由河北传入山东、河南、陕西等地区。也有人认为，我国南方西瓜除了由北方引入外，还可能通过"西南道"的"丝绸之路"（经川、滇到达印度）或水上"丝绸之路"由印度引入。还有人认为，我国也可能是西瓜的次生起源地，但证据不足。

2. 我国西瓜栽培区域及其特点

我国幅员辽阔，地形复杂，气候类型多样，因此，各地综合生态条件对西瓜的适宜程度也不一样。了解当地的生态特点，并制定和采取相应的栽培技术措施是保证西瓜栽培成功并获得高产的基础。根据各地生态条件与西瓜生产技术上的相似性与差异性，国内西瓜专家把我国的西瓜生产划分为 4 个栽培大区、7 个栽培区。现将各区的特点与简况分述如下。

（1）北方半干旱大区。通称北方区，本大区包括淮河以北、西北干燥区以东的华北、东北全部或大部分省、自治区、直辖市。本区在西瓜生长季节内的主要农业气候特点是生长前中期正值旱季，晴天多，降水少，日照充足，气温较高，有利于西瓜的生长发育；生育后期虽属雨季，但常年的降水量不大，对西瓜生产未形成太大威胁，因此，该区内西瓜产量较高且稳产。本大区又可分为 2 个栽培区。

①华北暖温带半干旱区。通称华北区，本区主要包括冀、鲁、豫、晋、陕、京、津大部和苏北、皖北、辽南、陇东等地。属暖温带气候，无霜期160 ~ 180 天，本区内适宜西瓜露地生长的主要季节是 4—7 月。本区属于西瓜生产的适宜栽培地区。该区栽培历史悠久，经验丰富，具有精耕细作的特点；同时，由于 4—6 月份是旱季，早春气温回升快，日照充足，适于发展早熟栽培。因此，该区是我国西瓜栽培面积最大和早熟栽培面积最大、发展最快的地区。

②东北温带半干旱区。通称东北区，本区主要包括黑龙江、吉林两省和辽宁大部、内蒙古自治区（以下简称内蒙古）东部以及冀北、晋北等部分地区。属（中）温带气候，无霜期 100 ~ 150 天，西瓜适宜栽培期为 5—

8月。本区内的西瓜生产栽培与华北区基本相似，但有以下特点：第一，由于无霜期短，有效积温少，因此生产季节晚，播期和收获期约比华北区延迟15~20天；第二，东北区的瓜田土质肥沃，尤其是黑龙江的黑土，有机质含量高、土层深厚，具有较强的耐旱保墒能力；第三，过去一般瓜田的管理比较粗放，部分瓜田采用放任栽培。20世纪80年代以来，城市郊区和早熟栽培地区栽培技术开始走向精细化。

（2）西北干燥大区。通称西北区，本区主要包括新疆维吾尔自治区（以下简称新疆）、宁夏回族自治区（以下简称宁夏）两自治区，甘肃大部、内蒙古西部以及青海东部农业区等地。本区在西瓜生长期间的气候特点是温、光条件好，降水量少，空气干燥，地面蒸发量大，昼夜温差大，具有典型的大陆性气候特点，所产西瓜含糖量高、品质好、果形大，是西瓜的适宜栽培区。根据降水情况与栽培特点又可再分为2个栽培区。

①西部灌溉栽培区。本区包括新疆与甘肃河西走廊地区。属温带干燥气候，无霜期150天左右，空气干燥、光照充足。本区所产西瓜产量高，最大单果重可达40千克以上。但本区西瓜成熟较晚，可作为补充秋淡市场供应。

②东部干旱区。本区主要包括兰州附近与甘肃中部地区、青海东部农业区、宁夏银川平原区以及内蒙古西部河套地区。属中温带干旱气候，一般西瓜旱地栽培比较困难，生长期内均需进行补充灌溉，兰州一带农民，在长期的生产实践中，创造出了独特的砂（石）田栽培，有效地解决了低温缺水影响，在旱地上种出了优质西瓜。

（3）南方多湿大区。通称南方区，本区主要包括淮河以南、青藏高原以东的全部南方地区。属亚热带和热带湿润气候。本区在西瓜生长季节内的主要气候特点是降雨多，空气湿润，年降水量1 000毫米以上，有明显的雨季，平均气温较高，无霜期长，有的地区可进行两季或不时西瓜生产；西瓜栽培主要受雨水制约，多雨年份往往难坐果，产量低而不稳，因此，本区西瓜栽培技术上的主要特点是高畦栽培、重视排涝、普遍采用育苗躲雨保苗技术以及加强综合防病技术等。根据各地降水情况、种植季节、栽培特点等方面的差异，本区又可分为3个栽培区。

①长江中下游梅雨区。本区主要包括地处长江中下游的上海、浙江、江西、湖北、湖南以及淮河以南的江苏、安徽大部和河南的南部部分地区、陕西汉中地区等。属亚热带湿润气候，无霜期210~250天。本区西瓜栽培

特点主要取决于西瓜生长季节内的雨水分布情况：3月、4月经常出现阴雨天气，春季气温回升慢，易发生烂种僵苗现象，故全部采用育苗保苗办法；为了防止"梅雨"季节涝害，瓜田整地要做高畦与深挖三级排水沟，还应进行畦面铺草、及时打药防病、进行人工辅助授粉、采取综合早熟栽培技术，使花期提前，以提早坐果"带瓜入梅"；为了充分利用7月、8月的伏旱，通过加强肥水管理和保护秧蔓生长等措施，达到多次结果之目的。本区为西瓜生产较适宜栽培区，在气候适宜和雨水调匀的年份或栽培技术水平较好的地区，一般均可获得较好收成。本区处于中国东部经济文化比较发达地区，交通十分便利，西瓜成熟盛期一般又正值伏旱夏季，气候炎热，市场对西瓜的需求量大，同时，本区的西瓜栽培历史比较悠久，具有传统的生产经营与消费习惯。

②华南热带多作区。通称华南区，本区主要包括广东、广西、福建、海南、台湾等省（自治区），云南的元谋、元江、西双版纳等地亦可纳入本区同类气候范围。属北热带和南亚热带湿润气候，全年暖热无冬，无霜期300~340天。本区内大部分地区一年可种植两季西瓜，其中海南省冬种（1—2月播种）西瓜，3—4月供应我国北方市场，深受欢迎。

华南地区由于雨水多，病害重，西瓜生产常常受到较大威胁，故当地农民有把种西瓜比喻成"玻璃饭碗"，意为是易于破碎绝收，年际间的产量极不稳定。

③西南湿润区。通称西南区，本区主要包括四川、云南、贵州大部。属中亚热带湿润气候，无霜期260天左右。本区内西瓜生长季节雨水较多，常有阴雾，光照不足，西瓜产量不很稳定，为西瓜生产次适宜栽培地区。

（4）青藏高寒区。本区主要包括西藏自治区（以下简称西藏）、青海大部及四川西北部。属高原气候。由于海拔高（一般均在2 500~3 000米），气温低，无夏季，有效积温不足，因此，除个别低洼暖热谷地外，一般均不能进行西瓜露地栽培。但其光照强，昼夜温差大，对西瓜生育比较有利，通过塑料大棚、日光温室等保护栽培，可获得较好收成，故本区实属西瓜保护地栽培区。

3. 我国西瓜生产的发展简历

西瓜传入我国后，在各地广泛栽培。但在新中国成立前的较长时间内，西瓜作为一种季节性果品，栽培面积有限，多数以自我消费为主，只有在交通便利、适宜西瓜生长的少数区域才形成一定规模的商品性生产。如山东德州、河南开封、浙江平湖，在历史上被称为我国的三大西瓜名产地。

新中国成立后，我国的西瓜生产有了较大发展，其发展过程大致可以分为以下几个阶段。

自 1949 年新中国成立至 20 世纪 60 年代止为我国西瓜生产的初级阶段。在这个阶段内全国西瓜种植面积不大，估计在 26.67 万公顷以下，商品产区主要集中在华北区和长江中下游区以及其他老的西瓜产区，如河南开封、山东德州、河北保定、浙江平湖、江西抚州、甘肃兰州、北京大兴等。此期的栽培品种主要沿用各地传统的地方品种，如开封和华北地区的花狸虎、三白、核桃纹，德州的喇嘛瓜，兰州的大花皮，北京的黑绷筋，江浙一带的马铃瓜、滨瓜等，以及华北、东北、华东等地区城市郊区的大和瓜、解放瓜等日本大和系统品种。当时的栽培方式主要为露地栽培，只有个别技术水平较高的地区（如山东德州）有少量盆沙育大芽、苇毛覆盖的早熟栽培形式。西瓜产量低而不稳，一般每 667 平方米产量为 1 000 千克左右，果实品质较差，可溶性固形物含量 6% ~ 8%。

20 世纪 70 年代随着生产条件的改善和技术的改进与普及，西瓜生产水平有了一定的提高。在这个时期内，各地农田水利条件有了很大改善，同时选育和引进的一批新的良种如早花、兴城红、庆丰、蜜宝、华东 24 号、澄选一号等用于生产，对提高西瓜单产和品质起到了一定作用。各地西瓜生产稳步发展，全国西瓜面积约为 33.33 万公顷，单产水平达到 2 000 千克左右。

20 世纪 80 年代是我国西瓜生产大发展阶段，此期内西瓜种植面积迅速扩大。据统计，20 世纪 80 年代中后期最高年份西瓜种植面积超过 100 万公顷。各地对西瓜的科研工作进入了繁盛阶段，大量西瓜杂交种应用于生产，西瓜地膜覆盖技术得到迅速普及，西瓜产量有了较大幅度的提高，部分技术水平较高的传统西瓜产区每 667 平方米产量达到 3 000 千克以上，山东省德州市李家桥村瓜农李德义 1989 年创造了 667 平方米产量 11 700 千克的全国西瓜高产纪录。此期内技术性较强的大小棚保护地栽培、嫁接栽培以及无籽西瓜栽培均有一定发展，从而使我国的西瓜生产水平有了较大的提高。

进入 20 世纪 90 年代以后，我国西瓜生产逐步走向稳定阶段。各地种植面积均有不同程度的减少和逐渐趋于稳定，以京欣一号为代表的优质品种和无籽西瓜均有较大发展，双膜覆盖栽培面积继续扩大，高效益的大棚栽培发展更快，特殊的黄皮、黄瓤及小型礼品瓜开始推广。总之，我国的西瓜生产提高到一个新的水平，市场供应更为丰富，不同熟期的栽培形式配套和"南瓜北运""西瓜东运"，基本上实现了西瓜的周年供应，满足了市场的消费需求。随着人民生活水平的不断提高和中国加入WTO（世界贸易组织），我国的西瓜生产会逐步向绿色化、品牌化、优质化、系列化以及周年生产和供应的方向发展。预计不久的将来，我国的西瓜生产水平将会处于世界领先地位。

第二节　西瓜的生物学特性

一、西瓜的植物学性状

1. 根

西瓜的根系属直根系，是西瓜整个生育过程中吸收水分和矿质元素的主要器官。另外，西瓜根系还可合成多种氨基酸等有机物质，供生长发育所用。俗话说"根深叶茂"，根系发育的好坏直接关系到茎叶的生长，进而影响到西瓜产量的高低。

西瓜的根系由主根、侧根和根毛组成。种子萌发时发出的根称为胚根，胚根垂直扎入土壤中，发育成为主根。西瓜早熟栽培中，采用育苗移栽时，主根易受损伤。西瓜的主根上可分生出许多侧根，称为一次侧根，在一次侧根上又可分生出侧根，称为二次侧根。一般可分生出 4~5 次侧根。在主根、侧根上又分生出许多根毛。主根、侧根和根毛形成一个庞大的根系群。另外，采用暗压法进行压蔓时，在压蔓的地方，茎蔓与潮湿的土壤紧密接触，便会形成一定量的不定根。不定根一般长 30~50 厘米，也可以产生侧根。它除了固定茎蔓避免风吹滚秧外，还可起到补充根系吸收功能、扩大吸收面积的作用。

西瓜主根入土深度与土壤条件有关，如土壤质地、结构、透气状况、土壤水分等。不同栽培类型的品种其根系入土深度和分布范围也不同。旱瓜的根系入土较深，分布范围也广，一般水平方向分布半径为 1.5 米，根群主要分布在地面以下 10~60 厘米的范围内；而水浇瓜水平方向分布半径约为 1 米，主要根群分布在 10~40 厘米的土层内。

主根、侧根和不定根一方面起着支持和固定地上部的作用，另一方面起扩大入土范围、增加吸收面积的作用。侧根在吸收功能上起着主导作用，它主要分布在耕作层内及其附近。着生在各次侧根上的根毛，则承担着吸收矿质元素和水分的任务。据研究，每株西瓜可以形成根毛 10 万根左右，且绝大多数分布在二次、三次侧根上，尤其是二次侧根上的根毛，占总数的 60% ~80%。因此，根毛大部分分布在耕层土壤内。根毛的寿命较短，约一周，在不良的环境条件下只有 1~3 天，而且根毛发生困难。因此，根毛是在不断地产生和死亡，维持着根系的吸收功能。

西瓜根系的发育随着植株地上部的生长而迅速伸展。据上海市农业科学院园艺研究所等观察，幼苗出土后第 4 天主根长 9.4 厘米，一次侧根数已达 31 根，第 8 天第一真叶显露时，主根伸长到 12 厘米，一次侧根数增至 55 根，二次侧根已生出 20 根。幼苗一叶一心时，主根深度为 16~18 厘米，开始出现三次侧根，团棵期主根可深达 40 多厘米。

西瓜侧根的发生较其他蔬菜作物为早，但数量较少，根的木质化程度小，因而新发侧根洁白、纤细、脆而嫩，容易损伤。但根的木栓化程度高，所以新根发生困难，再生能力较弱，不耐移栽。在西瓜早熟栽培中，应采用营养钵育苗，尽量减少移栽过程中的根系损伤，以缩短缓苗期，提高成活率。

西瓜的根系极不耐涝，即使短时间淹水也会使植株受到危害。如果降水过多，土壤孔隙度减少，根系呼吸困难，便会导致根系功能失调，进而导致地上部生长停滞或萎蔫。尤其是高温多雨季节，1 天以上的淹水会使植株严重受害，甚至死亡。

2. 茎

西瓜属于蔓生植物，普通栽培时茎匍匐于地面生长，通常称作瓜蔓、瓜秧或瓜藤。西瓜茎中具有发达的维管束群，构成西瓜茎的输导组织，通过其中的导管，将根部吸收的水分和溶解在水中的矿质元素输送到叶片和果实，供叶片蒸腾、光合作用及果实膨大所用。同时，也通过其中的筛管，将叶片制造的光合产物输送到根部，以满足根系生长发育和维持正常生理活动的需要。

西瓜的胚芽发育成为主蔓。当主蔓长到一定长度时，由于茎的机械组织不发达，难以支撑自身的重量，便匍匐于地面生长。主蔓的长度因品种和栽培条件的不同而异，一般在 4~7 米。西瓜的分枝性很强，在主蔓叶腋中的腋芽发育成的侧枝称为一次侧枝，其中，以茎基部第 3~5 片叶叶腋中所发出的侧枝较为健壮，其生长势和结果能力均较强，所结的瓜个大。以后再生出的侧枝生长势和结果能力逐渐减弱。在一次侧枝上还可以萌生出二次侧枝。生长势旺、分枝能力强的品种或在较高的肥水条件下，可相继发生 3 次或 4 次侧枝，因而形成繁茂的地上部分。在生产上，为保持适当的群体，协调茎叶生长和开花结果的关系，一般适当进行整枝，去掉过多的分枝。

伸蔓以后，在茎蔓上每一个叶腋内，均着生有侧芽、花、苞片和由茎变态而来的卷须。卷须一般有 2~4 个分权，分权是由变态的叶而来。卷须主要起缠绕固定的作用，使西瓜茎蔓能够攀缘，防止风吹滚秧。

西瓜茎蔓上着生叶片的地方称作节，两节之间称为节间。在子叶以上第 5、第 6 片叶之前，节间很短，成为短缩茎，形成西瓜植株直立的部分。此后，节间便伸长而成为蔓。蔓的节间长度除品种本身的特性外，还受栽培条件的影响。节间长度一般为 10 厘米左右，最长的可达 20~30 厘米，但某些"丛生型"品种只有 1.7 厘米左右。在过量的肥水供应，特别是氮肥用量偏大及密度过高、通风透光条件较差的情况下，节间会明显伸长，呈旺长状态。反之，在土壤干旱、氮素缺乏等条件下，节间缩短。茎蔓节间的长短是生产中正确进行苗情诊断、合理确定种植密度及肥水管理等措施的依据。

3. 叶

西瓜的叶有子叶和真叶。子叶有两片，在种子中已发育形成，呈长椭圆形，较肥厚，由极短的叶柄着生在子叶节上，其中，贮存有丰富的营养物质，为种子的发芽、出苗提供能量和营养。在真叶长出并能进行光合作用之前，子叶是唯一的光合作用器官。因此，幼苗期保护好子叶，使子叶肥大，延长其功能期，是培育壮苗的重要保证。

真叶即是通常说的叶子。西瓜的真叶由叶柄、叶片、叶脉 3 部分组成。叶柄长而中空，叶脉为网状脉。叶片为单片，一般呈心脏形，三裂，裂刻深浅不同，叶缘有锯齿，表面密被茸毛，并覆有一层蜡质，可以减少水分的蒸腾，这是西瓜的抗旱特征之一。

西瓜叶片的颜色呈绿色或浅绿色。叶片大小、形状、叶柄长度等因品种和栽培条件而异。一般情况下，主蔓第 1~3 片真叶的面积较小，全缘或有浅裂，在第 3~5 片真叶之后，叶片逐渐增大，并出现裂刻，呈现出该品种固有的叶形。西瓜成龄叶的长度一般为 20 厘米左右，宽 18~22 厘米，进行早熟栽培时由于早春温度较低，叶片相应减小。一株西瓜的叶片数

80~350片，最多可达2 000片。长蔓品种叶多而大，短蔓品种叶少而小。在正常的条件下，叶柄长度小于叶片长度，但如果肥水过多或田间郁蔽造成光照不足时，叶柄的长度会超过叶片长度，叶片也明显变大变薄，叶色变淡。在这种情况下，往往花梗也相应伸长，影响坐果。在栽培管理上可以根据叶片的大小、叶柄长度、叶的颜色等进行合理施肥和浇水。

西瓜叶片的正反面均有气孔，正面较多，反面较少。叶片是进行光合作用的主要器官，通过光合作用制造的碳水化合物，供根、茎、叶、花和果实的生长发育所用。因此，在生产上应注意保护好叶片，尽可能延长叶片的功能期，才能使西瓜高产优质。

4. 花

西瓜属于虫媒同株异花授粉作物。雌花、雄花单生，但也有少数品种或少数植株为两性花，所以在杂交制种时要注意去掉两性花的雄蕊，以防自交。西瓜花的花冠为黄色，雌花中的雌蕊位于花冠基部，呈蜂窝状，柱头宽约4~5毫米，其中有许多细毛，起着附着花粉粒的作用，柱头的先端多为三裂，与子房心皮的数目相同。雌花花冠下的子房，通常称为瓜胎或瓜纽。雌花的柱头和雄花的花药上都具有蜜腺，可使花粉粒附着柱头上，并吸引蜜蜂进行传粉。因此，田间放蜂可以提高坐果率。另外，蚂蚁也可起到传粉的作用。

西瓜的花器官分化较早，在子叶出土时就开始分化，到团棵前后已有部分花分化完毕。在同一茎蔓上，一般雄花早于雌花开放，第1雄花多出现在主蔓第5~8节，进入开花期后，每天可有两朵雄花同时开放。第1雌花的着生节位因品种不同而异，早熟品种多在5~7节，中晚熟品种一般在9~13节，雌花间隔节位一般为5~8节。西瓜属半日花，一般上午开花，授粉后下午闭合。但未授粉或未受精和浸水的花可以连续开张两天。每天开花时间的早晚，常受前一天温度（主要是夜温）的影响，温度较高，则开花早，反之，则开花晚。一般5—6月份西瓜的开花时间多在上午7：00~9：00，日光温室和大棚西瓜在3—4月份开花时间略向后延迟一些。西瓜花后一个半小时以内雌花柱头和雄花花粉生理活动最旺盛，此时是人工授粉的最佳时期。

西瓜的授粉主要受昆虫和天气的影响。晴暖天气，昆虫活动早而频繁，有利于授粉。相反，阴天气温低时昆虫活动少，会影响授粉。西瓜经授粉后，花粉粒经过发芽、花粉管伸长，通过柱头进入子房并伸入胚珠，精核与卵细胞结合，完成了授粉受精过程，这一过程约需一昼夜。

5. 果实和种子

西瓜的果实为瓠果，是由子房发育而成的。整个果实由果皮、果肉和种子3个部分组成。果皮紧密、坚实，由子房壁发育而成，细胞组织较细密，其硬度与厚度，因品种不同而不同，也因果实发育期间的环境条件不同而有所差异。薄皮品种果皮厚度多为0.7~1厘米，其中，大部分小型西瓜品种仅有3~4毫米，厚皮品种可达2~4厘米，四倍体少籽西瓜品种通常皮略厚一些。另外，低节位结的瓜和果实发育期间温度较低时，果皮较厚。

果肉即我们通常所说的瓜瓤，是由胎座薄壁细胞发育而成的，到果实成熟时，胎座细胞的中胶层开始解离，细胞间隙增大，形成大量的巨型含汁液薄壁细胞，其中，被大量的水分填充，水分含量约占90%~95%，还有葡萄糖、蔗糖、果糖等糖类，一般总糖量约含7%~12%。含糖量的高低主要取决于品种特性，也与栽培条件（如土质、施肥、浇水、温度等）有关，含糖量高的品种可达13%以上，低的不足7%。小型西瓜品种含糖量较高，多为11%~13%。

西瓜果肉的颜色是由瓜瓤中所含色素的种类和数量决定的。红瓤品种含有茄红素和胡萝卜素，茄红素含量高的颜色深。黄瓤品种含有胡萝卜素和叶黄素，不含茄红素。黄色的深浅取决于胡萝卜素含量的高低，含量高者为橘黄，低者为浅黄。白瓤品种（如德州三白瓜）则是在果肉中含有黄素酮类，并与各种糖结合成糖苷形式存于细胞液中，而呈现白色。

西瓜的种子是由雌花子房中的胚珠受精后发育而成的，为无胚乳种子。由种皮、幼胚和子叶3部分组成，形状有扁平、卵圆形或椭圆形。西瓜种子的种皮比较坚硬，空气和水分难以渗入，早春育苗时为促进发芽，需要进行浸种，在常温下一般浸种6~10小时。西瓜种子的色泽大体可分为白、黄白、棕、黑、红等，千粒重多者可达250克，少则10余克，一般在60~100克，小型西瓜品种千粒重在30.8~37.5克。西瓜种子的寿命因贮藏条件的不同而异。在低温干燥的良好贮存条件下可达10年以上，在室温条件下，实际应用年限为2~3年。

西瓜果实的形状、大小、皮色以及种子的大小和颜色因品种而异，是品种鉴别的重要依据。

二、西瓜对环境条件的要求

1. 温度

西瓜属喜温耐热作物，对温度的要求较高且比较严格。对低温反应敏感，遇霜即死。

西瓜种子发芽的最低温度在15℃以上，低于此温度绝大部分品种的种子不能萌芽，发芽最适温为25～30℃，在15～35℃的范围内，随着温度的升高，发芽时间缩短。当温度超过35～40℃时，会有烫种的危险。在西瓜早熟栽培中，一般采用温床育苗，以满足西瓜发芽出苗对温度的要求。

在西瓜生育过程中，当气温在13℃以下时，植株的生长发育就会停滞。西瓜生育的下限温度为10℃，若温度在5℃以下的时间较长，植株就会受到冷害。西瓜生长发育的适宜温度为18～32℃。在这一温度范围内，随着温度的升高，生长发育速度加快，茎叶生长迅速，生育期提前。当温度达到40℃时，如果水分和肥料充足，也同样有一定的同化机能，但不能维持较长时间。若温度再升高，植株就会受到高温伤害。在冬春温室或大棚内种植西瓜，其适温范围较大。在夜温8℃、昼温38～40℃、昼夜温差达30℃的条件下，仍能正常生长和结果。

西瓜开花坐果期的温度下限为18℃，若气温低于18℃则很难坐瓜，即使坐住往往果实畸形，果皮变厚，成熟期延长，糖分含量明显下降。开花结果期的适宜温度为25～35℃。西瓜喜好较大的昼夜温差，在适温范围内，昼夜温差大，有利于植株各器官的生长发育和果实中糖分的积累。

西瓜根系生长的最低温度为10℃，根毛发生的最低温度为13～14℃，根系生育的适宜温度为28～32℃。据测定，西瓜根系在12～13℃时的生长量仅为30℃时的1/50。在西瓜早熟栽培时，因早春温度较低，所以多采用温床育苗；在移苗定植时，采用地膜、小拱棚、草苫、大棚等多层覆盖，并选晴暖天气进行，以满足根系生育对温度条件的要求。

2. 光照

西瓜属于短日照作物，光周期为10～12小时，在保证正常生长的情况下，短日照可促进雌花的分化，提早开花。但是在8小时以下的短日照条件下，对西瓜的生长发育不利。

西瓜是喜光作物，需要充足的光照。据测定，西瓜的光补偿点约为4 000勒克斯，光饱和点为80 000勒克斯，在这一范围内，随着光照强度的增加，叶片的光合作用逐渐增强。在较强的光照条件下，植株生长稳健、茎粗、节短、叶片厚实、叶色深绿。而在弱光条件下，植株易出现徒长现象，茎细弱、节间长，叶大而薄、叶色淡。特别是开花结果期，若光照不足会使植株坐果困难，易造成"化瓜"，而且所结的果实因光合产物少，含糖量降低，品质下降。在西瓜早熟栽培育苗过程中，加强通风、透光、晒苗是培育壮苗的措施之一。

光谱成分对西瓜的生长发育也有一定的影响，若光谱中短波光即蓝紫光较多时，对茎蔓的生长有一定的抑制作用，而长波光即红光可以加速茎蔓的生长。

3. 水分

西瓜虽然具有很强的耐旱能力，但其茎叶繁茂，茎叶和果实中含水量较高，因此，也是需水量较多的作物。一株西瓜一生中消耗1吨左右的水。一株2～3片真叶的幼苗，每昼夜的蒸腾水量为170克，雌花开放时达250克，而膨瓜期则高达几千克。每形成1克干物质耗水700克左右。

西瓜对土壤水分的要求严格，土壤的水分状况直接影响到植株的发育。西瓜对水分反应敏感的时期是开花结果期，此期如果水分供应不足，雌花的子房发育受阻，影响坐瓜，有时还会出现畸形瓜。西瓜果实膨大期是西瓜需水的临界期，此期缺水，则果实细胞的膨大受到抑制，果皮紧实，果实未长到应有的大小，便已"定个"而进入成熟期，从而使产量显著降低。此外，果肉中还会出现硬筋、白块，纤维增多，果实品质下降。若久旱后遇雨，还会造成裂果。

虽然西瓜的需水量很大，但它却要求空气干燥，空气相对湿度以50%～60%最为适宜，较低的空气湿度有利于果实成熟，并可提高其含糖量；若空气湿度过大，则果实皮厚、味淡、品质差，同时植株易感病。开花授粉时若空气湿度不足，常因花粉不能正常萌发而影响坐果。在生产上可利用清晨相对湿度较高时进行人工授粉，或者人工喷水等办法加以解决。

4. 土壤

西瓜对土壤条件的适应性较广，在沙土、丘陵红壤以及水田黏土上均可栽培。但是，西瓜的根系具有明显的好气性，所以，最适宜在土质疏松、土层深厚、排水良好的沙质壤土上种植。这种土壤质地松软，水肥气热状况良好，白天吸热快、增温高，春季地温回升早，昼夜温差大，十分有利于根系和植株地上部的生长发育和果实中糖分的积累，容易使西瓜获得优质、高产。沙质土因质地较粗，保水保肥能力差，往往地力较薄，后劲不足。因此，应增施有机肥，及时追施速效肥和浇水，并掌握"少量多次"的原则。黏土地通透性差，地温低，发苗慢，最好在整地时掺沙土改良，并增施有机肥，以改善土壤透气状况。新垦荒地，由于杂草少，病害轻，也很适于种植西瓜，但需增施肥水。

西瓜适于在中性土壤中生长，但对土壤酸碱度的要求不太严格，在 pH 值 5～7 范围内均可正常生长。在枯萎病发生地区，则以在酸性较小的土壤上种植较为安全；在强酸性土壤中发育不良。西瓜在土壤含盐量 0.2% 以下时均可正常生长，在含盐量较高的土壤上，植株生长迟缓，甚至死亡。盐碱地栽培西瓜时，应采取改良措施，防止和抑制返盐，提高土壤温度。

5. 矿质元素

西瓜茎叶繁茂，生长速度快，果实硕大，产量高，因而是需肥较多的作物。西瓜吸收的矿质元素以氮、磷、钾三者为主，也称三要素。西瓜整个生育期对三要素的吸收数量各不相同，其中，氮最多，钾次之，磷最少。

氮是构成蛋白质、叶绿素等物质的重要元素。西瓜缺氮时植株瘦弱，生长速度慢，叶色发黄，叶小而薄。所以，足量的氮肥供应是西瓜高产的基础。但是，氮肥用量过多，能引起植株营养生长过旺，而削弱生殖生长，易造成"化瓜"。另外，氮肥过多还会降低果实含糖量，影响西瓜品质。

磷是植物体内磷脂、核蛋白等物质的重要组成部分。充足的磷肥供应，可以促进植株的生长，加快发育进程，促进花芽分化，因此，增施磷肥对于西瓜的早熟十分重要。磷肥还可以提高西瓜的品质，提高植株的抗逆性。早熟栽培的西瓜，由于早春温度低，增施磷肥可提高植株的抗寒能力，并促进早熟。缺磷时植株矮小，根系发育不良，开花延迟，容易落花或"化瓜"，瓜瓤内易出现黄色纤维，成熟晚，品质差。

钾是植物体内多种酶的催化剂，能促进光合作用、蛋白质的合成、糖分的运转和积累。钾能促进茎蔓生长健壮和提高茎蔓的韧性，增强防风、抗寒、抗病虫的能力。钾还可以促进植株对氮素的吸收，提高氮肥利用率，并调节因氮素过多所造成的不良影响，提高西瓜品质。缺钾会使西瓜植株生长缓慢、植株矮化、茎蔓脆弱、叶缘干枯、抗逆性降低，特别是果实膨大期，缺钾会引起输导组织衰弱、养分的合成和输送受阻，进而影响到果实糖分的积累，使西瓜的产量和品质下降。

6. 气体

植物进行光合作用时，吸收二氧化碳，释放出氧气。二氧化碳是植物进行光合作用的重要原料。因此在大棚等保护设施内进行二氧化碳施肥，是提高西瓜产量的重要措施。

在日光温室、大棚栽培条件下，某些有害气体会使植株受害，西瓜对氨气十分敏感，当环境中氨气浓度超过 5 毫克/千克时，西瓜就会茎顶和叶缘黑枯，严重时全株死亡。有机肥中的氨气进一步分解可产生亚硝酸气，当其浓度达到 200 毫克/千克时也会危害植株。农用塑料薄膜中的增塑剂如配料不当，也会产生有害气体；一氧化碳、二氧化硫等气体，当其浓度超过 200 毫克/千克，维持 1～2 小时，就会使西瓜叶片变黑，叶脉间的细胞死亡。西瓜早熟栽培时，在保护条件下应忌施碳酸氢铵、氨水和未经腐熟的生鸡粪、生羊粪等，以避免产生有害气体。同时，加强通风换气，排出有害气体，换入新鲜空气，以保证西瓜植株的正常生长。

三、西瓜的一生

西瓜从种子发芽出苗，到开花结果再收获种子，完成一个生命周期，一般需要 70～120 天，小型西瓜品种多数为 70～85 天。在这一生中，由于植株的生长发育中心不同，对环境条件的要求也不同，因而将其分为不同的生育时期。

1. 发芽期

西瓜种子吸水膨胀后，在适宜的条件下开始一系列生理生化过程，胚根伸出种皮，下胚轴伸长，子叶展开，直到第 1 片真叶显露（俗称破心）。这一段时间称为发芽期，也叫出苗期。在正常播种情况下，约经过 8～10 天。早熟栽培的西瓜采用浸种催芽法，这一过程所需时间大大缩短。发芽期根据种子发芽的特点和对环境条件的要求，又可分为两个时期，即发芽前期和发芽后期。

发芽前期 通常指发芽过程，以种子"露白"为界限。该期对温度、湿度和通气条件要求严格，在正常条件下约需 2～3 天。在较高的湿度条件下，水分通过种皮渗入种仁，种子开始膨胀，当种子吸水达到自身重量的 60% 左右时，基本完成吸水过程。该过程进行的快慢与温度的高低有直接关系。水温较低时，吸水速度较慢，当水温高（最高不超过 60℃）时，吸水速度相应加快。此后，在适宜的温度下，种子内部酶的活性加强，开始一系列生化反应，通过呼吸作用将高分子态的物质，分解转化为低分子态的物质，同时放出能量，供胚萌动利用。若条件适宜，胚根便突破种皮即"露白"。在 30℃左右的温度条件下这一过程需 1～2 天。因为此期主要依靠种子（子叶）中贮存的营养物质，维持其正常的生理活动，因而，时间愈短愈好。

发芽后期　是从种子"露白"到第 1 片真叶显露的这段时间。已经出芽的种子，在土壤温度适宜时，胚根下扎，然后因下胚轴的伸长使子叶节弯曲，随着下胚轴继续伸长，将子叶顶出土壤，完成出苗过程。在发芽后期，胚根下扎形成早期吸收器官，子叶出土展平后，面积虽小，却具有很强的光合能力，为幼苗转入同化作用的自养阶段做好了准备。因为这一过程是在土壤中完成的，所以，所需时间的长短与土壤条件密切相关。据观测，在 10 厘米地温为 17.5℃时，约需 10 天，而在 19℃下则缩短到 7 天，若温度达到 28～30℃，仅需 4 天左右。当子叶拱土时，若温度高于 25℃，就易使下胚轴徒长，形成高脚苗，也叫"窜秆子"，此期温度掌握在 20～22℃较为适宜。

2. 幼苗期

西瓜经"破心"后到长至 4～6 片真叶（团棵）所经历的时间为"幼苗期"。此期所需时间长短因品种和栽培条件而异，在 20℃左右的温度条件下，一般需要 30～35 天。幼苗期有两个生长中心，即根系和叶片。叶片的光合产物主要输送到根中，使根系迅速扩展，初步形成具有一定吸收能力的根系群。地上部的生长除肉眼见到的叶片数增加外，还有生长锥的分化。据观察，二叶期除有两片展开的真叶外，在生长点已分化出 4～5 枚幼叶和 2～3 枚叶原基，每一个叶腋中又都有侧枝的分化，在第 6、第 7 片真叶的叶腋内已观察到花原基的分化。到"团棵"时，在生长点已有 8～9 枚分化完全的小叶，第 6 节以前的各叶腋中均见到侧枝分化，以后各节的叶腋中也可见到小叶、侧枝、卷须和花芽的分化。在解剖镜下可以观察到 6～10 节叶腋中的雄花原基，在 11～12 节叶腋中已可辨出雌花的分化。因此，在这一时期已逐渐开始了生殖生长。由于西瓜早熟栽培时此期主要是在苗床上度过的，所以应保持适宜的温、湿度，加强通风和炼苗，以促进根系和地上部各器官的发育，培育壮苗。

3. 伸蔓期

西瓜植株从"团棵"经过"甩龙头"到坐果节位的雌花开放所经历的

时间叫"伸蔓期"。若气温在 20～25℃时，需要 20～25 天。在普通地爬栽培时，进入伸蔓期后，茎蔓由直立生长变为匍匐生长，茎叶生长非常迅速，根系继续旺盛生长，但伸展速度减缓。到该期结束时，根系已基本建成，地上部营养器官也有相当的规模，为开花结果奠定了基础。

伸蔓期不同节位的叶片担负着不同的功能，功能叶制造的光合产物主要运往主茎的顶端，供茎蔓伸长和叶片增长利用。这一阶段栽培管理的主要任务是在保护和促进根系发育的基础上，促进叶片和茎蔓的健壮生长，以形成较大的营养体，保持较大的同化面积，为结果打好营养基础。同时，由于该期末雄花和雌花已经开放，植株由营养生长为主逐渐转入生殖生长为主，因此，要注意防止植株过旺生长。生产上要根据天气、地力和植株长势情况，合理施肥浇水，对植株进行适当控制，以保证生长中心转向生殖生长。

4. 结果期

西瓜植株从坐果节位的雌花开放到果实成熟收获的这段时间称为"结果期"。早熟品种约需 25～30 天，中、晚熟品种约需 30～40 天，小型西瓜品种大多数为特早熟，结果期仅需 20～25 天。结果期以生殖生长为主，果实是生长中心，坐瓜后植株叶片制造的光合产物绝大部分运送到果实中去。此期根已基本停止生长，随着果实的膨大，茎叶的长势也逐渐减缓，根据其生长特点又可分为开花坐果、果实膨大、果实成熟 3 个阶段。

开花坐果期 从雌花开放到果实长到鸡蛋大小，幼果上的茸毛明显稀疏（称为褪毛）为止。在 25～30℃的温度条件下，需 4～6 天。在这一时期，茎叶继续旺盛生长，是此阶段的生长中心，由于果实开始迅速生长，已明显进入生殖生长阶段，因而是营养生长与生殖生长并进的时期，但以营养生长为主。此期果实的绝对重量虽然增长很少，但其生长率却很高，果实细胞分裂增殖主要在这一时期。此期是茎叶生长与果实发育争夺养分最为激烈的阶段，如果营养生长过旺，幼果获得的营养不足，就会造成"化瓜"。此期干旱、光照不足、低温等不良环境条件，均会影响坐果和果实的发育。因此，栽培上应尽量创造适宜的条件，调控营养生长和生殖生长的关系，保证植株坐果。

膨瓜期 西瓜幼果褪毛以后，果实体积增大，到果实定个所经历的时间为"膨瓜期"。此间一般需要 15～25 天。这一阶段的生长中心为果实。由于果实细胞的增大，而使果实体积迅速膨大，果重急剧增加。据测定，普通西瓜品种花后第 12~22 日，果实平均日增重 200~300 克，小型西瓜品种平均日增重 50~80 克，是争取高产的关键时期。到该期末，果实的皮色、大小和形状基本定型，呈现出本品种的特征，果肉刚刚开始着色，但糖分含量很低，基本不能食用。在这一时期中，植株茎叶鲜干重的增长占全生育期的 65%，果实干鲜重的 75%~80% 是此期增长的，因而是营养生长与生殖生长均十分旺盛的时期，也是肥水的吸收高峰期。生产上，应保证充足的水、肥供应，尤其是足量的水分，以促使果实迅速膨大，实现高产、优质。

成熟期 果实定个到收获为"成熟期"。一般经过 4~6 天。此期主要是果实内部糖分的转化和积累。植株以生殖生长为主，营养生长减缓，但如果条件适宜和加强管理，仍有继续结果的可能。果肉和种子的颜色已呈现出本品种的特征。此阶段的管理目标是保护叶片，延长叶片功能期，防止茎叶早衰。栽培上应注意加强根外喷肥和及时喷药防病。

第二章 西瓜良种集锦及良种繁育

第一节 国内外新优良种

一、早熟品种

1. 中科 1 号

系中国农业科学院郑州果树研究所选育的早熟品种，全生育期 83 天左右，果实发育期 24～26 天，单瓜重 5 千克左右。植株生长较为旺盛，分枝性中等，第 1 朵雌花节位 4～6 节，雌花间隔节位 4～5 节。果实圆球形，果皮翠绿色上有墨绿色锯齿条带，有蜡粉，果实顶部圆整，花痕小。果肉红色，纤维少，脆沙爽口，中心可溶性固形物含量 12% 左右，品质上等。果皮韧性好，不易裂果，耐储运。2003 年通过国家审定。

2. 特大郑抗 2 号

系中国农业科学院郑州果树研究所最新育成的郑抗 2 号改良品种。全生育期 84 天左右，果实发育期 26 天左右，单瓜重 7 千克左右。植株生长势中等，第 1 朵雌花着生节位 4～5 节，雌花间隔 4～5 节。果实椭圆形，绿皮网纹，果肉大红色，瓤质脆沙，中心可溶性固形物含量 12% 左右，品质佳。果皮硬，耐储运。高抗枯萎病，可重茬种植。

3. 早抗丽佳

系合肥丰乐种业有限公司选育的优良早熟杂交种，全生育期 85 天左右，果实发育期 28～30 天。果实圆球形，果皮底色翠绿上覆墨绿条带，果肉鲜红色，瓤质细脆，中心可溶性固形物含量 12% 左右，口感好，风味佳。单瓜重 5～7 千克。该品种长势稳健，抗逆性较强，适应性广，适宜地膜覆盖和大、中、小拱棚早熟栽培。

4. 甜妞

系合肥丰乐种业有限公司选育的极早熟西瓜杂交种。全生育期 80～82

天，果实发育期 25 天左右。果实短椭圆形，果皮浅绿色覆细条纹，条纹规则，果形圆整丰满。果皮薄，厚度 0.5 厘米左右。果肉黄色，瓤质脆爽多汁，中心可溶性固形物含量 13% 左右，口感香甜，籽少，风味佳。植株长势中庸，抗病耐湿，易栽培，适宜日光温室和大棚特早熟栽培。单果重 2～3 千克，皮薄而韧，耐储运。

5. 少籽津花 5 号

系天津科润蔬菜研究所西瓜分所利用韩国和日本优良资源采用少籽育种专利选育的早熟杂交种，全生育期 83 天左右，果实发育期 25～28 天。果实圆形，果皮底色翠绿上覆墨绿宽条带。果肉鲜红，籽少优质，中心可溶性固形物含量 13% 左右，口感风味好。植株生长稳健，低温下生长快，易坐果，不易畸形空心，适宜日光温室和大、中、小棚早熟栽培。平均单瓜重 6～8 千克，果皮较韧，不裂果，耐储运。

6. 京欣 4 号

系北京市农林科学院蔬菜研究中心最新选育的"京欣"系列品种。熟性早，全生育期 90 天左右，果实发育期 28 天。果实圆形，果皮绿色覆墨绿窄条纹，外形美观。果肉红色，剖面均匀，中心可溶性固形物含量 12%，瓤质脆嫩，口感佳。与京欣 1 号相比，耐裂性有较大提高，果皮较薄但韧度好，耐储运性较强。植株生长势强，抗病性好，容易坐瓜，单瓜重 7～8 千克，适于早春双膜覆盖、地膜覆盖和秋大棚栽培。

7. 夏丽

系安徽合肥江淮园艺研究所根据市场需求，选育的大果黑美人类型杂交一代西瓜新品种。全生育期 85 天左右，果实发育期 28 天左右。果实长椭圆形，果形指数 1.6～1.7，果皮浅墨绿上覆深绿色条带，果皮较薄，但硬度、韧度均较强，耐储运性好。果肉深红色，瓤质脆爽，中心可溶性固形物含量 13%，边部 11%，品质佳。植株生长势中等，坐果性好。单瓜重 4～5 千克。适宜嫁接栽培，果实不易畸形与空心，产量稳定。适宜早春保护地和夏秋栽培。该品种突出的优点是在保留普通黑美人型西瓜外观、皮色、瓤色、含糖量和风味的同时，果重增加 1～2 千克，同时避免了一般大果黑美人果实易畸形的缺点，在嫁接栽培条件下果实周正。

8. 庆农八号

系大庆市庆农西瓜研究所最新育成的早熟、中果型西瓜杂交种。全生育期 80～85 天，果实发育期 25 天左右。果实圆形，果皮翠绿覆墨绿条带，皮色鲜美，外观亮丽，商品性好。果肉红色，纤维细少，汁多爽口，中心可溶性固形物含量 12.5%，口感风味佳。植株发育快，生长势中等，易坐果，单瓜重 6~8 千克，适合日光温室、大棚特早熟栽培。皮薄而韧，耐储运性好。

9. 津花四号

系天津市科润蔬菜研究所选育的少子京欣类早熟花皮西瓜一代杂交种。2003 年通过天津市农作物品种委员会审定，既有"京欣一号"的品质，又克服了"京欣一号"的裂果缺点。果实圆形，果皮绿色有墨绿色窄条纹，外形美观，皮薄耐韧。果肉红色，瓤质脆嫩，汁多味甜，种子少，剖面均匀，食用方便，中心可溶性固形物含量 11.5% 以上，口感好。植株生长中等，易坐果，每 667 平方米种植 800 株左右，适于保护地早熟栽培。

10. 密龙

系甘肃省河西瓜类研究所选育的国内少有的绿皮黄瓤早熟西瓜新品种。全生育期 85 天左右，果实发育期 28 天左右。果实椭圆形，果皮绿色细网纹。果肉晶黄色，瓤质酥嫩，汁多爽口，中心可溶性固形物含量 11% ~ 12%。植株长势较强，果实较大，平均单瓜重 6~8 千克，丰产性好。皮韧耐运，可作为特殊花色品种在大中城市近远郊保护地或露地种植，以调剂市场供应，具有较大的开发价值。

11. 郑抗 8 号

系中国农业科学院郑州果树研究所选育的一代早熟杂交种，果实发育期 28 天左右，全生育期 90~92 天。植株长势较旺，前期生长快，叶片浓绿，耐湿性，抗病性较强。第 1 雌花出现在主蔓第 8~9 节，以后每隔 4~5 节再出现 1 朵雌花，坐果性好，易出现一株多果现象，果实发育速度快。果实椭圆形，果皮黑色有隐形暗网纹。果肉大红色，肉质脆沙，汁多纤维少，口感好，果实中心可溶性固形物含量 11.5% 左右；种子小且少，食用方便。平均单瓜重 6~8 千克，果皮较韧，不裂果，耐储运。该品种适于黄淮海地区早春地膜覆盖栽培及小拱棚栽培。该品种栽培时应注意密度宜小（600~750 株/667 平方米），坐果前及时整枝、打杈，防止生长过旺。

12. 早春新秀

系中国农业科学院郑州果树研究所选育的早熟一代杂交种，果实发育期 26~28 天，全生育期 90 天左右。果实高圆形，果皮浅绿色上覆深绿色窄条纹，果皮厚度 0.8 厘米左右，中果型，平均单瓜重 4~5 千克。果肉大红色，中心可溶性固形物含量12%，肉质脆嫩多汁，口感极佳。该品种长势中等偏弱，极易坐果，易出现一株多果现象。适于华北地区早春大棚、中拱棚栽培，栽培上应注意结果期保证充足的肥水供应，防止秧蔓早衰，促进果实膨大。

13. 世纪春蜜

系中国农业科学院郑州果树研究所选育的早熟一代杂交种，全生育期80天左右，果实发育期25天左右。植株长势中等偏弱，主蔓第5节左右着生第1雌花，以后每隔4节左右再现雌花，极易坐果。果实圆球形，浅绿底色上覆深绿色特细条带，外观异常漂亮。果肉红色，肉质酥脆细嫩，口感好，中心可溶性固形物含量12%左右，边部9.5%左右，中边梯度小，品质上等，果皮厚0.8厘米。单瓜重3～4千克，特别适合现代城市居民消费习惯。该品种在2000—2001年全国农业技术推广服务中心和中国园艺学会主办的全国优质西瓜早熟品种展评中荣获"优秀新品种奖"第一名。该品种适于北方地区日光温室及大棚特早熟栽培，可提早上市，管理得当可连续结瓜。栽培上应注意合理密植（900～1 000株/667平方米），后期加强病虫害防治和肥水管理等。

14. 京欣2号

系国家蔬菜工程技术研究中心（北京）选育的早熟一代杂交种，是著名的早熟优质品种——京欣1号的继代品种。全生育期88～90天，果实发育期26～28天。植株生长势中等，比京欣1号长势稍强，坐果性能好。果实圆形，绿底带深绿色窄条纹，有蜡粉。果肉红色，肉质脆嫩，口感好，果实中心可溶性固形物含量11%～12%，品质上乘。果皮薄，厚度0.8厘米左右，较韧，耐裂性比京欣1号有较大提高。抗枯萎病，耐炭疽病，单瓜重6千克，最大可达10千克。与京欣1号相比其突出优点为：在早春保护地低温弱光生产条件下坐瓜性好，整齐，膨瓜快，早上市2～3天，果实耐裂性有所提高，种子颜色为黑色。适于早春保护地栽培。该品种已于2001年通过国家农作物品种审定委员会审定。

15. 爱耶一号

系西北农林科技大学著名西瓜育种家王鸣教授选育的早熟一代杂交种。果实发育期28天左右，全生育期85～90天。植株生长健壮，易坐果，抗病性强。果形高圆，果皮绿色有墨绿色条带，条带清晰美观。果肉大红色，中心可溶性固形物含量13%左右，边糖10%左右，中边梯度小，肉质细脆，味道甘美，品质佳；果皮薄，厚度 0.8 厘米，可食率高。皮韧，硬度高，抗裂果，耐储运。果型中等，单瓜重 5 千克左右。该品种适应性广，全国各地均可栽培。该品种 2001 年 5 月获北京大兴第 14 届西瓜节新品种奖。栽培上应注意以大棚、中棚或日光温室早熟栽培为主，每 667 平方米种植 800 株左右，三蔓整枝，第 2 或第 3 雌花坐果，果实忌早采，以九成至十成熟采收为宜。

16. 爱耶特早红

系西北农林科技大学著名西瓜育种家王鸣教授选育的特早熟一代杂交种。果实发育期 25 天左右。植株长势稳健，生长速度快。果实椭圆形，果皮鲜绿色，有墨绿色条带，果肉大红色，肉质脆沙，中心可溶性固形物含量 12% 左右，品质佳。单瓜重 6 ~ 8 千克。该品种适于早春日光温室、大棚、中拱棚及双膜覆盖早熟栽培，果实宜在八成至九成熟采收，抢早上市，不宜久储。

17. 豫艺甜宝

系河南农业大学园艺学院选育的早熟一代杂交种。果实发育期 25 ~ 28 天，植株长势中等，易坐果，瓜个整齐，平均单瓜重 5 ~ 6 千克。果实圆球形，深绿色有墨绿色窄条纹；果肉大红色，肉质脆嫩多汁，中心可溶性固形物含量 12% 左右，品质佳。果皮较韧，不易裂瓜。抗病性较强，最适宜春小拱棚及地膜覆盖栽培。

18. 齐欣一号

系黑龙江省齐齐哈尔园艺研究所选育的早熟一代杂交种。果实发育期 28 天，全生育期 90 天左右。植株长势稳健，主蔓第 5 ~ 6 节出现第 1 雌花，以后每隔 4 ~ 5 节再现 1 朵雌花，雌花出现频率高，易坐果。果实圆球形。果皮底色绿覆墨绿色窄齿条带，外形美观。果肉鲜红，肉质细脆，不空心，纤维少，中心可溶性固形物含量 12% 左右。果皮较韧，较抗裂和耐储运。单瓜重 5 千克左右。抗枯萎病，高抗炭疽病。该品种适于东北、华北地区保护地栽培和地膜覆盖栽培。

19. 庆发特早红

系黑龙江省大庆市庆农西瓜研究所选育的早熟西瓜一代杂交种，全生育期 85 天，果实发育期约 28 天。植株生长势中等，坐果容易且整齐，抗逆性强。第 1 雌花着生在主蔓第 4 ~ 5 节，雌花间隔 5 ~ 7 节。果实圆球形，果皮浅绿底上有浓绿条带，果肉红色，肉质脆细多汁，风味好，中心可溶性固形物含量为 12.3%，边部为 10%，中边梯度小。果皮薄而韧，耐储运。单瓜重 5 千克左右。该品种适应性强，在全国主要西瓜产区均可种植，适合地膜覆盖、小拱棚、大棚、温室等保护地早熟栽培。

20. 美抗 9 号

系河北省蔬菜种苗中心选育的早熟西瓜一代杂交种。果实发育期 28 天左右。果皮圆球形，果皮绿色上覆墨绿色条带，被覆蜡质。较抗枯萎病，耐重茬。平均单瓜重 6 ~ 10 千克。果肉红色，脆爽、汁多味甜，中心可溶性固形物含量 12% 以上，品质佳，不倒瓤，不易裂瓜，商品性好。适于各地保护地及露地栽培。

21. 庆农 3 号

系黑龙江省大庆市庆农西瓜研究所选育的早熟一代杂交种。该品种植株长势中等，抗病能力强，耐低温、易坐果，坐果后约 24 天成熟。果实高圆形，果肉红色，质脆多汁，纤维少，中心可溶性固形物含量 12.5%，边部 8% ~ 9%。果皮墨绿色有暗条纹，厚度 0.8 ~ 1 厘米，皮薄而韧，耐储运。平均单果重 4 ~ 5 千克。适合各地保护地栽培应用。

22. 陇丰早成

系甘肃省农业科学院蔬菜研究所选育的早熟一代杂交种。全生育期 90 天左右，果实发育期约 28 天。植株长势中庸，分枝力中等。果实近椭圆形，果形指数 1.4，平均单瓜重 4 千克左右。果皮底色翠绿，上覆 15 条左右墨绿色条带。果肉大红色，肉质酥脆多汁，风味佳，中心可溶性固形物含量 11.5% 以上。中抗枯萎病。是保护地和露地早熟栽培的适选品种。可用于日光温室秋冬茬和早春茬栽培，也可用于春提早塑料大棚栽培、地膜覆盖栽培和秋延后设施栽培。

23. 美冠

系台湾谊禾种苗有限公司选育的早熟一代杂交种。全生育期 85 ~ 90 天，果实发育期 28 ~ 30 天。植株生长稳健，株型紧凑，瓜蔓匍匐性好，叶柄短壮，第 1 雌花着生在第 5 ~ 6 节，雌花间隔 3 ~ 5 节，坐果性好，在低温多雨天气也可坐果。果实高圆形，果皮绿色覆有墨绿色锯齿条带。果肉大红艳丽，肉质脆嫩，汁多味甜，中心可溶性固形物含量 11.5% 以上。单瓜重 6 ~ 8 千克。该品种具有早熟抗病、耐肥耐湿、坐果率高、瓜形圆整、品质优良、皮韧耐运等特点，是近年华东地区重点推广的优质花皮西瓜品种。

24. 早捷

系中国农业科学院郑州果树研究所选育的早熟一代杂交种。全生育期83 天左右，果实发育期 25 天左右。植株生长势中等，极易坐果。果实椭圆形，果皮绿色带有深绿色锯齿形条带，外形美观。果肉大红色，肉质脆沙，纤维少，口感细腻，果实中心可溶性固形物含量 12% 左右，品质佳。不裂果，耐运输。平均单瓜重 5 千克左右。该品种早熟性好，嫁接亲和力强，特别适合早春日光温室、大棚及双膜覆盖栽培。

25. 郑抗 7 号

系中国农业科学院郑州果树研究所选育的一代杂交种。全生育期 85 天，果实发育期 28 天左右。植株长势中庸，坐果性好，平均单瓜重 5 ~ 6 千克。果实短椭圆形，果皮绿色上覆墨绿色清晰条带。果肉大红色，肉质细脆，纤维少，中心可溶性固形物含量 12% 左右，口感风味好。适宜各地各种形式的保护地栽培和地膜覆盖栽培。

26. 丰乐旭龙

系合肥丰乐种业有限公司选育的一代杂交种。全生育期 85 天左右，果实发育期 28 ~ 30 天。植株长势中等，分枝力一般，易坐果，平均单瓜重 5 ~ 7 千克。果实椭圆形，皮色鲜绿上被墨绿色锯齿条带，外形美丽。果肉红色，肉质脆沙，纤维少，中心可溶性固形物含量 12% 左右，风味佳。该品种抗病性较强，适于各地日光温室及大棚保护地栽培，2002 年通过国家农作物品种审定委员会审定。

27. 冀农早巨龙

系河北省蔬菜种苗中心选育的早熟西瓜一代杂交种。全生育期 85 天左右，果实发育期 28 ~ 30 天。果实椭圆形，果皮绿色有墨绿色窄条纹，外观独特而美丽。果肉红色，肉质脆爽，甜美多汁，口感极好，中心可溶性固形物含量 12% 左右。植株生长健壮，抗病性强，坐果容易且整齐。平均单瓜重 7 ~ 10 千克。该品种 2002 年通过全国农作物品种审定委员会审定，适于北方地区保护地及春露地栽培。

28. 早抗 2 号

系河南农业大学园艺学院选育的一代杂交种。全生育期 85 天左右，果实发育期 26 ~ 28 天。植株长势稳健，坐果容易且整齐，平均单瓜重 6 ~ 8 千克。果实椭圆形，果皮绿色网纹；果肉红色，肉质脆沙，籽少而小，口感好，中心可溶性固形物含量 12% 左右。该品种抗病毒病能力强，耐旱性好，适于北方地区春季地膜覆盖或露地栽培。

29. 华蜜 3 号

系安徽天禾西瓜甜瓜种业有限公司选育的一代杂交种。全生育期 90 天左右，果实发育期 30 天左右。植株长势旺，易坐果，整齐度好，耐湿、抗病，适应性强。果实高圆形，果皮绿色上覆墨绿色条纹；果肉大红色，肉质脆沙，汁多味甜，中心可溶性固形物含量 12% 左右。皮韧，耐储运。适宜南北各地种植。

30. 金冠

系天津市蔬菜研究所选育的一代杂交种。全生育期 85 天左右，果实发育期 28 天左右。果实长圆形，果皮金黄色，外观光滑美丽；果肉大红色，肉质脆嫩，中心可溶性固形物含量 12% 左右，少籽优质，食用方便。果皮薄而韧，耐储运性好。平均单瓜重 4 ~ 5 千克。该品种植株长势中庸，坐果早，坐果率高，栽培上应注意疏果。为了使果实着色均匀，提高商品性，坐果后应及时翻瓜，并避免果面虫害及采收时擦伤果面。

二、中熟品种

1. 郑抗 10 号

系中国农业科学院郑州果树研究所最新选育的中熟大果型西瓜杂交种。全生育期 95 天左右，果实发育期 30 ~ 32 天。果实椭圆形，果皮绿色上覆墨绿色条带。果肉大红色，瓤质脆甜，中心可溶性固形物含量 11% ~ 12%。该品种生长强健，高抗枯萎病，可重茬种植。果皮硬而韧，耐储运性好。平均单瓜重 6 ~ 8 千克。

2. 苏蜜 5 号

系江苏省农业科学院蔬菜研究所选育的中熟西瓜一代杂交种。全生育期 95 天左右，果实发育期 30 天左右。果实椭圆形，果形指数 1.3。果皮淡黑色，厚度 0.9 厘米，耐储运。果肉鲜红色，质地致密，汁液多，中心可溶性固形物含量 11% 左右，口感风味好。植株生长稳健，第 1 雌花出现在第 6 ~ 9 节，雌花间隔节位 5 ~ 6 节，坐果性能好。田间表现抗逆性强，高抗枯萎病，耐重茬。单果重 6 ~ 8 千克，一般每 667 平方米产量 4 000 千克。

3. 黑帅

系合肥丰乐种业有限公司选育的中熟西瓜一代杂交种。全生育期 95 天左右，果实发育期 32 ~ 33 天。果实椭圆形，纯黑皮，丰满周正，皮色发亮，商品性好。果肉大红色，瓤质松脆，中心可溶性固形物含量12%左右，口感风味佳。植株长势稳健，易坐果，抗病耐湿。单瓜重6～8千克，最大可达15千克。不裂果，耐储运。该品种适应性强，南北方均可栽培。

4. 庆农六号

系大庆市庆农西瓜研究所最新选育的超甜、大果型西瓜杂交种。该品种长势强健，抗病耐旱，属中熟西瓜品种，全生育期97天，果实发育期30天左右，适应性广，丰产性好，平均单瓜重8千克左右，最大可达25千克。果实椭圆形，果皮墨绿黑色。果肉鲜红，瓤质脆沙多汁，中心可溶性固形物含量可达13%，种子少，风味纯正。果皮韧度好，耐储运，商品性状好。

5. 华冠1号

系陕西杨凌千普农业开发有限公司选育的中熟高产西瓜杂交种。全生育期95天左右，果实发育期32～33天。果实椭圆形，果皮翠绿上覆墨绿色条带，整齐一致，商品性好。果肉大红色，籽细小，中心可溶性固形物含量12.8%，肉质细脆，甘甜爽口，品质佳。外皮坚韧，极耐储运。该品种长势强健，抗枯萎病、炭疽病，耐重茬，栽培容易，雌花着生密，易坐果。单瓜重13～15千克，大瓜20千克以上，丰产潜力较大。

6. 开杂88

系河南省开封市农林科学研究所西瓜专业所选育的中熟西瓜一代杂交种。全生育期95天左右，果实发育期31～33天。果实椭圆形，果皮底色翠绿上覆墨绿色窄条带。果肉大红色，瓤质脆甜，中心可溶性固形物含量12%左右，品质优，风味好。植株生长稳健，易坐果，抗病抗湿，抗重茬。平均单瓜重5～6千克。

7. 菊城黑马

系河南省开封市农林科学研究所选育的中熟西瓜一代杂交种。全生育期100天左右，果实发育期32天左右。果实椭圆形，果皮纯黑色，果形周正，商品性状好。果肉大红色，瓤质松脆，中心可溶性固形物含量12%左右，适于北方各地地膜覆盖及露地栽培。

8. 开杂18号

系河南省开封市农林科学研究所西瓜专业所选育的中熟一代杂交种。全生育期103天，果实发育期33天。植株长势强健，分枝性强，第1雌花着生在第9～10节。果实椭圆形，果形指数1.35；果皮黑色，厚度1.2厘米，表面光滑，果粉厚；皮韧，耐储运。果肉红色，质脆多汁，中心可溶性固形物含量11%左右，中边梯度小，风味纯正。平均单瓜重7~8千克，丰产潜力大。田间表现较抗枯萎病，较耐病毒病。该品种适宜我国北方广大地区地膜覆盖栽培。

9. 庆发8号

系黑龙江省大庆市庆农西瓜研究所与河南省农业科学院园艺研究所联合选育的中熟西瓜一代杂交种。该品种是经辐射处理，用系统选育的方法，利用日本类型母本早熟、优质、外形美观和美国类型父本高产、抗病、少籽等自交系的优良特点配制而成的抗病、高产、优质、少籽西瓜杂交一代。全生育期95天，果实发育期31~33天。果实椭圆形，果皮绿色覆有墨绿色条带；果肉红色，肉质细而爽口，中心可溶性固形物含量12%以上，最高可达13.5%。平均单果重8~10千克。该品种适应性强，适于全国各地春季地膜覆盖或露地栽培。

10. 新优26号

又名安农2号勿权瓜，系新疆维吾尔自治区昌吉市安农种子公司选育的中熟一代杂交种。全生育期90天左右，果实发育期31天左右。果实长椭圆形，皮绿色，上覆墨绿齿条带，外观美丽。果皮大红色，汁多细脆，不倒瓤，口感好，中心可溶性固形物含量11.8%，边部7.8%。平均单瓜重5~7千克。该品种主蔓长到40厘米左右时将主蔓从根基部3~4厘米处整体剪除，保留3~4个侧蔓，后期任其自然生长，不再整枝，适于华北、西瓜干旱少雨地区露地栽培。

11. 改良台湾黑宝

系河南农业大学园艺学院育成的中熟杂交一代品种。全生育期100天左右，果实发育期33天。植株根系发达，生长强健，分枝力中等，第1雌花节位第7~9节，雌花间隔4~6节。果实椭圆形，外形周正，果皮纯黑色，有果粉，果皮厚度1~1.2厘米。果肉大红色，质地脆沙，中心可溶性固形物含量11.5%，边部约9%，中边梯度小。较易坐果，丰产性好，平均单瓜重10千克。据田间观察和生产表现，该品种抗枯萎病能力强，对病毒病、炭疽病也有较强的抗性。台湾黑宝适应性强，在全国各西瓜主产区均可栽培。适宜露地、地膜覆盖和间作套种栽培，生产上应适当稀植，栽培密度以500株/667平方米为宜。

12. 华蜜 8 号

系安徽天禾西甜瓜种业有限公司选育的一代杂交种。全生育期 95 天，果实发育期 31~33 天。果实椭圆形，果皮绿色有墨绿色窄条纹。平均单瓜重 8~9 千克。果肉大红色，肉质细嫩，风味佳，中心可溶性固形物含量 12% 以上。果皮韧性强，耐储运。适应性广，抗枯萎病和炭疽病，坐果整齐，成熟一致，商品性好。适宜南北各地种植。

13. 开杂 12 号

系河南省开封市农林科学研究所选育的中熟一代杂交种。全生育期 105 天，果实发育期 33 天。该品种果大、产量高、品质上乘，生长健壮，抗旱抗病性强，耐湿、耐低温、耐重茬，是大棚高产栽培的理想品种。果实椭圆形，皮墨绿，坚韧，耐储运。果肉鲜红，质地紧密，脆甜可口，风味纯正，可溶性固形物含量 11.5%。坐果性适中，丰产性好，增产潜力大，平均单果重 8~10 千克。适于南北各地种植。

14. 贵妃

系河北省农业科学院蔬菜花卉研究所选育的中熟一代杂交种。植株生长势强，分枝力适中，主蔓第 1 雌花着生于第 9~10 节，以后每隔 5~6 节出现 1 朵雌花。果实圆形，果皮厚度 1~1.1 厘米，果皮绿色覆有深绿色花条，成熟时有蜡质白粉；果肉红色，质地脆，耐储运，不裂瓜。中心可溶性固形物含量 1.2%~11.5%，风味佳。平均单瓜重 5~6 千克。全生育期 95 天，果实发育期 30~32 天。抗逆性强，适于在黄淮海地区种植，在轻度盐碱的黑龙江地区种植品质更佳。

15. 豫艺农抗 2 号

系河南农业大学园艺学院选育的中熟一代杂交种。全生育期 90~92 天，果实发育期 30~32 天，平均单瓜重 7~8 千克。植株生长势中强，分枝力中等，坐果容易且整齐，第 1 雌花着生于第 6~8 节，以后每隔 5~6 节出现 1 朵雌花；果实椭圆形，果形指数 1.4~1.5，果皮深绿，覆有 11~13 条墨绿色条纹；果肉红色，肉质沙脆，中心可溶性固形物含量 11.2%；皮薄而韧，耐储运性好；抗性强，适应性广。适宜各地春季地膜覆盖栽培，种植密度以每 667 平方米 600~700 株为宜。

16. 西农 10 号

系天津市蔬菜研究所与西北农林科技大学合作选育的西瓜抗枯萎病新品种。全生育期 98 天，果实发育期 32 天，果实长椭圆形，果皮绿色有墨绿色条带；果肉红色，质地脆沙，口感好，中心可溶性固形物含量11%左右。平均单瓜重6千克。植株生长中庸，主蔓第7~9节出现第1雌花，以后每间隔5节出现1朵雌花。易坐果，前期伸蔓快，较耐低温，高抗枯萎病，耐储运。适于露地及地膜覆盖栽培。

17. 绿宝大甜

系合肥绿宝种苗有限责任公司选育的中熟一代杂交种。全生育期90天，果实发育期33天。果实椭圆形，果皮绿色有深绿色宽条带。果肉黄色，肉质细脆，清甜可口，中心可溶性固形物含量12%~13%。果皮硬，耐运输。平均单瓜重6~8千克。较抗枯萎病。适宜黄淮海地区早春地膜覆盖做为特色西瓜栽培。

18. 陕农9号

系西北农林科技大学园艺学院选育的少籽型中熟一代杂交种。全生育期95~100天，果实发育期31~33天。植株主蔓长3米以上，分枝能力较强，叶片深绿，缺刻中深。第1雌花在主蔓第9~11节，以后每隔3~5节再现雌花。果实椭圆形，果形指数1.56。果肉红色，质地细脆，纤维少，籽数少，多汁爽口，中心可溶性固形物含量在12%以上，不空心，不倒瓤，风味好。果皮薄，厚度为0.9厘米，可食率高。平均单瓜重8~9千克。该品种高抗枯萎病，抗炭疽病，耐病毒病，抗旱能力强，同时具有很好的抗害螨能力。适合长江以北地区春季地膜覆盖栽培。

三、晚熟品种

1. 特大新抗9号

系中国农业科学院郑州果树研究所选育的大果型优质晚熟西瓜一代杂交种。全生育期100天左右，果实发育期33~35天。果实椭圆形，果皮墨绿色，皮色均匀发亮，外形美观。商品性好，皮硬且韧，耐储运。果肉大红色，瓤质脆甜，中心可溶性固形物含量12%左右，口感风味佳。植株长势强健，抗病性好，坐果性能优良，适应性广。单瓜重10千克左右。2005年通过河南省品种审定。

2. 爱耶三号

系西北农林科技大学西瓜育种家王鸣先生选育，由山西大正农业发展有限公司开发的优质大果型西瓜晚熟一代杂交种。全生育期95~100天，果实发育期33~35天。果实椭圆形，果皮墨绿色，皮色均匀，韧度好，耐储运。果肉红色，瓤质脆甜，中心可溶性固形物含量12%左右。植株长势强，高抗枯萎病，耐重茬，易坐果。单瓜重8～10千克。2003—2004年在全国西瓜区试中排名领先，2004年通过国家品种审定。

3. 菊城黑冠

系河南省开封市农林科学研究所选育的晚熟西瓜一代杂交种。全生育期103天，果实发育期33天。植株生长势强，分枝性强，第1雌花着生在主蔓第9节，雌花间隔7节。果形椭圆，果形指数1.37。果皮黑色具果粉，厚度1.2厘米，皮韧，耐储运。果肉红色，质脆多汁，中心可溶性固形物含量11%左右，品质优，风味佳。平均单果重6～8千克，适应性强，田间表现较抗枯萎病和病毒病，适于我国华北、东北、西北等广大瓜区种植。

4. 美丰

系甘肃省河西瓜菜研究所选育的晚熟西瓜一代杂交种。2006年通过国家品种审定。全生育期100～105天，果实发育期33天左右。植株生长稳健，抗病性较强。果实长椭圆形，果皮鲜绿色覆墨绿色窄条纹，皮硬且韧，耐储运。果肉大红色，瓤色均匀，肉质细密脆沙，口感及风味佳，中心可溶性固形物含量11%～12%。平均单瓜重8千克，大者可达12千克。

5. 丰抗8号

系合肥丰乐种业股份有限公司育成的优良西瓜品种。该品种全生育期105天左右，果实发育期35天左右。植株生长势强，高抗枯萎病。主蔓第1雌花着生在第10～12节，以后每隔6节左右出现1朵雌花。果实椭圆形，花皮窄齿条，外观光滑美观，皮厚1.1～1.3厘米，果皮硬度强，耐储运。果肉红色，剖面均匀，肉质脆，纤维少，中心可溶性固形物含量12%左右，口感风味好。平均单果重8千克左右。该品种2001年通过全国西瓜品种审定，适于在黄淮海地区地膜覆盖及春露地栽培中应用。

6. 黑丰

系中国农业科学院郑州果树研究所选育的晚熟一代杂交种，果实发育期33～35天。植株长势强，抗病丰产，易坐果。果实长椭圆形，果皮黑色，上有暗条带。果型大，平均单瓜重10千克左右。果肉红色，肉质脆，中心可溶性固形物含量11%左右，口感好。果皮硬，耐储运。适宜中晚熟栽培。

7. 豫艺15

系河南农业大学园艺技术公司选育的晚熟一代杂交种，果实发育期

33~35天。植株生长势强，抗枯萎病，耐重茬，耐湿性能好，较易坐果，南北方均可栽培。果实椭圆形，果皮纯黑色，果型大，单瓜重10千克左右，最高可达40千克，丰产潜力大。果肉大红色，肉质较脆，中心可溶性固形物含量12%左右，品质佳。该品种适于各地地膜覆盖及春露地栽培。

8. 台湾黑宝

系第一种苗股份有限公司（系我国台湾注册的企业）与河南农业大学合作培育的大果型晚熟一代杂交品种，全生育期100~105天，果实发育期33~35天。果实短椭圆形，果皮纯黑色有黑粉，单瓜重8~10千克，最大可达40千克。果肉红色，肉质脆沙，中心可溶性固形物含量11.5%左右。该品种长势较强，根系发达，植株分枝力中等，较易坐果。田间表现抗枯萎病能力较强，对病毒病、炭疽病也有较强的抗性。适宜北方及南方早季栽培，目前国内栽培面积较大。

9. 豫艺2008

系河南农业大学利用国外抗性材料最新育成的晚熟大果型一代杂交种。果实发育期35天左右。植株长势强，抗病性好，耐重茬。果实短椭圆形，果皮纯黑色，单瓜重10~15千克，最大可达42千克。果肉大红色，肉质脆，中心可溶性固形物含量11%~12%，品质佳，耐储运。该品种适于早春露地及地膜覆盖栽培，有望成为新一代黑皮西瓜的代表品种。

10. 新大宝

系金穗种业公司选取育的无权高糖、大果型西瓜新品种。全生育期95天左右，果实发育期33~35天。果实长圆形，果皮绿色鲜绿深色条纹。果肉大红色，肉质脆沙，多汁味甜，中心可溶性固形物含量12%以上。平均单瓜重10~20千克。该品种抗病性强，耐重茬，栽培时主蔓长到40厘米左右时将顶部断掉，其余侧蔓任其生长，不需整枝打权，自然坐果1~2个。适于全国各地露地种植。

11. 美抗八号

系河北省蔬菜种苗中心选育的晚熟一代杂交种。全生育期95~97天，果实发育期33~35天。植株生长势强，分枝力强，坐果容易且整齐，第1雌花着生节位第12节，以后每隔6节出现1朵雌花。果实椭圆形，果形指数1.3，果皮深绿，上覆11~13条墨绿色条纹。果肉大红色，肉质沙脆，中心可溶性固形物含量11%~12%，边部8.6%，皮薄且韧，耐储运。平均单瓜重7~10千克，最大15千克，高抗枯萎病，耐重茬，适应性强，适宜华北、东北、西南地区地膜覆盖及露地栽培。

12. 开杂十五号

系河南省开封市农林科学研究所选育的晚熟一代杂交种。全生育期105天，果实发育期33~35天。果实椭圆形，果皮墨绿色，坚韧，耐储运。果肉红色，质脆，风味纯正，中心可溶性固形物含量11.5%。坐果性好，果大整齐，平均单瓜重8~10千克。该品种适于华北、东北地区春季地膜覆盖及露地栽培。

13. 抗病墨玉

系河南省开封市农林科学研究所选育的晚熟抗病一代杂交品种。全生育期102~105天，果实发育期33~35天。果实椭圆形，皮黑色，有浅纵沟；果肉鲜红，脆甜多汁，品质佳，中心可溶性固形物含量11%~12%，果形大而整齐，平均单瓜重7~8千克。该品种的突出特点是抗病性强，是目前国内少有的抗病毒病较强的品种之一，适于北方地区春露地栽培和越夏栽培。

14. 黑无霸

系中国农业科学院郑州果树研究所选育的晚熟一代杂交种。果实发育期33~35天。植株长势强，对病毒病及多种真菌性病害有一定抗性。果实椭圆形，皮纯黑色，坚韧，耐储运；果肉鲜红色，肉质脆，中心可溶性固形物含量12%左右，品质佳。果形大而整齐，平均单瓜重10千克，最大可达30千克。该品种适合春露地、麦瓜、麦棉套种及中晚熟栽培。

15. 绿宝大甜

系合肥绿宝种苗有限责任公司选育开发的晚熟一代杂交种，全生育期100~105天，果实发育期33~35天。果实长椭圆形，皮色浅绿上覆深绿色宽条带，果肉晶黄色，肉质脆嫩多汁，清甜可口，中心可溶性固形物含量12%~13%，品质优良。植株长势较强，较抗枯萎病，单瓜重6~8千克，果皮硬，耐运输。适于各地农业科技园区和重点西瓜产区做为特色栽培应用。

16. 少籽深绿王

系郑州丰源西瓜蔬菜研究所选育的晚熟一代杂交种。全生育期100~105天，果实发育期33~35天。果实椭圆形，果皮绿色网纹；果肉大红色，肉质脆沙，中心可溶性固形物含量11%左右，果大而整齐，平均单瓜重10千克。抗病性强，耐储运，适于各地春露地或地膜覆盖栽培。

17. 深绿瓜王

系黑龙江景丰农业高新技术开发有限公司选育的晚熟大果型一代杂交种。果实发育期35天左右。植株长势强，抗病丰产，单瓜重10～20千克，在低密度（300株/667平方米）一株多蔓条件下最大单瓜重达84千克。果实长椭圆形，果皮深绿色有细网纹；果肉大红色，籽少，肉质脆，中心可溶性固形物含量11%左右，该品种适宜东北、西北、华北地区春露地或地膜覆盖栽培。

18. 特大景龙宝

系黑龙江景丰农业高新技术开发有限公司选育的晚熟一代杂交种。果实发育期35天左右。植株长势强健，抗病性强，果实长椭圆形，皮色深绿上覆墨绿色清晰窄条带，皮韧，耐储运，果肉大红色，籽少，肉质甜爽多汁，中心可溶性固形物含量11%～12%，果形大，单瓜重15～20千克，最大可达88千克，该品种适宜东北、西北、华北地区春季中晚熟栽培应用。

19. 华西7号

系新疆华西种业有限责任公司育成的晚熟一代杂交种。全生育期95～100天，果实发育期35天。植株长势中等，分枝力弱，第1雌花在第7～8节，雌花间隔4节，易坐果。果实椭圆形，果形指数（果实纵径与横径之比）1.4，果皮厚度1.1厘米，皮硬，韧性强，耐储运，果肉红色，剖面鲜艳美观，纤维少，质脆，风味佳，中心可溶性固形物含量11.5%，最高可达13.5%，中边糖分梯度小，不易倒瓤。平均单瓜重7.5千克左右。栽培适宜范围较广，主要在北方地区推广，南方地区亦有种植。干旱地区种植密度700株/667平方米左右为宜，三蔓整枝或不整枝；南方潮湿地区三蔓整枝，需人工辅助授粉，同时要注意防治病虫害。

20. 少籽霸王龙

系陕西省咸阳市旺发种子有限公司选育的大果型杂交种。全生育期约105天，果实发育期33～35天。植株生长健壮，叶片肥大，田间表现抗枯萎病、炭疽病、病毒病能力较强，叶部病害轻。果实椭圆形，果皮绿色有墨绿色宽条带；坐果整齐，单瓜重12千克左右；果肉红色，肉质细脆多汁，籽少，口感爽甜，中心可溶性固形物含量12.5%以上，梯度小，皮薄而韧，耐运输。该品种适合作大果型高产栽培，适宜各地地膜覆盖和间作套种栽培。

四、无籽西瓜品种

1. 郑抗无籽 6 号

系中国农业科学院郑州果树研究所选育的无籽西瓜新品种。中晚熟，全生育期 90～95 天，果实发育期 32～33 天。果实圆球形，纯黑皮，覆蜡粉，外形美观。果肉大红色，瓤质脆甜，中心可溶性固形物含量 12% 以上，平均单瓜重 8 千克以上，极耐储运。

2. 雪峰黑马王子

系湖南省瓜菜研究所、中日合资南湘种苗有限公司选育的新一代无籽西瓜良种。中晚熟，全生育期 105 天左右，果实发育期 32～35 天。植株生长势较强，叶色浓绿，抗病、耐湿性好。果实圆球形，果皮墨绿色，上有蜡粉，韧度大，耐储运，商品性状好。果肉鲜红，瓤质细嫩，纤维少，含糖量高，中心可溶性固形物含量 12%，平均单瓜重 6～8 千克，每 667 平方米产量 3 500～5 000 千克。

3. 雪峰全新花皮无籽

系湖南省瓜类研究所选育的无籽西瓜品种，该品种在雪峰花皮无籽西瓜基础上，对其双亲本进行多代提纯复壮，全面恢复了丰产性和抗性。中晚熟品种，全生育期 95 天左右，果实发育期 35 天左右。果皮浅绿色上覆绿色宽条纹。果实圆形。果肉鲜红，肉质脆甜，中心可溶性固形物含量 12% 左右，果皮厚度 1.1 厘米，无籽性好，口感风味极佳。植株生长势强，耐病性好，平均单瓜重 8～10 千克，最大可达 20 千克。

4. 雪峰黑牛无籽

系湖南省瓜类研究所最新推出的中晚熟无籽西瓜新品种。全生育期 105 天左右，果实发育期 35 天左右，植株生长势强，耐病、抗逆性强。果实短椭圆形，果皮墨绿色，有深绿色暗条纹，上覆蜡粉，外形美观，皮厚 1.2 厘米左右。无籽性好，果肉大红色，汁多味甜，质脆爽口，中心可溶性固形物含量 12%。果皮硬度强，韧性好，耐储运。易坐果，平均单株坐果数 1.6 个左右。单瓜重 8 千克以上，大者可达 10～15 千克。

5. 豫艺 926 无籽

系河南农业大学林学园艺学院，河南豫艺种业科技发展有限公司育成，2002 年通过河南省品种审定。中早熟种，易坐瓜，果实发育期 30 天左右，全生育期 95～100 天。果实圆球形，皮色浅绿，覆深绿色条纹。果肉鲜红色，肉质脆甜，中心可溶性固形物含量 11% ~ 13%，品质佳。平均单瓜重 6 ~ 8 千克，最大可达 10 千克。大棚及露地均可种植。

6. 豫园翠玉

系河南省农业科学院园艺研究所选育的无籽西瓜新品种。中晚熟，全生育期 105 天，果实发育期 35 天。植株生长势中等偏强，第 1 雌花着生在主蔓第 6 ~ 9 节，以后每隔 5 ~ 6 节再现雌花，坐果率高。果实圆球形，果形指数 1.01，果皮浅绿色上覆墨绿条带，皮厚 1.4 厘米，果皮硬度大于 25 千克/平方厘米，耐储运性好，平均单瓜重 6 千克。果肉大红色，瓤质细脆，纤维少，不空心，中心可溶性固形物含量 12.5%，无籽性好，可食率高，品质优。商品性好。田间表现对西瓜炭疽病、病毒病抗性较强。2006 年 3 月通过山西省作物品种审定委员会审定，在山东、河南、四川、河北、山西等地经试验示范，均表现为产量高，田间抗病性强，综合性状优良。

7. 湘西瓜 11 号

系湖南省瓜类研究所选育的无籽西瓜新品种。中晚熟，全生育期 90 天左右，果实发育期 33 天左右。植株生长旺盛，抗病性强，耐湿热。果实圆球形，果皮墨绿色，上覆蜡粉，外形漂亮美观，果皮坚硬，韧度好，极耐储运。果肉鲜红，中心可溶性固形物含量可达 12%，品质佳。平均单瓜重 7 ~ 8 千克，最大可达 20 千克。

8. 湘西瓜 19 号

系湖南省瓜类研究所选育的黄瓤无籽西瓜新品种。中熟，全生育期 90 天左右，果实发育期 30 ~ 32 天，植株生长势强，抗病耐湿，易坐果。果实圆形，果皮深绿色。果肉鲜黄，中心可溶性固形物含量达 12% 左右，质脆爽口，风味特佳。单瓜重 5 ~ 7 千克，最大可达 14 千克。

9. 特大新五号无籽

系河南郑州丰源西瓜蔬菜研究所推出的中晚熟无籽西瓜新品种。全生育期 95 ~ 100 天，果实发育期 30 ~ 32 天。植株生长稳健，抗枯萎病能力较强，耐湿性能较好，易坐果。果实椭圆形，皮色黑亮，果肉大红色，肉质细脆，口感风味好，中心可溶性固形物含量 12.6%。单瓜重 10 ~ 15 千克，果皮韧，耐储运。

10. 京发全冠 909 无籽

系河南郑州丰源西瓜蔬菜研究所最新推出的花皮中熟无籽西瓜品种。全生育期 90 ~ 95 天，果实发育期 30 ~ 32 天。植株生长稳健，抗重茬能力强，易坐果。果实高圆形，果皮深绿底色覆浅绿不规则窄条。果肉大红色，肉质脆甜，口感好，品质优，中心可溶性固形物含量 12.5%。瓜个大，平均单瓜重 8 ~ 10 千克。适宜种植密度为每 667 平方米 500 ~ 600 株。

11. 黑密 5 号

系中国农业科学院郑州果树研究所利用三亲杂交的方法选育的中晚熟无籽西瓜品种。全生育期 100 ~ 110 天，果实发育期 33 ~ 36 天。果实圆球形，果形指数 1.0 ~ 1.05，果实圆整度好。果皮墨绿色上覆暗宽条带，果皮厚度 1.0 ~ 1.2 厘米，平均单瓜重 6.6 千克；果肉大红色，肉质脆，纤维较少，中心可溶性固形物含量 11%，无籽性好；抗逆性强，易坐果；耐储运，在室温下一般可储存 20 天以上。该品种 2000 年 11 月通过全国农作物审定委员会审定，适于南北各地栽培。

12. 郑抗无籽一号

系中国农业科学院郑州果树研究所选育的晚熟花皮无籽西瓜新品种。全生育期 110 天左右，果实发育期 35 ~ 38 天。生长习性好，种子发芽率 90% 以上，种芽成苗率超过 95%。生长势强，抗病耐湿耐储运。主蔓第 6 ~ 8 节着生第 1 雌花，以后每隔 5 ~ 6 节着生 1 朵雌花，坐果习性好，正常年份坐果株率达 100%。果实短椭圆形，果皮浅绿底上覆数条深绿色条带，外观美丽；果皮厚度 1.2 ~ 1.3 厘米，较硬。果肉红色，质脆，中心可溶性固形物含量 11%，白秕籽中小，不空心，不倒瓤，品质优。该品种适应性广，在全国各地均可栽培，但以光热资源丰富，降雨较少而又有灌溉条件的地区栽培最为适宜。

13. 广西 3 号

系广西农业科学院园艺研究所选育的无籽西瓜新品种。全生育期 90 天左右，果实发育期 30 天。植株长势中等，苗期生长较缓，伸蔓后生长较快，不易徒长；耐热耐湿性强，较耐弱光低温，果实高圆形，果形指数 1.1。果皮绿色布有清晰的深绿色宽条带 16 ~ 18 条，外观美丽，皮质坚韧，果皮厚度 1.0 ~ 1.1 厘米，耐储运。果肉深红色，色泽均匀肉质细密，爽脆清甜中心可溶性固形物含量 12%，白秕籽细而少，无黑籽，品质极佳。单瓜重 6 ~ 8 千克，最大可达 17.5 千克，畸形瓜极少，商品率高。该品种对炭疽病、霜霉病抗性较强，抗逆性良好，适应性广，南北方均可栽培，是目前我国华南、西南地区无籽西瓜出口创汇的主栽品种。

14. 洞庭 3 号

系湖南省岳阳市农业科学研究所选育的中熟黄瓤无籽西瓜新品种。全生育期103 天，果实发育期33 天。植株长势强，茎叶粗壮肥大，抗逆性较强，适应性广。第 1 雌花着生节位第 8 ~ 10 节，以后每隔 6 ~ 8 节着生 1 朵雌花，坐果率高。果实圆球形，皮深绿，薄且硬。果肉鲜黄色，质脆爽口，纤维极少，无着色秕籽，白秕籽小而少，无籽性好，风味佳。中心可溶性固形物含量12% 左右，边部 8% ~ 10.2%，中边梯度小。单瓜重 5 ~ 7 千克，最大可达 10 千克。该品种 2000 年通过湖南省农作物品种审定委员会审定，命名为"湘西瓜 19 号"，适于长江流域及气候相似区种植。

15. 菊城无籽 1 号

系河南省开封市农林科学研究所选育的晚熟无籽西瓜新品种。全生育期100 天左右，果实发育期 35 天左右，平均单瓜重 7 千克。植株生长势较强，分枝性强，第 1 雌花着生第 8 节后，雌花间隔 6 ~ 7 节，易坐果。果实高圆形，果形指数 1.16，果实圆整度高，少异形果。果皮墨绿色，厚度1.3 厘米，皮硬，耐贮运。果肉红色。肉质硬脆，无空心，无着色秕籽，白秕籽小而少，汁液多，纤维少，甘甜爽口，风味纯正，中心可溶性固形物含量11.4%，边部 8.9%，中边梯度小。耐寒性一般，耐涝、耐旱性较强。较抗枯萎病、病毒病和炭疽病。适宜河南省及临近省份种植。

16. 郑抗无籽 4 号

原名金玫瑰无籽 1 号，系中国农业科学院郑州果树研究所选育的黄瓤无籽西瓜品种。全生育期 103 天左右，果实发育期约 33 天。生长势中等，分枝力强，抗病耐湿性好，一般第 5 ~ 6 节着生第 1 雌花，以后每隔 4 ~ 5节着生 1 朵，易坐果，并具有 1 株多果和多次结果习性。果个中等，单瓜重 4 ~ 5 千克。果实圆球形，墨绿色果皮上显数条暗齿状花条，果肉柠檬黄色，质脆，中心可溶性固形物含量 11.5% 以上，近边部 8.5% 左右，不空心，不倒瓤，白秕籽小，品质优，果皮硬，肉质致密，耐储运性好。该品种 2002 年通过河南省品种审定委员会审定，适于黄淮海地区推广应用。

17. 豫艺甘甜无籽

系河南农业大学林学园艺学院选育的中晚熟无籽西瓜新品种。全生育期约 102 天，果实发育期 30 ~ 33 天。果实圆球形，果皮墨绿色上覆暗条带，果实圆整度好，不易出现畸形果；果皮较薄，厚度在 1.2 厘米以下；果肉大红色，剖面均匀，纤维少，汁多味甜，质脆爽口，中心可溶性固形物含量11.5%；无籽性好，白色秕籽少而小；果皮较韧，耐储运，室温下一般可贮存20天以上；瓜个大，平均单瓜重6.6千克以上。植株生长势中等，抗逆性强，一茬果采后茎叶仍可保持健壮生长，可结二茬瓜，增产潜力较大。栽培上应注意以主蔓第2～3个雌花或侧蔓第2雌花留瓜最好，坐果期适当控制肥水，以免徒长而难以坐果。采收不宜过早，以九成熟至十成熟采收为宜。

18. 新优22号

原名无籽102，又名黑皮翠宝，系新疆西域农业科技集团中心选育的无籽西瓜新品种。全生育期95～100天，果实发育期33～35天，植株生长势较强，田间表现抗病性强。果实高圆形，果皮深墨绿色上有网纹。果肉大红色。质地脆甜，中心可溶性固形物含量11%。果皮硬，耐储运。平均单瓜重5千克。该品种幼苗健壮，在正常气候条件下表现为易保苗，易坐果，种子发芽率及成苗率较高，适于全国各地种植。在南方可采用育苗移栽，北方一般采用地膜覆盖"破壳控温，控湿催芽"或"破壳"直播，每666.7平方米定苗750～800株，三蔓整枝，主蔓第3雌花留瓜。

19. 津蜜3号

系天津市科润蔬菜研究所选育的无籽西瓜新品种。全生育期95天左右，果实发育期30～32天，比黑蜜2号早熟3～5天，果实圆形，果皮黑色，果肉红色。肉质细脆，汁多爽口，中心可溶性固形物含量12%。植株生长势中庸，易坐果，平均单瓜重5～7千克。适于黄淮海地区春季地膜覆盖栽培。

20. 津蜜4号

系天津市科润蔬菜研究所选育的早熟无籽西瓜新品种。全生育期85～90天，果实发育期30天左右。果实圆球形，平均单瓜重4～5千克，果皮绿色有深绿色窄条带；果肉大红色，肉质细脆，中心可溶性固形物含量12%左右；白色秕籽小而少，品质优。植株长势较强，抗病性强，耐低温弱光，易坐果，特别是大棚种植或雨水偏多不易坐果的地区种植效果更佳。嫁接栽培亲和性好，综合性状优良。适于各地春季保护地栽培。

21. 无籽京欣

系中国农业科学院郑州果树研究所选育的中早熟无籽西瓜品种。全生育期90天左右，果实发育期28～30天。植株生长势较强，易坐果，果型中大，平均单果重5～6千克。果实圆球形，果皮绿色上显数条墨绿色齿状条，皮色类似京欣一号；果肉大红色，质地细而酥脆，中心可溶性固形物含量 11.5% 以上，风味好，品质上乘。该品种可用于温室、大棚早熟栽培。

22. 洞庭 1 号

系湖南省岳阳市农业科学研究所选育的无籽西瓜品种。全生育期 105 天，果实发育期 32～34 天。植株长势旺盛，耐湿热，抗病性强，适应性广，尤其适于长江以南地区种植。果实圆形，皮色深绿，坐果整齐，单瓜重 5～7 千克。果肉鲜红色，肉质细嫩爽口，纤维少，白秕籽极少而小，中心可溶性固形物含量 12% 左右，风味佳。皮薄而韧，耐储运性好。

23. 红辉无籽

系珠海经济特区太阳现代农业有限公司选育的早熟无籽西瓜品种。全生育期 90 天左右，果实发育期 26～30 天。植株长势稳健，坐果力强，可多次结果。果实圆形，果皮绿色覆有深绿色窄条带，皮色美观。果肉红色，肉质细脆，无籽性好，中心可溶性固形物含量 11%～12%。皮薄但较耐储运。该品种适宜各地大棚栽培。

24. 翠蜜 5 号

系郑州丰源西瓜蔬菜研究所选育的花皮无籽西瓜新品种。全生育期 100 天左右，果实发育期 32 天左右。植株长势强健，易坐果，坐果整齐，商品率高。果实高圆形，果皮浅绿色，有深绿色条带，外形美观；果肉大红色，肉质细脆，中心可溶性固形物含量 12% 左右，品质佳。果皮厚度 1 厘米，硬度强，耐储运。平均单瓜重 7～10 千克。

25. 花蜜

系北京市北农西甜瓜育种中心选育的无籽西瓜新品种。全生育期 90～95 天，果实发育期 28～30 天。植株生长稳健，极易坐果，高抗枯萎病。果实圆形，果皮绿色，上被墨绿色带条。果肉大红色，白秕籽少而小，无籽性好，中心可溶性固形物含量 12% 左右，果肉脆爽，口味极佳。平均单瓜重 5～6 千克，最大可达 8 千克。适于日光温室、大棚等早熟栽培。

五、小型西瓜品种

1. 金玉玲珑

系中国农业科学院郑州果树研究所选育的小型西瓜新品种。全生育期 80～85 天，果实发育期 24～26 天。果实圆形，果皮绿色上覆墨绿色条纹，厚度 0.3 厘米，较耐储运。果肉橙黄色，瓤质细脆，中心可溶性固形物含量 12% 左右。单瓜重 1.5 ~ 2.5 千克。该品种适应性广，可用于保护地早熟栽培及露地和秋延迟栽培。2005 年通过国家鉴定和北京市、河南省审定。

2. 金玉玲珑五号

系中国农业科学院郑州果树研究所选育的黄皮红瓤小型西瓜新品种。全生育期 80 ~ 85 天，果实发育期 23 ~ 25 天。果实椭圆形，两端略尖，果皮橘黄色有深黄色条纹，厚度 0.4 厘米，外观艳丽，耐储运。果肉大红色，中心可溶性固形物含量 11% 以上，瓤质细脆。平均单瓜重 1.5 千克，适于保护地、露地和延秋栽培。

3. 金丽

系国家瓜类工程技术研究中心新疆西域种业股份有限公司选育开发的黄皮红瓤小型西瓜新品种。全生育期 80 ~ 85 天，果实发育期 24 ~ 26 天。果实椭圆形，果皮淡黄色。果肉大红色，剖面均匀、美观，质地细脆，汁多爽口，中心可溶性固形物含量 12%。平均单瓜重 1.9 千克。皮韧、抗裂、耐储运。

4. 金爽（冰淇淋）

系甘肃省河西瓜菜研究所选育的黄瓤型小型西瓜新品种。全生育期 82 ~ 85 天，果实发育期 26 天左右。果实圆球形，果皮红色上覆墨绿色窄条带，外形美观。果肉晶黄色，中心可溶性固形物含量 13%，瓤质细嫩爽口，品质特佳。平均单瓜重 1.5 ~ 2 千克。该品种抗病抗逆性较强，适于保护地栽培。

5. 春艳

系安徽省农业科学院园艺研究所选育的春季专用型小型西瓜新品种。熟性早，全生育期 80 天左右，果实发育期 24 天左右。果实椭圆形，果皮浅绿色上覆深绿色条带。果肉大红色，少籽，中心可溶性固形物含量 13% 左右，瓤质细嫩，风味好。该品种抗病性强，耐低温弱光，易坐果，适于早春日光温室和大棚早熟栽培，单瓜重 2 千克左右，可多次结果。

6. 秋艳

系安徽省农业科学院园艺研究所选育的秋季专用型小型西瓜新品种。全生育期 80 天左右，果实发育期 22 ~ 24 天。果实椭圆形，果皮绿色覆墨绿色细条带。果肉红色，中心可溶性固形物含量 13%，风味佳。该品种抗多种病害，易坐果，平均单瓜重 2 ~ 2.5 千克，瓜皮薄，韧性好，耐储运，适于露地及秋季保护地栽培。

7. 小兰

系台湾农友种苗公司培育，是特小凤西瓜品种的改良种。极早熟，植株开花至果实成熟 20~22 天。果实圆形至高圆形，果皮淡绿色，有墨绿色条带。果肉晶黄色，肉质细嫩，可溶性固形物含量 11%~13%。果皮薄，较易裂果，籽少，结果力强。该品种目前为国内主栽品种。

8. 早春红玉

系浙江农业大学从日本引进的一代小型西瓜杂交种，该品种生长稳健，耐低温弱光，易坐果，适于大棚栽培。果实圆形至高圆形，单瓜重 1.5~2.0 千克。果皮深绿色覆有墨绿色条带，果皮薄不耐储运。果肉黄色，质细无渣，可溶性固形物含量 12% 以上，口感好。

9. 红小玉

系湖南省瓜类研究所育成的一代小型西瓜杂交种。生长势较强，可以连续结果，果形稍大，单瓜重 2.0~2.5 千克，每株可结果 3~5 个。果实圆形，果皮浅绿色，有深绿色条带，外观漂亮，皮薄。果肉红色，肉质细嫩，无渣，籽少，可溶性固形物含量 13% 左右。结果期稍长，自雌花开放至果实成熟 33~35 天。该品种 1999 年在北京市大兴县第 12 届西瓜节上获新品种奖，2002 年通过国家审定。

10. 黄小玉 H

系湖南省瓜类研究所选育的一代小型西瓜杂交种。果实高圆形，单瓜重 2 千克左右，果皮薄，厚度仅为 3 毫米，不易裂果，果肉金黄色略深，可溶性固形物含量 12%~13%，纤维少，少籽。抗病性强，易坐果。极早熟，果实从开花到成熟 26 天左右。该品种 2002 年 2 月通过国家审定。

11. 小玉红无籽

系湖南省瓜类研究所选育的小型无籽西瓜新品种。该品种早熟，生长势中等，抗病耐湿。果实圆形，单瓜重 1.5~2.0 千克，果皮青绿覆细条带，果皮极薄。果肉深红色，果实可溶性固形物含量 13%，品质佳，无籽性好。该品种 2002 年 2 月通过国家审定。

12. 小天使

系安徽丰乐农业科学技术研究院选育的小型西瓜新品种。植株开花至果实成熟 24 天，全生育期 80 天。植株长势稳健，易坐果。果实椭圆形，果皮鲜绿色覆盖绿色细条带，外观美丽有光泽。单株坐果 3~4 个，平均单瓜重 1.5 千克。果肉红色，肉质脆嫩，爽口多汁，可溶性固形物含量为

13%，中边梯度小。皮薄，但耐储运。

13. 秀丽

系安徽省农业科学院园艺所育成的小型西瓜杂交种。植株生长强健，从雌花开放到果实成熟 24～26 天。果实椭圆形，单瓜重 2.0～2.5 千克，果皮鲜绿色覆有深绿色细条带，果形周正，果皮厚 2～3 毫米，薄而韧，耐储运性好。果肉深粉红色，肉质细嫩，可溶性固形物含量 13%，中边梯度小，风味佳。抗病性强，易坐果，适于保护地早熟栽培。

14. 黑美人

系台湾农友种苗公司育成的小型西瓜杂交种。该品种生长健壮、抗病、耐湿，夏季栽培表现突出。极早熟，主蔓第 6～7 节出现第 1 雌花，雌花着生密，夏秋季开花至果实成熟约需 20～22 天。果实长椭圆形，果皮黑色有不明显条带，单瓜重 2 千克左右，果皮韧，耐储运。果肉鲜红色，可溶性固形物含量 12%，最高可达 14%，梯度小。

15. 金福

系湖南省瓜类研究所最新育成的小型西瓜新品种。该品种植株生长势中等偏强，耐湿性和抗逆性强，对炭疽病和疫病有较强的抗性，耐低温性好，栽培适应性广，温室大棚栽培可实行一年三茬。果实高球形，单瓜重 2 千克左右，果皮黄色上覆浓黄色细条带，皮极薄，仅 3 毫米；果肉桃红，质脆味甜，口感风味好，可溶性固形物含量 12% 左右，品质优。坐果性好，一株可坐多果，连续坐果性好。该品种 2001 年 11 月通过湖南省品种审定委员会审定。

16. 春光

系合肥华夏西瓜甜瓜科学研究所育成的小型西瓜杂交种。果实长椭圆形，果皮鲜绿色覆有细条带，单瓜重 2.0～2.5 千克，果形周正。果肉粉红色，肉质细嫩，可溶性固形物含量 13%，梯度小，风味佳。果皮薄，韧性好，不易裂果，耐储运。植株生长稳健，低温下伸长性好，在早春不良条件下雌雄花分化正常，坐果性好，易栽培。结果期较长，雌花开放至果实成熟 30～35 天，适于露地种植。

17. 华晶 3 号

系河南洛阳农兴瓜果开发有限公司选育的小型西瓜杂交种。果皮金黄色，果形圆正，果形指数 0.98，果皮厚 0.6～0.8 厘米。果肉红色，可溶性固形物含量 12%，瓤质脆爽。植株全生育期 95 天，雌花开放至果实成熟

25～28 天。较抗蚜虫和病毒病，耐肥水，生长势中等。第 1 雌花着生于第 4～7 节，以后每隔 4～5 节出现 1 朵雌花，极易坐果，一般每株可坐果 2～3 个，单果重 2～2.5 千克。该品种宜在城市近郊进行早熟或特早熟栽培，采用育苗移栽，小拱棚栽培每 667 平方米 1 200 株，双蔓整枝；大棚立架栽培每 667 平方米 2 000 株，单蔓整枝，第 2 雌花留瓜。

18. 春兰

系合肥丰乐种业瓜类研究所选育的小型西瓜杂交种。主蔓第 6 节左右出现第 1 雌花，雌花间隔 5～7 节。全生育期 90 天，开花至果实成熟 27 天左右。果实圆球形，绿皮覆墨绿细齿条，外形美观，皮厚 0.4 厘米，较韧，耐储运。果肉黄色质细，脆嫩多汁，中心可溶性固形物含量 12%，风味佳。平均单瓜重 2～2.5 千克。植株长势稳健，极易坐果，较耐弱光、低温，适于大棚、温室特早熟栽培，也适于延秋栽培。栽培上应注意重施农家肥，少施氮肥，并保持肥水的均衡供应。

19. 华晶 6 号

系河南省孟津县精品水果研究会选育的可取代小兰、特小凤的新一代小型西瓜杂交种。植株生长势一般，分枝性较弱，易坐果。第 1 雌花出现在第 4～6 节，以后每隔 4～5 节出现 1 朵雌花。果实圆形，果皮绿色覆浓绿色条带，外形美观。单瓜重 2 千克左右。果皮厚度 0.4～0.5 厘米；果肉鲜黄色，中心可溶性固形物含量 12.6% 左右，肉质细腻，纤维和残渣极少，口感佳。全生育期 80～85 天，雌花开放至果实成熟 24～25 天。耐低温弱光性好。果实九成熟时即有较好的食用品质，但果皮脆。该品种适宜地区较广，可广泛用于各地春早熟或秋延迟栽培。生产上应保持均衡的肥水供应，收摘运输时要轻拿轻放，以减少裂果。

20. 洞庭 7 号

系湖南省岳阳市西甜瓜科学研究所选育的黄皮黄瓤小型无籽西瓜新品种。全生育期北方春季栽培 90 天左右，南方秋季大棚栽培 72 天左右，果实成熟期分别为 30 天、28 天。植株生长势中等，主蔓第 1 雌花着生节位第 5～7 节，以后每隔 3～4 节着生 1 朵或 2 朵雌花，极易坐果。果实圆球形，单瓜重 2～2.5 千克，果形指数 1.12，果皮黄色覆深黄细条带，外观漂亮。果皮厚度 0.6～0.8 厘米。果肉鲜黄色，剖面美观，不空心，瓤质沙脆、爽口，无籽性好；中心可溶性固形物含量 12% 左右，中边梯度小。该品种适于南、北方大棚早熟及秋延迟栽培。

21. 京秀

系国家蔬菜工程技术研究中心选育的小型西瓜杂交种。全生育期85～90天，雌花开放至果实成熟26～28天。果实短椭圆形，果皮绿色覆深绿色窄条带，外形美观。果肉红色，质地脆嫩，少籽，口感好，中心可溶性固形物含量13%，中边梯度小。植株长势一般，易坐果，单株可坐果3～4个，平均单果重1.5～2.0千克。本品种2001年获北京大兴与山东昌乐西瓜品种擂台赛第一名，适于各地温室、大棚早熟栽培。

22. 佳人

系黑龙江省宁安市红域西瓜种子公司由台湾省引进的小型西瓜杂交种。植株开花至果实成熟20～22天，极早熟。坐果性能好，单株结瓜5～6个。果皮淡绿色，有深绿色窄条纹，平均单瓜重2千克，果肉红色、籽少，可溶性固形物含量11%～13%。

23. 阳春

系合肥华夏西瓜甜瓜科学研究所育成的小型西瓜杂交种。果实高圆形，皮色翠绿覆有墨绿色条带，外形美观，果肉金黄色，鲜艳，肉质细嫩，爽口多汁，可溶性固形物含量12%～13%，梯度小，风味佳。植株生长强健，耐病，抗逆性强，在低温弱光下生长正常，易坐果，单株结果数较多，单瓜重2千克左右，早熟，适于大棚早熟栽培。

24. 金童

系河南农业大学豫艺种业科技发展有限公司推出的小型西瓜杂交种。该品种果实长椭圆形，果皮金黄色，单瓜重1.0～2.0千克。果肉鲜红色，肉质脆甜，可溶性固形物含量12%以上，品质佳。该品种长势稳健，抗病性强，果皮韧，耐储运性好。

25. 黑龄童

系黑龙江省大庆市庆农西瓜研究所育成的小型西瓜杂交种。该品种植株长势中等，抗病性强，全生育期70～75天，开花到果实成熟24天。果实圆形，果皮黑色有暗条纹，果肉鲜红色，沙瓤，少籽，可溶性固形物含量13%左右，有清香味，风味佳。该品种适合棚室栽培。

26. 礼品三号

系四川种都种业有限公司选育的小型西瓜杂交种。该品种果实发育期25天左右，坐瓜整齐，单瓜重1.5～2.0千克。果实圆球形，果皮淡黄色覆有橘黄色窄条带，皮韧，耐储运。果肉大红，汁水丰富，脆甜沙爽，籽少，口感好，可溶性固形物含量 12% ~ 13%。

27. 青研 3 号

系青岛市农业科学研究院选育的小型西瓜新品种。全生育期 85 天，果实发育期 30 ~ 35 天。果实高圆形，果皮墨绿上覆盖绿色窄条带，有蜡粉，厚度 0.7 厘米，耐储运。果肉大红色，剖面均匀、纤维少，瓤质细脆，中心可溶性固形物含量 11%，汁多爽口，品质佳。平均单瓜重 1.6 ~ 2.0 千克。该品种抗病抗逆性较强，适于保护地栽培。

28. 京颖 4 号

系国家蔬菜工程技术研究中心、北京市农林科学院蔬菜研究中心选育的小型西瓜新品种。全生育期 80 ~ 85 天，果实发育期 30 天左右。果实椭圆形，无蜡粉无棱沟，外形美观，果皮浅绿上覆墨绿条纹，厚度 0.6 厘米。果肉大红色，剖面均匀，沙质脆瓤，中心可溶性固形物含量 12% 以上，口感较好，品质特佳。平均单瓜重 1.6 ~ 1.8 千克，商品性好。该品种抗病抗逆性强、适应性稳产性好，适于各种保护地栽培。

29. 德佳 3 号

系德州市农业科学研究院选育的小型西瓜新品种。植株长势较强，主蔓第 1 雌花着生节位第 5 ~ 7 节，雌花发生频率高，极易坐果。果实圆形，果皮黄色，有浓黄色细条带，外观漂亮。皮薄，果肉深粉红色，剖面均匀一致，不易空心，肉质细嫩脆爽，汁多味甜，中心可溶性固形物含量 12% 左右，口感风味极佳。平均单瓜重 2.0 ~ 2.5 千克。该品种抗病性抗逆性强，适于黄淮海地区春季保护地栽培。

30. 德佳 9 号

系德州市农业科学研究院选育的小型西瓜新品种。在低温弱光条件下生长良好，主蔓第 5 ~ 6 节着生第 1 雌花，坐果节位低，坐果率高，果实近圆形，浅绿色皮布绿色锯齿状条纹，外形美观，皮薄，轻微裂果，果实剖面色泽均匀，果肉黄色，质地细脆化渣，无粗纤维，口感佳，中心可溶性固形物含量 11.5% 左右，平均单瓜重 1.5 ~ 2.5 千克。该品种抗病性抗逆性强，适于黄淮海地区春季保护地栽培。

第二节　西瓜良种繁育技术

繁育西瓜良种也是瓜农增收的重要途径之一，在西北地区大面积西瓜制种每 667 平方米产种 30 ~ 50 千克，收入可达 2 000 ~ 3 000 元，效益十分可观。

一、普通西瓜良种的配制

俗话说"好种子出好苗"。优良的种子是西瓜早熟丰产优质的重要保证。而西瓜种子纯度是衡量种子质量高低的最重要的指标。西瓜是虫媒异花授粉作物，品种间极易自然杂交，从而引起品种的品质、产量、抗性等经济性状变劣，造成退化。因此，严格的制种技术规程对确保种子质量十分关键。制种主要包括原种的生产、杂交一代种子的配制、种瓜采后处理及种子晾晒等环节。

1. 原种的生产

普通西瓜的生产用种是由原种繁殖而来的，因此原种的生产是良种繁育的关键。

原种的生产主要是育种者和种子繁育经营单位的工作，多采用三圃制进行，即设株行圃、株系圃和原种圃。其生产的具体方法和程序如下。

（1）单株选择。即选择符合本品种（指父本和母本均为定型品种）特性的优良单株留种。单株选择应在纯度较高的种子田中进行。在西瓜的生育过程中，单株选择应分 3 次进行，即选株、选瓜、选种。

第 1 次在主蔓上第 2、第 3 朵雌花（即留瓜节位的雌花）出现时进行，主要根据叶片的形状、第 1 朵雌花出现的节位、雌花间隔节数、花的特征以及植株的抗逆性等性状，选择符合本品种特征特性的单株，做好标记，并在留瓜节位的雌花开放的前一天，分别将该节位的雌花及同时开放的雄花套袋（或夹花冠），次日上午雌、雄花开放后 2 小时内及时进行人工授粉自交，以便保纯。

第 2 次选择是在第 1 次中选套袋的单株果实成熟时进行，即选瓜。主要根据果实的形状、皮色、花纹、瓤色、肉质以及果实发育期、植株的抗逆性等性状，选择符合品种特征的单株留瓜，并做好标记。

第 3 次选择是在第 2 次中选单株所收获的果实剖瓜考种时进行。主要根据西瓜的含糖量、风味、耐储运性以及种子的形状、大小、色泽等性状，选择符合品种特征的单瓜留种，并依次编号。

（2）株行圃。即将单株选择中选单瓜的种子种成一行，再进行比较和选择。株行圃应选择地面平整、土质疏松肥沃、地力均匀、排灌方便、隔离条件好、7 年以上未种过瓜类作物的地块，每个中选单瓜种一行成为一个株行，每个株行定苗 20 株以上，间比排列，不设重复，每隔 5~10 行设一行同品种原种做好对照，株行圃的四周设保护行。移栽或直播后应按单株选择时的编号绘制田间种植图。田间管理与大田生产要求基本相同。

株行选择的时间、标准和方法与单株选择相同，第一次中选株行中的每个单株也都须对留瓜节位的雌花和同株同日开放的雄花，在开花前一天分别套袋，开花当日上午进行人工授粉自交，以便保纯。凡是杂交率大于 5% 的株行（该株行中不符合原品种特性特征的单株超过 5%）或其特性特征与原品种不同的株行应予淘汰。收获时，先收劣杂株行和对照行，然后再收选株行。在收获中选株行时，应先将个别杂株劣株去掉，然后混合收获，混合采种。

（3）株系圃。即将中选株行的种子种在一起，进一步比较和选择。选作株系圃的田块也应是地面平整、土质肥沃、地力均匀、排灌方便、隔离条件好、7 年以上未种过西瓜的地块。将入选株行分别种植在株系圃内进行系间比较，每株系种一个小区，每个小区种 100 株左右，全圃设一个对照区，间比排列，不设重复。对株系选择的时间、标准和方法与单株选择相同，第一次中选株系中的各单株也应对留瓜节位的雌花进行授粉，在各次选择中，进一步淘汰不良株系，而将最后入选的株系混合采种，进入原种圃。

（4）原种圃。即原种集中繁殖的地方。将入选株系的种子混合种植于原种圃内，原种圃应与其他品种进行空间隔离或器械隔离，空间隔离的距离应在 1 500 米以上。在西瓜开花期、果实生育中期和收获期，分别进行观察鉴定，严格去杂去劣，要求纯度为 99.5% 以上。入选种瓜混合采种后即为原种。

2. 杂交一代种子的配制

目前，西瓜生产上所用的品种均为杂交种，大量的生产用种是通过品种的父、母本杂交配制而成的。西瓜杂交种的质量（主要是纯度）和产量主要取决于高质量的亲本和严格的制种技术。山东省德州市农业科学研究院经过多年探索，总结出一整套科学的优质丰产制种技术规程。现介绍如下。

（1）严选亲本种子。用来繁殖杂交种的亲本种子必须是原种，质量标准为纯度99.5%，净度100%，发芽率95%，含水量8%。

（2）合理选地。

①区域选择。西瓜制种最好选择在光照充足、温度适宜、昼夜温差大的区域。虽然我国大部分地区均可进行制种，但阴雨天较多的地区制种产量低、种子质量差，而我国的新疆、甘肃、宁夏等省区海拔较低、有效积温高、年降水量少的适宜区域是西瓜制种的理想区域，在上述地区制种，种子产量高、籽粒饱满、纯度高、种子生活力强。

②地块选择。西瓜制种田要选择排灌方便、土质适宜、周围无高大树木或建筑物遮阴的地块。前茬以玉米等禾本科作物为佳，严禁在重茬瓜田或5年内种过瓜类作物且有病害发生的农田制种。

③设置隔离区。制种田要与其他品种的西瓜隔离1 500米以上，防止蜜蜂等昆虫采蜜时串粉引起混杂。

（3）整地施肥做畦。冬前耕翻冻垡，翌春耙平耙碎土块，按行距1.6米挖深30厘米、宽50厘米的瓜沟。每667平方米普施充分腐熟的优质农家肥5立方米，集中沟施磷酸二铵25千克、三元素复合肥30千克，肥料与土壤充分混匀，然后整平做瓜畦。在瓜畦表面喷施600倍的多菌灵或敌克松等广谱杀菌剂消毒土壤，然后覆盖地膜，播种前3～5天浇水造墒。

（4）播种。

①播种时间。西瓜制种播种期的确定以避开当地晚霜危害和杂交授粉期的高温阴雨天气为宜。华北地区在简易地膜覆盖条件下，一般父本在3月下旬、母本在4月上旬播种，父本比母本提早播种7～10天。西北地区播种期适当晚一些。

②播种。播前2～3天，将精选好的亲本种子用50～55℃温水浸种10～15分钟，再在30℃水中浸泡8小时，搓去种皮表面黏液，在28～30℃条件下催芽。催芽期间每天将种子用温水清洗一次。70%种子"露白"即可播种，一般需2天左右。播种方式为穴播，在瓜畦中间按预定株距开穴，穴深1厘米，每穴播2粒有芽种子。播种后用潮湿细土覆盖种子，覆土厚1厘米，注意覆土要拍实。种植密度，以品种不同，父本密度一般每667平方米2 500株左右，母本1 500～2 000株为宜，父母本比例一般为1∶15，即每种15棵母本种1棵父本，父本明确标志，集中种植。为防治地下害虫，播后可用敌百虫药液与麦麸拌成毒饵撒在种穴附近。

（5）苗期管理。幼苗子叶拱土后，注意及时通风。幼苗2片真叶时开始定苗，每穴1株。定苗后根部培土，对地膜覆盖以外的畦面深翻松土，清除杂草，提高地温。随着外界气温不断升高，逐渐加大通风量，待晚霜结束，外界气温相对稳定后，将幼苗放出膜外，并将地膜平铺在畦面上。

（6）整枝压蔓。整枝方式根据品种而定。父本植株应多留侧蔓或只压蔓不打杈，促其生长，以获得较多的良好雄花。母本品种，生长势强的采用单蔓整枝，生长势弱的采用双蔓整枝，尽量增加单位面积结果数，并减少去雄用工，母本1株留1果。整枝应在晴天上午进行，除保留的主蔓和侧蔓外，其他所有侧枝和腋芽全部摘除，整枝后喷施杀菌剂防止病菌侵染。植株蔓长30~40厘米时进行第一次压蔓，压蔓部位距植株根部15~20厘米，深度一般在5厘米左右，注意不要将叶子和雌花压入土中。以后隔40厘米左右压1次蔓，一般压2~3次即可，以防风吹滚秧。

（7）严格去杂。授粉前要逐株对亲本进行认真观察，看其叶形、叶色、瓜蔓、茸毛、幼果形状及颜色是否符合本品种的特征，及时带根整棵拔除杂株、劣株。尤其是对父本植株更要仔细检查，确认无误后方可采花使用，并且要及时摘除将要膨大的果实，以促使植株旺盛生长，多发侧蔓，多生雄花。

（8）母本去雄。西瓜一般为雌雄异花，但有的品种雌花有较弱雄蕊的比例可达5%以上，杂交制种时，除去掉母本植株上的所有雄花外，对母本雌花去雄也是保证杂交种子纯度的关键措施。在母本蔓长50厘米及以后结合整枝压蔓，严格摘除母本株上所有雄花和雄花花蕾，除平时结合整枝打杈去雄外，授粉前2天必须逐株、逐蔓、逐个叶腋检查雄花花蕾是否除净，确认除净后再进行授粉。对于雌花带雄比例较高的品种，每天下午选择第2天将要开放的母本雌花花蕾，花蕾颜色绿中带黄，花冠微张，与胎座大小相近。用镊子将花冠及雄蕊去除干净，动作要轻，不要碰伤柱头。去雄后立即用大小适中的隔离帽套好雌花，并在其旁插小木棍作去雄标记，一般选第2雌花去雄。将摘除的雄花花蕾带出制种田并埋入地下，不得丢在地表，以防串粉。

（9）护花授粉。授粉期间于每天下午在母本田仔细检查，将第2天欲开放的雌花戴上圆筒形塑料帽或纸质隔离帽，帽子大小要适宜，防止过大易掉或过小损伤花器。用纸质隔离帽时，在无雨天可采用普通纸（如废报纸、旧书本等）做纸帽，多雨天气应采用硫酸纸或其他不透水纸做帽，以提高坐果率。套帽后在雌花旁边插上草棒、树枝等比较显眼的标志，以便于第 2 天授粉。

授粉用的父本雄花应在当天 5：00 ~ 6：00 开放前采摘，采下后放到上口较大的容器内，盖上遮阴物，待自然开放后给母本雌花授粉。采花时不可采集已开放的雄花，以及病株上的雄花或发育异常的雄花。雌花开放后 2 小时内受精力最强，2 小时后变弱，温度越高变弱越快，10：00 以后在母本柱头上出现油渍状黏液时受精力极差，因此授粉最佳时间为母本雌花开放后 1 ~ 1.5 小时，即 7：00 ~ 9：00。授粉时，将父本开放的雄花去掉花瓣，摘下母本雌花上的隔离帽，将雄花花粉轻轻涂抹在雌花柱头上，涂抹要均匀充分，一般 1 朵雄花可授 2 朵雌花。授完粉后，给雌花重新套上隔离帽。并做好授粉标记，以利后期种瓜适熟采收。

（10）肥水管理。在施足基肥的情况下，生育前期一般不追肥。授粉后 60% 以上果实鸡蛋大时追肥 1 次，每 667 平方米追施磷酸二铵 15 千克、尿素 15 千克、硫酸钾 15 千克，结合浇 1 次水。在水分管理上，授粉前一周左右浇水 1 次，开花坐果期间一般不浇水，防止植株徒长引起"化瓜"。果实迅速膨大期视天气情况、土壤墒情及植株生长状况适时补充浇水。为了促进果实膨大和有利于种子成熟，在生育后期每隔 4 ~ 5 天可进行 1 次根外追肥，可以喷洒 0.2% 光合微肥或 0.3% 磷酸二氢钾。

（11）防病治虫。对西瓜制种田发生的病虫害应以预防为主，加强综合防治。植株进入伸蔓期后，如果阴雨天较多，每 5 ~ 7 天用甲基托布津、杀毒矾、代森锰锌等杀菌剂交替喷施，可预防炭疽病、疫病、枯萎病等真菌性病害的发生。枯萎病发病初期，用敌克松、杀毒矾灌根处理，效果较好。细菌性角斑病用可杀得、农用链霉素防治。喷施植病灵可预防病毒病。母本为长果形的，果实易感染脐腐病，底肥中应适当加入钙肥，果实生长期喷施氯化钙防治。蚜虫不仅为害植株，而且传播病毒病，可用抗蚜威乳油等喷雾防治。发现病毒病株要及时拔除，带出田间深埋。另外，制种田如果蚂蚁、蓟马等微小型爬行昆虫较多，可在授粉期间每天用敌敌畏熏蒸隔离帽。

（12）植株清理。授粉结束后，拔除母本空秧和父本植株，果实成型后用红色油漆在瓜上再做一次杂交标记，同时根据瓜形、皮色认真去杂。

3. 种子收获与储藏

（1）种果采收。母本种瓜要足熟时方可采收，足熟的标准是最后一批授粉瓜充分成熟，果实发育期超过 40 天。采收前严格挑除自然杂交果、标记不清果、可疑果及病果、烂果，按杂交标记采收充分成熟的果实，将符合本品种特点的果实统一收获后，集中采种。

（2）淘种晾晒。淘种前要将果实切开观察瓤色、瓤质及种子颜色、形状、大小等，凡不符合本品种特点的果实必须扔到远处，再将符合本品种特点的果肉和种子挖出，倒入塑料或陶瓷容器，尽量不要用铁器盛放。

将瓜瓤带种子在常温下发酵 24 小时左右，期间搅拌几次以保证发酵均匀。待种子与瓜瓤分离后用清水冲洗，将种子表面黏液搓洗干净。用纱布将湿种子包好，用洗衣机脱水 5 分钟左右，取出放于沙网或竹席上摊成薄薄一层晾晒，注意避免中午强光暴晒。晾晒过程中经常翻动种子，使其充分干燥，一般要求种子含水量在 8% 以下。

（3）种子整理与储藏。种子干燥后，要搓去种皮上的黏膜，用风车或簸箕吹去秕籽，挑除不符合品种特点的种子和劣质种子及杂质。整理后的种子用干净包装袋包好，袋内外附上标签，注明品种名称、净重、制种地点、制种人姓名、技术员姓名、采收时间、净度、含水量、包装时间等。置于干燥阴凉处待加工包装，或放入储藏条件良好的专用种子库中。

西瓜种子储存于干燥低温的条件下才能延长其寿命。储藏种子的适宜温度最好在 15℃ 以下，相对湿度最好在 60% 以下。在一般储藏条件下，西瓜种子的发芽年限为 3～4 年。西瓜种子没有休眠期，用当年收获的种子进行秋冬季保护地生产能正常开花结果。

西瓜杂交制种是一项技术性很强的工作。繁育高质量的杂交种必须把好“三关”：一是严格把握亲本种子纯度。高纯度的亲本是配制高质量杂交种的基础环节。亲本种子必须是育种单位或大型种子公司提供的原种。二是严格隔离。良好的隔离条件可以避免昆虫传粉，是繁育高质量杂交种的重要环节。一般要求繁种田附近 1 500 米以内不能种植其他品种的西瓜。三是严格去雄去杂。田间认真检查，在不同生育期及时拔除父、母本杂株，母本植株出现雄花后，将此后出现的雄花及花蕾全部摘除干净，并带出地外深埋。田间去雄去杂是保证种子纯度的关键措施。

西瓜制种要想获得高产，一要合理密植，增加单位面积结果数，一般母本品种每 667 平方米种植 1 500～2 000 株；二要均匀授粉，使父本花粉在母本雌花柱头上均匀分布，增加单瓜种子数；三是增施肥水和及时防病治虫，使植株健壮生长，果实正常成熟，种子籽粒饱满，粒重增加。

二、无籽西瓜种子的生产

无籽西瓜在植物学上称为三倍体西瓜，是以四倍体西瓜为母本，二倍体西瓜为父本而配制的杂交一代种。通常把三倍体种子称为无籽西瓜种子，其结出的果实称为无籽西瓜。由于三倍体无籽西瓜本身没有种子，又是杂交种，不能留种，所以，必须年年制种供第二年生产之用。无籽西瓜的制种过程与普通西瓜杂交一代制种过程基本相同。无籽西瓜实际上是三倍体水平上的杂交一代，其不同点是由于母本四倍体西瓜的特性特征与二倍体西瓜很不相同，因而在制种技术上也有其特点。现将无籽西瓜的制种特点和特有技术介绍如下。

1. 母本（四倍体西瓜）的保存与繁殖

四倍体西瓜是无籽西瓜制种的关键，其种性的优劣直接影响到无籽西瓜的产量和品质。四倍体品种的保存主要是保持和提高品种的种性，防止种性的退化，繁育一定数量的种子，满足无籽西瓜制种的需要。

四倍体品种的保存与繁殖，应当选用生产上主栽的或经审定的无籽西瓜的母本品种和种性优良的纯系种子，严格进行隔离和选种，防止品种变异、混杂、退化。选种方法与二倍体西瓜原种生产方法相同。

四倍体西瓜的繁殖栽培，必须针对其生育特点来进行。四倍体西瓜的生育特性和对环境条件的要求与普通西瓜不同，主要表现为：

第一，茎粗叶大，分枝力弱。四倍体西瓜茎蔓粗大，节间短，叶片宽厚，花器肥大，植株生长势强，但分枝力较弱，栽培上需要大量而稳定的肥水供应。

第二，抗逆性和耐肥水性较强。四倍体西瓜对各种病害特别是对枯萎病、炭疽病、白粉病的抗性比二倍体普通西瓜强；耐热性好，在盛夏高温期生长良好；耐肥力强，不易因施肥过多而徒长；抗旱能力差，对水分比较敏感，在干旱年份和季节易感染病毒病。

第三，生育温度要求较高，前期生长慢。四倍体西瓜生长发育需要的温度较高，幼苗生长期间最适温度为26℃（普通西瓜为24℃），夜间温度不低于19℃，开花结果期所要求的温度也比普通西瓜高2~3℃。前期生长缓慢，一般比普通西瓜生育期推迟7~10天。

根据上述特点，四倍体西瓜繁殖栽培上应着重抓好以下几个环节。

（1）早播晚植，温床育苗。采用电热温床、火炕等加温苗床育苗，催芽及育苗期间温度应比普通西瓜育苗适当提高 1～2℃，为了加速发芽，最好采用破壳催芽。育苗期间促控结合，培育适龄壮苗。

（2）合理密植，地膜覆盖。四倍体西瓜又称少籽西瓜，单瓜种子量少，一般比普通二倍体西瓜少 30%～80%。为了提高采种量，应适当密植，一般每 667 平方米种植 1 500 株以上，采用单蔓或双蔓整枝，增加单位面积结果数。定植后采用地膜覆盖，促进四倍体植株加速生长。

（3）增施肥料，适时浇水。四倍体西瓜耐肥性好，应选择肥水条件好的地块进行种植，总施肥量应比普通西瓜增加 20%～30%，尤其要增施有机肥和磷、钾肥，以提高种子的产量和质量。四倍体西瓜不耐干旱，应当保持适量的水分供应。除结合每次追肥浇水外，在幼苗期适当控制浇水，定植后足水促缓苗，在伸蔓期小水勤浇，果实膨大期始终保持地面湿润。

（4）防病治虫，保秧促秧。及时防蚜，防止病毒病危害，适时防治各种叶部病害，延长叶片功能期和果实发育期，以增加单株采种量。

其他如隔离条件、人工授粉、整枝压蔓等与普通西瓜原种的繁育基本相同。

2. 无籽西瓜的制种技术

无籽西瓜的制种方法与程序和普通西瓜杂交一代的制种方法与程序基本相同，即空间隔离、母本人工去雄与雌花套帽或夹花人工控制授粉相结合的"三保险制种法"。另外，无籽西瓜制种还可以采用一种特有的方法，即只有空间隔离的自然授粉简化制种法。具体做法：无籽西瓜制种田与其他西瓜品种隔离距离 1 500 米以上，父本与母本按 1∶4 种植，即每 4 行母本种植 1 行父本，母本四倍体品种不去雄，任其自由授粉，这样四倍体种瓜内的种子不是杂交的三倍体种子（无籽西瓜种子），就是自交的四倍体种子，可以根据种子形态把二者区分开来。区分的方法是，四倍体种子较大而脐部宽，三倍体种子略小脐部较厚；剥开种子观察，四倍体种子胚中子叶发育正常，而三倍体种子胚中 60% 以上子叶大小不同或畸形（如折叠胚等）。生产上大面积制种时，为了确保种子纯度和提高种子产量，一般采用套袋人工控制授粉法。

无籽西瓜制种应该十分重视父母本的纯度，尤其要特别注意四倍体中恢复二倍体的"返祖"现象的出现。近年来，少数四倍体植株在一定的环境条件下，恢复成二倍体，所结种子为二倍体种子，播种后所结的果实外形上与四倍体果实相似，但其种子则完全是二倍体种子。因此，在留种、采种过程一旦发现二倍体种子或植株，应当及时淘汰，否则混入四倍体后将造成严重的不良后果。

无籽西瓜制种田的栽培管理技术与四倍体的繁殖栽培相同，在此不再赘述，但无籽西瓜采种应注意以下几点。

（1）母本套帽用的纸帽直径比一般普通西瓜制种田的纸帽要大，因为四倍体西瓜雌花花器（特别是子房）比二倍体普通西瓜花器大得多。

（2）种瓜必须充分成熟。四倍体杂交种瓜果实发育期一般比普通西瓜长3~5天，因此，必须等果实充分成熟后再剖瓜取种，欠熟果实会严重影响种子的发芽率。

（3）采种时不进行发酵处理。无籽西瓜种子经发酵处理会显著降低种子发芽率。据试验，不经发酵的种子发芽率为78.7%，发酵一昼夜后发芽率降至65.2%，而发酵二昼夜发芽率仅为32.5%。因此，无籽西瓜种子从果实内取出后应立即搓洗干净，清除秕籽后晾干。清洗种子的时间最好在晴天的上午进行。洗后立即在阳光下晾晒，经常翻种使其尽快干燥，干后及时收起，放在通风良好的室内风干2~3天，再装入麻袋或布袋内置于贮藏条件良好的种子库中保存。

3. 提高无籽西瓜采种量的途径和措施

无籽西瓜采种量低，一般每667平方米仅能采种2~3千克，致使种子价格昂贵，限制了无籽西瓜生产的发展。近年来，国内各西瓜研究及制种单位广泛探索提高无籽西瓜采种量的途径和措施，取得显著成效，已使无籽西瓜单位面积采种量提高1倍以上，个别地方达到每667平方米采种8~10千克，使无籽西瓜种子价格下降，瓜农大为受益。现将主要技术措施介绍如下。

（1）选用多籽的四倍体品种。四倍体西瓜本身孕性的高低，对于无籽西瓜制种产量影响较大。作母本的四倍体孕性高，采种量就会相应提高，反之则采种量降低，选育多籽的四倍体亲本是无籽西瓜育种的主要目标之一。近年来，国内选育的北京1号、郑果401、广西402等，单瓜种子数都在100粒以上。另外，单瓜种子数是一个可遗传的数量性状。一般来说，多籽的个体，其后代的种子也多。因此，在四倍体保存和繁殖过程中，如果发现种子量较多的单瓜，可以单独留种，单独种植，通过三圃制繁种法，以选出一个稳定的四倍体多籽单系，用于无籽西瓜制种可以显著提高采种量。

（2）选择亲和力高的三倍体组合。三倍体西瓜采种量的高低，除了与母本四倍体的孕性有关外，还与父母本性细胞的亲和力有密切的关系，表现为同一个四倍体品种与不同的二倍体品种杂交，三倍体种子会有很大的差异。因此，在选育无籽西瓜品种时，除应考虑到四倍体孕性的高低外，还须注意选配结实率高的三倍体组合。

（3）适期播种，合理密植。气候条件（如温度、湿度）和种植密度对无籽西瓜采种量也有较大的影响。据试验，同一品种单瓜种子数随授粉期的温度、湿度而变化。平均温度在 22～28℃，相对湿度在 60%～85% 时授粉，花粉的生活力最高，所以种子量较多。因此，掌握适期播种，使植株开花授粉期处于适宜的气候条件下，对于提高三倍体采种量是有利的。

合理密植是提高三倍体采种量的有效措施。各地试验结果表明，密植增加了单位面积结果数，单瓜重有下降趋势，但对单瓜种子数影响不大。适宜的种植密度因整枝方式、管理水平等不同而异。一般南方地区每 667 平方米种植 800 株左右；北方地区双蔓整枝每 667 平方米种植 800～1 000 株，单蔓整枝为 1 500～2 000 株；新疆、甘肃等地高度密植田每 667 平方米种植 2 000 株以上。

（4）人工授粉，一株二果。授粉方式与单瓜种子数有着密切的关系。据试验，自然授粉可能由于昆虫活动少，授粉不充分，单瓜种子数明显少于人工授粉者。采用人工授粉和多量花粉授粉，单瓜种子数较自然授粉增加 40%～50%，尤其是在人工授粉后用雄花罩花（将父本雄花花柱朝下盖在母本雌花上）效果更好。

单株坐果数与采种量也有一定的关系。在 1 株上适当多留瓜，采种量可提高 20%～50%。但要处理好种植密度与单株留果数的关系，密度高，留果宜少；密度较低时，留果数可适当增加。一般每 667 平方米种植 1 500 株左右时，每株可留 2 果；也可以通过加强管理，延长结果期，通过二次结果来提高采种量。

（5）增施肥料，改善营养。改善植株的营养，特别是磷、钾营养对提高三倍体的采种量有显著的效果。据试验，增施磷肥（每 667 平方米 50 千克过磷酸钙），采种量较对照提高 25%～30%，而磷、钾并用，采种量可较对照提高 50% 以上，而且种子籽粒饱满，粒重增加。因此，无籽西瓜制种田应增施有机肥和磷、钾肥，一般在基肥中每 667 平方米施入硫酸钾复合肥 50 千克。

第三章 早熟特早熟栽培技术

第一节 育苗技术

育苗是西瓜早熟栽培的关键环节。育苗移栽与大田直播相比，具有以下优点：第一，提早成熟，增产增收。大田直播因受外界温度的限制，早春播种不宜太早，一般在当地晚霜期过后，而育苗则可在外界环境条件不利于西瓜生长的季节，人为地创造一个良好的小气候环境，提早播种，从而相对延长了西瓜的生育期，提早了成熟期。由于通过育苗移栽，可以将西瓜的生长发育盛期安排在环境条件最适于其生长的季节，从而使北方西瓜可以在雨季到来之前成熟，南方西瓜在梅雨季节之前坐果，实现了早熟、高产、稳产，而且经济效益也显著提高。试验及生产实践表明，采用大棚、中拱棚、双膜覆盖形式育苗移栽的西瓜，可分别比露地直播提早上市 3 个月、2 个月、1 个月，增产 50% ~ 100%，增收 0.6 ~ 10 倍。第二，省种省工，管理方便。苗床内条件优越，成苗率高，可以节省种子。一般情况下，育苗可比直播省种 1/3。尤其对价格昂贵的无籽西瓜，育苗更有意义。苗床内幼苗集中，管理方便，而且便于人为地控制小气候，如调节温、湿度，加强肥水管理和病虫防治等，对培育壮苗十分有利。第三，充分利用生长季节，提高瓜田复种指数。利用育苗移栽，可使前作或前套作物延长生长期，以充分利用光温条件良好的生长季节，争得时间，调节茬口，合理套复种，提高土地利用率，实现增产增收。

一、工厂化育苗

工厂化育苗又叫穴盘育苗或快速育苗。是运用一定的设备条件，人为控制催芽出苗、幼苗绿化等育苗中各阶段的环境条件，在较短的时间内培育出大批高质量的适龄壮苗的一种育苗方法。工厂化育苗具有以下特点。

第一，缩短苗龄，提高秧苗素质。由于工厂化育苗具有加温设备，可根据幼苗各阶段的不同需要调节到最适温度，满足幼苗期对积温的要求，使育苗时间大大缩短，一般比其他育苗形式缩短 7～10 天，而且秧苗生长环境优越，使幼苗根系发达、苗茎粗壮，干物质积累多。所以，瓜苗的素质较高，移栽到田间后，表现为缓苗快、幼苗生长苗壮、开花结果早，有利于西瓜早熟丰产。

第二，省工省种、降低成本。采用工厂化育苗有利于集中育苗、集中管理，大大节约了人力和物力，节省用工一半以上。由于工厂化育苗的条件较好，种子出芽率和成苗率均较高，出苗快而整齐，一般每钵播 1 粒有芽种子即可，所以可比其他育苗方法节约用种 50% 以上。对无籽西瓜和其他价格比较昂贵的种子采用工厂化育苗，可大大降低生产成本。

第三，适于集约化经营。对于大棚西瓜、双膜覆盖西瓜等大面积早熟西瓜生产区，通过工厂化育苗可以建立育苗专业化服务组织，在为瓜农提供服务的同时，也能取得良好的经济效益。济南鲁青公司、德州世纪风农业高科技示范园均在这方面进行了有益的探索，取得显著的经济效益和社会效益。

1. 工厂化育苗的设施

根据育苗流程的要求和作业性质，可将育苗设施分为基质处理车间，填盘装钵及播种车间，发芽、绿化及幼苗培育设施和嫁接车间等。

（1）基质处理车间。主要用于基质存放及消毒。要求宽敞明亮，不但能存放一定量的基质，还要容纳基质混合搅拌机、消毒机，并留有作业空间。基质存放可搭天棚，周围既能通风，又利于搬运，基质还不会受雨淋。另外，基质处理车间内消毒后的基质要与未消毒的基质分开存放，以保证不再被污染。

（2）填盘装钵及播种车间。该车间一般靠近催芽室或育苗场所建造，至少需要 15 米 ×8 米作业面积，需要存放基质混合搅拌机、装盘装钵机及精量播种系统。

（3）催芽室。催芽室是为了促进种子萌发出土的设备，是工厂化育苗必不可少的设备之一。国内主要应用韩国产恒温催芽室，也可自行设计建造。催芽室应紧靠育苗设施，北方寒冷地区一般建在育苗用的温室或大棚内。催芽室的大小依育苗数量而定，要求每次播种的育苗盘应该同时放进催芽室中。育苗量较少时，可在育苗温室或大棚内用钢筋做骨架，加双层塑料薄膜密封，隔成小房子状，内设加温控温装置。要求在寒冷的 1 月、2

月，白天室温能够保持在30℃左右，夜间不低于18~20℃。可用加温空调或空气电热加温线。用空气电热线加温时，布线线距应大于2厘米以上，离开墙壁5~10厘米，用电功率为每立方米100~110瓦。另外，催芽室内可设育苗盘架，放置2~3层育苗盘，以节省能源和使用面积。同时，催芽室中还应配备水源，当苗盘缺水时及时喷水，以保持85%以上的空气湿度。

（4）绿化、驯化及幼苗培育设施。是工厂化育苗的中心设施，要求有良好的保温、透光、通风等条件。根据各地财力情况，经济实力强的，最好建造现代化的连栋温室，配有自动控温、控光、控湿系统，育苗效果很好。目前，国内应用较多的主要有以色列连栋育苗温室、荷兰连栋育苗温室、西班牙连栋育苗温室等，也可自行设计建造。按每年早春育二批西瓜苗计，设计育苗能力200万株，需连栋温室面积2 000平方米。经济实力较差的，可采用结构和性能较好的日光温室，但要配备加温或补温设备，以防特殊低温天气的影响。

2. 工厂化育苗的关键设备简介

工厂化育苗必需的关键设备主要有基质消毒机、基质搅拌机、育苗穴盘、自动精量播种系统、恒温催芽设备、育苗设施内肥水供给系统、CO_2增施机等。现分述如下。

（1）基质消毒机。基质消毒机主要用于基质消毒，实际上是一台小型蒸汽锅炉。根据锅炉的产汽压力及产汽量，在基质消毒车间内筑制一定体积的基质消毒池，池内连通带有出汽孔洞的蒸汽管，设计好方便进出基质的进出料口，使其封闭，留有一小孔，插入耐高温温度计，以便观察基质内温度。

（2）基质搅拌机。主要用于基质搅拌，一是避免原基质中各成分不均匀，二是防止基质在储运过程中结块影响装盘质量。一般多选用韩国产单体基质搅拌机。

（3）育苗穴盘。工厂化育苗必备的育苗容器，是按一定规格制成的带有很多小型钵状穴的塑料盘。因选用材质不同，穴盘分为PS吸塑盘、PE吸塑盘及PS发泡盘，我国多采用PS吸塑盘。规格多为（24~30）厘米×（54~60）厘米，每张盘上有32、40、50、72、128、200、288孔等数量不等的穴孔，深度3~10厘米。西瓜育苗多选用72孔穴盘，穴孔深度8~10厘米。

（4）自动精量播种系统。是工厂化育苗的一组核心设备，它是由育苗穴盘摆放机、送料及基质装盘机、压穴及精播机、覆土和喷淋机等五大部分组成，国外荷兰、日本、韩国等均有配套产品供应。其中精量播种机根据播种器的作业原理不同，可分为两种类型，一种为机械转动式，一种为真空气吸式。其中，机械式精量播种机对种子形状要求极为严格，种子需要进行丸粒化处理方能使用，而气吸式精量播种机对种子形状要求不甚严格，种子可不进行丸粒化加工。西瓜育苗一般选用后者。

在选购精量播种机之前应考虑到，年生产商品苗300万株以上的育苗场，可用自动化程度较高的精量播种机。300万株以下的小型育苗场可选择购置2~3台半自动精量播种机。100万株以下的育苗场可选择购置1台半自动播种机。西瓜工厂化育苗一般采用干种子，如果催芽后播种，只能进行人工点播。

（5）恒温催芽室。自动控温的催芽设施，温度易于调节，催芽数量大，出芽整齐一致。标准的恒温催芽室具有良好的隔热、保温性能，内设加温装置和摆放育苗穴盘的层架。

（6）育苗设施内的喷水系统。工厂化育苗设施内的喷水系统一般采用行走式喷淋装置，既可喷水，又可喷洒农药。小规模育苗时，可采用人工喷洒，但应注意喷水均匀度，往往是育苗盘周边的部分喷水不均，影响幼苗整齐度。

（7）CO_2增施机。增施CO_2可促使幼苗健壮，在寒冷的季节，保护设施无法通风的情况下，培育瓜类幼苗增施CO_2对花芽分化以及对定植后的产量都有较大影响。中国科学院山西煤炭化学研究所和太原重型机器厂研制生产的 NC – A 型农用CO_2发生器，以焦炭或木炭为原料，每小时产生CO_2 9 立方米；日本产以液化（石油）气为原料的CO_2发生器，每分钟可吹出 28 立方米带有CO_2气体的热气，同时还有一定的加温作用。另外，还可用碳酸氢铵和稀硫酸反应法产生CO_2气体施肥，简便易行。

3. 播前准备工作

（1）育苗基质的选择。育苗基质的选择是工厂化育苗成功与否的关键因素之一。基质选择应掌握以下原则：第一，选择使用当地资源丰富、价格低廉的轻基质；第二，育苗基质以配制有机无机复合基质为好；第三，育苗基质须具有与土壤相似的功能，利于根系吸附成团，以便移苗；第四，从生态环境角度考虑，要求育苗基质基本不含活的病菌虫卵，不含或尽量少含有害物质。

目前，生产上所用的育苗基质按有无草炭可分为草炭系复合基质和非草炭系复合基质。草炭系复合基质是以草炭（国内主要由黑龙江桦美泥炭公司和吉林省舒兰县泥炭公司生产）、蛭石、炉渣灰、珍珠岩等轻基质为基本原料，按不同组配比例配制而成。这类基质持水量超过100%，通透性好，pH 值一般为6.1～7.1，适于西瓜幼苗生长，其农化特性为随复合基质中草炭比例的增大，有机质含量随之增加；非草炭类基质不选用草炭，而用蛭石、猪粪、椰子壳、蘑菇渣和炉渣灰等轻基质为基本原料，按不同比例配制而成。其保水能力略低于草炭系复合基质，其 pH 值为6.3～7.8，比较适合西瓜幼苗生长。

（2）基质配制。工厂化培育西瓜苗，若采用72孔穴盘，每1 000盘需备基质4.5～5.0立方米，采用128孔穴盘，每1 000穴盘需备基质3.7～4.0立方米。基质配制比例为草炭：蛭石 =2：1，或草炭：蛭石：蘑菇渣 =1：1：1，混合均匀。覆盖料一律用蛭石。

草炭和蛭石本身不但含有一定量的大量元素，还含有一定量的微量元素，但是对于西瓜苗期生长的需求量来说，仍然不能满足。因此，在配制基质时，应考虑加入一定量的大量元素，一般每立方米基质加入三元素复合肥（N 15%、P_2O_5 15%、K_2O 15%）0.5～1.0千克，或尿素0.3千克、磷酸二氢钾0.5千克。另外，还应加入适量杀菌剂、杀虫剂。杀菌剂每立方米基质可加50%甲基托布津或50%多菌灵可湿性粉剂80克；杀虫剂每立方米基质可加95%敌百虫粉剂60克。

（3）配制营养液。采用基质育苗，由于基质种类及各种类的配合比例不同，基质中所含营养成分也不尽相同。由于工厂化育苗苗量大，幼苗密集，营养面积小，因此，基质中的养分难以满足幼苗正常生长需要，有时需要补充喷灌营养液。常用营养液的配方如表1所示。

表1　肥料用量

肥料名称	用量（毫克/升）	肥料名称	用量（毫克/升）
硝酸钙	1 000	EDTA 铁钠（或硫酸亚铁）	20 ~ 40 15
硝酸钾	300	硼砂	4.5
过磷酸钙	250	硫酸锰	2.13
硫酸钾	120	硫酸铜	0.05
硫酸镁	250	硫酸锌	0.22
		钼酸铵	0.02

以上配方为蔬菜无土栽培成株用的配方，工厂化育苗所用浓度为成株栽培浓度的 1/2 时，对幼苗生长无影响。

（4）种子处理。工厂化培育优质西瓜壮苗，首先应选择质优、抗病、丰产的品种，并且选用纯度高、洁净无杂质、子粒饱满、高活力、高发芽率的种子。为了促使种子萌发整齐一致，播种之前应进行种子处理。可选用常规育苗中温汤浸种的方法处理种子，也可用福尔马林浸种，以杀死附着在种子表面的病菌。由于工厂化育苗多采用干籽直播，所以无论用何种方法处理的种子，都要进行风干，然后再播种。

4. 装盘与播种

（1）播种期。根据客户订苗计划和当地不同栽培形式的需要，确定适宜的播种期。采用工厂化育苗，培育自根苗时，幼苗经过 25～28 天可长到四叶一心，而培育嫁接苗时，长到四叶一心时需要 30～35 天。这样可根据日光温室、大棚等的适宜定植时间，向前推算适宜播期。

（2）播种程序。工厂化穴盘育苗分为机械播种和手工播种两种方式。机械播种又分为全自动机械播种和半自动机械播种。全自动机械播种的作业程序包括装盘、压穴、播种、覆盖和喷水。在播种之前调试好机器，并且进行保养，使各个工序运转正常，1 穴 1 粒的准确率达到 95% 以上。具体工序如下。

首先育苗穴盘摆放机将育苗穴盘成摞装载到机器上，机器将自动按照设定的速度把育苗穴盘一张一张地放到传送带上，再将穴盘带入下一步的装基质作业处——育苗穴盘被传送到基质装盘机下，育苗基质经消毒后由送料装置从下面的基质槽中运送到育苗穴盘上方的储基质箱中，基质均匀充满每个小穴——基质装好后，由压穴精播机，在每个填满基质的小穴中间压一播种穴，保证每粒种子均匀播在小穴中间，并能保持一致的深度，以利覆土厚度一致，出苗整齐；压好播种穴的育苗盘被送到精播机下，精播机利用真空吸、放气原理，由根据不同育苗穴盘每行穴及设计的种子吸管的管喙，把种子从种盆中吸起，然后种子自然落进播种穴，每动作一次，播种一纵行——播完种后育苗穴盘被传送到覆土机的下方，覆土机将储存在基质箱内的基质均匀地覆盖在播过种子的小穴上面，并保持一定的厚度——覆土完毕后，由喷淋机在行走过程中把水均匀地喷洒到穴盘上，整个播种程序完成。

手工播种可分为装盘、压穴、播种与覆盖几道工序。装盘：将配制好的基质经消毒处理后装在穴盘中，基质不能装得过满，装盘后各个格室应能清晰可见；压穴：将装好基质的穴盘垂直码放在一起，4～5盘一摞，上面放一个空盘，两手平放在盘上均匀下压至要求深度；播种与覆盖：将种子点在压好穴的盘中，每穴1粒。播种后覆盖蛭石，浇一次透水。

5. 催芽

由于穴盘育苗为干籽直播，因此在冬春播种后为了促进西瓜种子尽快萌发出苗，应在催芽室中进行催芽处理。

将播完种的育苗穴盘移入催芽室，催芽室温度调整为28～30℃，在此温度下，西瓜种子经过48小时即可出苗。待80%以上种子子叶拱土后，立即将育苗穴盘转入绿化及培育设施（温室或大棚）中。

6. 苗期管理

西瓜育苗需要温度、水分、养分、光照共同作用，相互协调，才能使秧苗苗壮生长。

（1）温度。温度是培育壮苗的基础条件，西瓜育苗不同生育阶段，要求不同的气温条件。整个育苗期的温度管理可概括为"二促二控"。即"一促"：播种后催芽阶段是育苗期间温度最高的时期，温度保持在28～30℃；"一控"：80%的种子子叶拱土后，温度要适当降低，白天温度调整为22～25℃，夜间不低于18℃，以防止下胚轴徒长形成"高脚苗"；"二促"：幼苗第一片真叶萌生（俗称"破心"）至移苗定植前一周，温度适当提高，白天调整为25～28℃，夜间不低于16℃，使幼苗早发稳长；"二控"：定植前5～7天，适当降温炼苗，白天温度调整为20～25℃，夜间不低于15℃，以提高幼苗素质和对低温的适应性。

幼苗的生长需要一定的温差，白天和夜间应保持8～10℃的温差。白天温度高，夜间可稍高些，阴雨天白天气温低，夜间也应低些，保持2～3℃的温差。阴天白天温度应比晴天低5～7℃，阴天光照弱，光合效率低，夜间气温相应的也要降低，使呼吸作用减弱以防幼苗徒长。

（2）水分和养分。水分和养分是幼苗生长发育的重要条件。播种后浇一次透水。幼苗出苗后到第1片真叶长出，要降低基质水分含量，水分过多易徒长。其后随着幼苗不断长大，叶面积增大的同时蒸腾量也加大，这时如果缺水幼苗生长就会受到明显抑制，易老化；反之，如果水分过多，在温度高、光照强的条件下易徒长。因此，在水分管理上应保持基质湿润，但不饱和。一般掌握子叶展开至二叶一心，基质水分含量为最大持水量的

70%～75%，二叶一心至成苗为65%～70%。浇水最好选在晴天上午，要浇透，否则根不向下扎，根坨不易形成，起苗时易断根。成苗后起苗的前一天或起苗的当天浇一次透水，使幼苗容易从穴盘上拔出，还可使幼苗在长距离运输时不会因缺水而死苗。

幼苗生长过程中应注意适时补充养分，可根据幼苗生长发育状况喷施配制好的营养液，整个育苗期可结合喷水，喷营养液2～3次。

（3）光照。光照条件直接影响幼苗的素质，幼苗干物质的90%～95%来自光合作用，而光合作用的强弱主要受光照条件的影响。冬春季日照时间短，自然光照弱，阴天时温室或大棚内光照更弱。在目前温室或大棚内尚无能力进行人工补光的情况下，如果温度条件许可，可争取早揭晚盖草苫等不透明覆盖物，延长光照时间。即使在阴雨天气，也应揭开覆盖物。选用防尘无滴膜做覆盖材料，定期冲刷膜上灰尘，以保证幼苗对光照的需要。

幼苗生长的好坏是受综合因素影响的。温度、光照、营养和水分等同时制约着幼苗的生长，而且这些环境条件本身又是相互影响、相互制约的。所以，工厂化育苗时要充分利用育苗设施的功能，力争给幼苗生长创造一个良好的环境，培育出整齐、健壮的批量商品苗。

7. 商品苗的出售及运输

西瓜采用工厂化育苗，一般经过25～30天，即可长到3～4片真叶。商品苗达标时，根系将基质紧紧缠绕，当幼苗从穴盘拔起时也不会出现散坨现象。用户取苗时，可将苗一排排、一层层地倒放在纸箱或筐里，如果取苗前浇一次透水，则穴盘苗可远距离运输。在早春季节，穴盘苗的远距离运输要防止幼苗受寒，要有保温措施。近距离定植的可直接将苗盘带苗一起运到地里，但要注意防止苗盘的损伤，可把苗盘竖起，一手提一盘（幼苗不会掉出来），也可双手托住苗盘，避免苗盘打折断裂。穴盘苗定植成苗率可达98%～100%。

工厂化育苗有时也采用嫁接育苗，有关技术参见"嫁接育苗技术"部分。

二、小型苗床育苗

除在西瓜集中产区，或各地因种植面积较大而集中育苗、购苗外，大部分瓜农可通过小型育苗设施自行育苗。小型育苗设施主要包括大棚（主要是冬暖棚）内育苗和苗床育苗。其中以后者应用较多。苗床主要有阳畦和贮热阳畦、火炕、电热温床等，现分述如下。

1. 阳畦和贮热阳畦

阳畦是最简单的育苗方式，多用于双膜覆盖栽培。

（1）床址选择。由于阳畦苗床属于冷床，其热源只能靠阳光辐射得来，因此，选好床址十分关键。床址的选择一般应遵循以下几个原则：第一，地势高燥，背风向阳。早春北风多，温度低，选择地势高燥、背风向阳的沟崖南面或山丘南坡等，可以减少冷风侵袭，早春地温回升快，有利于幼苗的健壮生长。有条件的，最好在小气候良好的庭院中育苗。第二，离预留瓜田近，便于运苗。可以节省劳力，减少运苗过程中的散钵（坨）损失，有利于幼苗缓苗。第三，多年未种西瓜，排灌方便。在重茬地或轮作期限较短的瓜田里育苗，幼苗易受枯萎病危害。最好选择 7~8 年内未种过西瓜的地块修建苗床。另外，苗床应建在水利条件好的地方，要能灌能排，管理方便，省工省时。

（2）建床。选好床址后，开始建床（图1）。一般情况下每平方米床面可育苗 100 株左右，因此，可预先根据种植面积确定苗床大小。苗床宽以 1.2~1.5 米为宜，长度可根据育苗的数量来确定，一般为 10~15 米，这样大的苗床，可充分满足 667 平方米瓜田所需要的苗量。

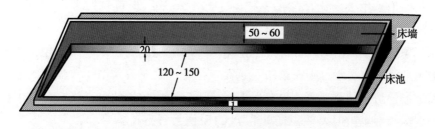

图1 阳畦苗床（单位：厘米）

阳畦苗床床向一定要东西向才能充分接受阳光。建床时根据需要参照上述标准确定床形尺寸，然后按照床形尺寸，先挖 20 厘米深的床池。应注意，床池不要一下挖到尽边，要留下 10 厘米边沿，待以后修整。在挖池的同时可随用挖出的土筑床墙。床墙多数为土墙，也可用砖砌成，床墙高北面为 50~60 厘米，南面为 10 厘米，东西两端呈北高南低的斜坡，并与南北两墙相连。

用土筑墙时有两种方法，一种是用木板打墙，即在挖床池时将土翻松，并加水调湿，在设计床池线外面放两块长木板，两板相距40厘米，再用木桩或绳子固定好，然后将湿土填入，并用夯打实。南墙不必用板，只要将湿土堆起用脚踩实即可。另一种是用泥垛起。即将所挖的床池土加水调成稠泥，沿床池四周垛至上述所需高度即成。待墙略干后用铁锨按设计要求切修至所需尺寸，使床墙池壁整齐美观。再将池内泥土清理干净，整平床底，然后将支撑覆盖物的横杆放好。横杆用直径5~7厘米的竹竿或木棍均可，每隔60~80厘米安放一根，放好后可暂不固定，待播种完毕后再固定，以便于备播和播种操作。但放好横杆后可将塑料薄膜盖好，以烤床提温。

（3）贮热阳畦。贮热阳畦的外形与阳畦苗床相似，热能也是来自于阳光，属冷床的一种。与阳畦苗床的区别在于贮热苗床床底下面挖设有通气道，能将床面多余的热量贮存于床面之下。阳畦苗床当床温高出所需温度时，即需揭膜通风降温，这样就会使床内宝贵的热能白白损失掉，而贮热苗床白天床内气温高时，热气体进入通气道内，将热量释放于下部土层中，将热能贮存起来，使下层土温升高。而到夜间床温降低时苗床下层热能即可向外释放，使床表土层及气温升高。所以贮热苗床一般白天气温略低于阳畦苗床，而夜间则高于阳畦苗床1~2℃。同时播种，贮热苗床较阳畦苗床早出苗1~2天。

贮热苗床的床址选择、建造与阳畦苗床基本相同，只是床池底部多设了通气道。所以，建床时在阳畦苗床的基础上再增建通气道即可。建通气道时，首先在床池中央挖一条宽30厘米、深40厘米的南北横沟。再在床底南侧距边沿20厘米处，挖一条20厘米见方（四边均为20厘米）由横沟伸向东、西两端的纵沟，与横沟相接处沟底深40厘米，至两端时为30厘米，沟底呈斜坡状。当沟挖至距端壁20厘米时，分别向北转折，至距床池北壁20厘米处，再向苗床中间横沟方向转折，至距横沟20厘米处，再向北转，此处沟深为25厘米，然后经池壁和床墙向上伸出，床墙、池壁的沟深、宽均为15厘米。

通气沟挖完之后，用40厘米长的作物秸秆或瓦片将沟盖好，使床底平整。注意盖沟时，沟两侧应向下切掉一部分，宽度每边均为10厘米，深度视沟深而定，盖好后使通气道保持20厘米见方，同时将床墙、池壁上的竖沟封好，并在墙上面加高40厘米。苗床上面的覆盖物与阳畦苗床相同。

2. 火炕苗床（图2）

火炕苗床是一种以烧火加温的苗床。床址选择除要求具备阳畦苗床的条件之外，还要选择地下水位较低的高燥地方。因烧火坑较深，若在地下水位高的地方建床，在烧火口处出水则难以烧火加温，育苗就无法进行。火炕苗床的构造较上述苗床复杂得多，其结构是否合理，直接影响苗床的性能和育苗的效果。因此，要严格按苗床设计标准建造，不可随意改变尺寸。火炕苗床主要由床池、火炉、烟道3部分构成。建造方法如下。

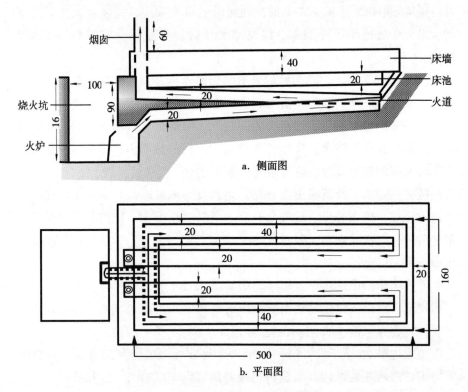

a. 侧面图

b. 平面图

图 2　火炕苗床示意图（单位：厘米）

（1）挖床池与烧火炕。床址选好后，首先挖一个长 5 米、宽 1.6 米、深 0.2 米的床池，并按阳畦苗床的建造方法和规格建好床墙。再在床池的一端距床池 0.5 米处挖一长 1.3 米、宽 1 米、深 1.6 米的烧火坑。然后在坑内靠苗床的一面墙上，距地面 0.9 米以下的地方，挖一个上顶为半圆、宽 0.45 米、高 0.6 米、深 0.3 米的拱形炉灶洞，以后在洞内砌火炉。

（2）挖火道。挖火道时，先沿床池四周挖一条宽 40 厘米的沟，烧火口一端深 40 厘米，另一端深 20 厘米，两长边沟底呈斜坡状，再将中央土体切成：烧火口为一端由原床池底向下挖深 5 厘米、另一端与上述所挖沟底相平的斜坡。然后，在沟底及中央斜坡上挖烟道。可先由烧火口一端开始，沿沟中间挖 20 厘米见方的小沟，即烟道，到达另一端时，分别向中央转弯，并沿中央斜坡回至烧火口一端，这时摆在床池底部即有 4 条高低不平的东西向烟道，这四条烟道在床底南北距离应该摆布均匀。挖完烟道后，先将烧火口一端南北烟道用瓦片盖好，再将烟道上面的沟用土填平，并踏实，使其与中央土体成一体，使中间两条烟道从上面通过，一直伸到床墙内，由床墙中向上伸出床外，再在墙上建 40 厘米高的烟囱。最后将全部烟道用瓦片或秸秆等物盖好，并用泥抹严，以防漏水。

（3）砌火炉。火炉的砌法要根据所用燃料而定。如果燃煤，可建一个炉口朝上、下粗上细的自来风火炉（与家庭取暖炉相似）；如以作物秸秆或木柴为燃料，则可以建一个炉口朝外与农家做饭用的炉灶相似的卧式火炉。火炉砌好后，在炉灶洞的内上角向床池方向斜挖一条直径 13 厘米的圆洞，使火炉与烟道相连通。此时可点火试烧，如烟道畅通无阻，即可用土将床池内烟道上面的沟填平，使床池底面恢复原来的平整和高度，并将其踏实以防浇水后有的下陷使床底凸凹不平。苗床建完后，可在床墙上搭好架杆，并覆膜提温。

3. 电热温床（图 3）

（1）建床。电热温床的选址应首先考虑电源及其安装利用条件，其余所需与阳畦苗床相同。当床址确定后，可根据电热线的功率确定苗床面积。因电热线的功率是额定的，如果苗床面积过大，则达不到所需功率，面积过小又不能充分发挥电热线的效率。实践经验认为，每平方米苗床以 100瓦左右的功率为适宜。电热线表面的温度小于或等于 40℃。目前，用于苗床的电热线主要有长 100 米、功率 800 瓦和长 160 米、功率 1 100 瓦两种型号，可根据所需的苗床面积进行选购。如种 667 平方米西瓜可选用 160 米、1 100 瓦的电热线，建 11 平方米左右的苗床即可。

苗床面积确定之后，按建阳畦苗床的标准和方法，先挖宽 1.2 米、长9.0 米左右、深 0.2 米的床池，并建床墙。然后可在床底铺一层细草或炉灰渣或其他绝热材料，以减少热能的损耗。

（2）铺线。铺线前首先根据电热线长度和苗床长度算出电热线在苗床中的往返匝数，根据匝数算出线距。然后准备两块长与床池宽度相等的木

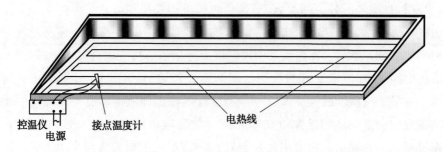

控温仪　　接点温度计　　　　　　　电热线
电源

图 3　电热温床示意图

板，按算出的线距，在木板上钉好钉子，钉子半露在外面。因苗床边部温度易低，所以，钉钉子时要注意使电热线在床池中的分布，南边 1/3 部分要密些，北边 1/3 部分略稀，中间 1/3 部分更稀些，以使苗床温度均匀。钉好后将木板固定在床池两端，即可开始布线。如挂线不用钉钉的木板，也可用小木桩直接插在床池两端。布线时电热线两端的红色接线要拉出床外，不可埋入土中。布线自床池靠近电源一端的角上开始，将电热线在第一个钉上（或木桩上）固定，再往返挂在两端木板钉上，注意要将电热线拉紧，电热线不得有交叉、重叠，以防烧坏、短路。所接外线要与电热线功率适应，同时不得随意将电热线剪短或接长，以免因电阻改变影响功率而发生事故。

布线完毕应接通电源，检查线路是否畅通，如无故障时，切断电源，再在电热线上面覆盖 2 厘米厚床土，将线压住，取出两端木板或小木桩即完成。

三、播前准备与播种

西瓜苗期对环境条件要求严格，所以，播前准备工作的好坏，播种质量的高低，直接影响到西瓜的萌芽及以后的发育。因此，播前必须做好充分的准备，争取一次播种达到苗全、苗壮，为西瓜的早熟丰产奠定良好的基础。

1. 播期的确定

在西瓜早熟栽培中，由于育苗形式及栽培方式不同，播种期差异很大。例如，有加温条件的温室、大棚，播期不受季节的限制，在严寒的 1 月、2 月也可播种；在半保护栽培中（即只在生育前期进行覆盖保护），可根据定植期和苗龄的长短来确定播期。如果田间利用风障加多层覆盖（如双膜或双膜加草苫等），则定植期确定在终霜期以前；只用地膜覆盖，定植期确定在终霜期以后。

苗龄的确定，取决于育苗形式和定植时间。利用温床育苗，正常情况下，30天能长出3片真叶，40天长出5片真叶。定植时间越早，苗龄应适当延长，反之可缩短。实践经验证明，幼苗移植时最多不宜超过4片真叶。幼苗越大，定植时伤根越重，缓苗时间越长，对西瓜后期的生长发育影响也越重。在山东德州地区，利用日光温室栽培，播种期在1月初，在2月上旬定植；田间利用双膜覆盖栽培，播期一般在2月中下旬，3月下旬至4月上旬定植；阳畦育苗时，3月上中旬播种，4月中下旬定植。

2. 苗床准备

（1）配制床土。所谓床土，就是专门配制的作为幼苗营养基质的肥沃土壤，也叫营养土。幼苗生长所需要的水分、矿质元素及根系呼吸所需要的氧气，均从床土中得到，所以，床土的优劣直接影响到幼苗的生长，对培育西瓜壮苗是至关重要的。

在苗床上，单株西瓜幼苗吸收的养分虽然很少，但由于幼苗的密度高，根系集中在10厘米厚的床土中，养分的总吸收量仍然是很大的。因此，床土必须肥沃、疏松，有较好的通气性和持水能力。为了达到这一要求，床土中必须施入足够的有机养分和无机养分。但也不能过量，过量轻者引起徒长，重者引起烧苗，致使幼苗生长停滞，甚至死亡。据山东省德州市农业科学研究院试验，在肥沃的土壤中，每立方米床土加磷酸二铵以500克表现最佳，出苗率最高，苗子最壮。超过此量，则表现随土壤溶液电导率升高而幼苗生长受抑制加重。

由于各地的条件不同，床土的配制方法各异。南方多用稻田土、塘泥、田园土等，加入堆肥、鸡粪及化肥等配制而成；北方多取未种过西瓜的大田中肥沃阳土加1/3经过充分腐熟的骡马粪，过筛，然后在每立方米加马粪的阳土中再加500克磷酸二铵或2 000克过磷酸钙。如果阳土中氮肥不足，可再加250克尿素，充分调匀即成。

（2）营养钵或营养土块的制作（图4）。由于西瓜根系再生能力差，因此，定植时必须带有较大的土坨，以尽量减少根系的损伤，有利缓苗，否则会延长缓苗期。育苗时均采用营养钵或营养土块。同时幼苗生长要求有足够的营养面积，以充分满足它对养分、水分及光照的要求。据山东省德州市农业科学研究院试验,幼苗营养面积在50.2~78.5平方厘米(即营养钵直径在8~10厘米),幼苗大小及健壮程度无显著差异,而营养面积低于28.3平方厘米(即营养钵直径小于6厘米),幼苗生长则极为显著地较营养面积为78.5平方厘米的幼苗弱。因而,营养钵直径以8~10厘米为宜。

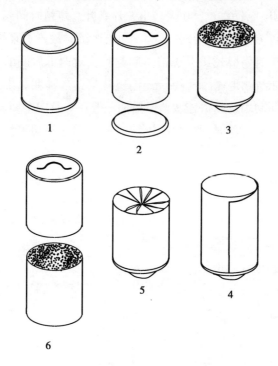

图4 制钵模具及制钵过程

①营养钵的制作。营养钵育苗是育苗中最常用的方法。制钵的方法很多,有的用特制的制钵器打制,有的用工厂生产的成品塑料钵或塑料软管裁剪而成,更多的则是用废旧纸张粘成纸袋。将床土装入塑料钵、塑料软管内或纸袋中排入床池内即可。

现介绍一种简便的纸袋装土法。取一个直径8~10厘米的圆形或边长为8~10厘米的方形铁罐头盒,将一端截去,剩下一个高10厘米一端开口的盒,再在盒底做一个抓手,并打2~3个直径为3毫米的洞,即成为一个制钵模具。然后准备纸条,纸条可用废旧报纸或其他废旧纸张。纸条长40厘米,宽16厘米(每张大报纸裁6条)。要根据所育苗数备足。

制钵时,先将模具灌满床土,然后将备好的纸条缠在模具上,使纸条的长边与模具底部相齐,模具开口一端长出的纸边向内按倒,封住模具口,再将模具翻转，使底部朝上，摆放在床池中，将模具抽出，床土则装入纸条卷成的袋中，这样一个纸袋营养钵就做成了。

②营养土块的制作。将配制好的床土填入床池内，用耙搂平、踏实，厚度 10 厘米为宜。然后浇透水，待水全部渗下并且等土不黏时，将床土切成 10 厘米见方的土块，并在切开的缝隙间撒入沙子或细炉灰渣，以防浇水时土块重新粘连。切块时要注意不可直接踩到床土上，以防造成土块过分板结。

（3）造墒与加温。苗床要在播种前 3 天浇水造墒。底墒水一定要足，尤其是加温苗床，因底层土壤温度高，水分易失，如果浇水不足，则影响出苗。因此，苗床一定要浇透水之后再开始加温。在浇水之前需用床土将营养钵之间缝隙灌满，并随浇水随撒床土，直至灌满为止。

火炕苗床加温，烧火初始阶段火力要强，以便使温度迅速升高。当床土 10 厘米处温度开始上升以后，火力要减弱，以利于床温均匀一致。电热温床加温，要先将控温仪（或闸刀）接入电热线与电源之间，并将电接点温度计插入床土 5 厘米处，调至所需温度，即可接通电源进行加温。如用闸刀控制时，也需有温度计插入床土中测量土温。当温度达到所需指标时，即需拉开闸刀停止加温。反之，则合闸加温。温室、大棚的温度可以通过对加温设施进行调节，使之达到育苗所需温度。

3. 播种育苗

（1）种子选用及处理。育苗前首先根据栽培方式和生产目的购进所需用的西瓜良种。在生产西瓜种子的过程中，因各种原因采收后的种子不可能全部整齐一致，有的不能发芽，有的或因瘦弱或内部受伤难以发育成为壮苗，所以，需要进行认真挑选。所选的种子应当是种性纯正、饱满、无霉烂、无残破的种子。经过挑选的种子在晴天阳光下晒 1～2 天能提高发芽率、产量和品质，还能使生育期缩短。

西瓜有多种病害是种子带病而传染的，对种子进行消毒灭菌是一项重要措施。常用的方法，一是温汤浸种，二是药剂浸泡。过去有经验的瓜农常用开水烫种，即取滚开的水，倒入盛有种子的容器中，并立即将种子连同开水一起倒入另一容器中，这样来回迅速倾倒约 10 秒钟，然后倒入凉水中冷却。近来已有试验证明，这种消毒方法并不理想。一是因时间掌握不当或种子耐热力不同，有时因温度过高降低种子发芽率；二是因浸种时间过短，消毒效果不佳。现在浸种常用 60～62℃的恒温水浸 10 分钟。用药浸种方法较多，常用的有 50% 的福尔马林 100 倍溶液浸 30 分钟；50% 的代森铵 500 倍溶液浸 30~60 分钟；50% 的多菌灵 500 倍溶液浸 60 分钟；10% 的 401 抗菌剂 500 倍溶液浸 30 分钟。还有用 100~150 倍硫酸盐链霉素水溶液浸 5~15 分钟，对预防炭疽病和立枯病有一定效果。另据国外报道，用铜、锰、锌等微量元素 500 毫克/千克溶液浸种 12~24 小时，能提高发芽率和产量。

（2）催芽。西瓜播种前两天，对种子进行催芽。西瓜种子发芽的最低温度为 15℃，最适宜温度为 25~30℃，在 15~35℃ 的范围内，随温度的升高，发芽的时间缩短。当超过 40℃ 时，有烫坏种子的危险。

种子经过消毒后，用清水洗去黏附的药液，根据种皮的厚薄，用自来水在室温下浸泡 4~6 小时，让种子吸够水分后，用毛巾或棉布将种子表面的黏质搓掉。因为这些物质对种子发芽有一定的抑制作用。然后将种子摊于 2~3 层湿棉布或麻布上。种子厚度以 3~4 厘米为宜。上面再覆盖湿布，放到适宜的盘具中，再置于保持温度在 25~30℃ 的地方。种皮厚的种子，如三倍体或四倍体西瓜种子，出芽困难，在催芽前可用牙磕一下，也可用剪刀等工具，将种皮破一个小口，并适当提高温度，以利胚根发出。

西瓜种在温度为 30℃ 的条件下，一般经过 24~36 小时大部分种子胚根"露白"，其间要经常检查温度和水分是否适宜。催芽的种子以芽（胚根）长 3~5 毫米为宜。因种子内外在因素的差异，不可能在同一时间全部出芽。为使播种的种子芽长一致，可随时将芽长达 3~5 毫米的种子挑出，放于 20~25℃ 的地方，用湿布盖好，其余继续催芽，直至 80% 以上的种子出芽。

催芽的方式有多种，要因地制宜，可因陋就简。有条件的可用恒温箱催芽，无恒温箱可自制土温箱代替。即取一纸箱，里面放一电灯，同时放一温度计，即可调节成为一个催芽简易温箱。还可用电热褥、热炕头来催芽。如果种子数量不多，可将处理好的种子用湿布包好，装入一塑料袋内，放到人的贴身衣袋内，也可用布带扎在腰间，借助人的体温催芽。这一方法既简便又安全可靠，深受广大瓜农欢迎。

（3）播种。当苗床 5 厘米地温升至 16℃ 以上时，在床面上可洒一次温水，待水渗下，将催好芽的种子播下。每一营养钵或每一土块播一粒即可。然后覆盖 1.5~2 厘米的床土。再将架杆固定于床墙上，盖好塑料薄膜，四周用泥封严，夜间加盖草苫保温。

　　近年来实践证明，播种前在床面上铺一层 0.004 毫米的微膜，然后找准每个营养钵或营养土块中央将膜划一个 3 厘米长的口，并在中央扎 1 厘米深的小坑，然后播入种子并覆土。这样既能保墒、增温，又能降低床内空气湿度，能明显减少病害的发生。

　　播种时可用镊子或自制的竹夹，将种子平放于小坑内，使根尖朝下，不可将种子直插于床土中。因种子在出苗过程中，种皮在土壤与胚栓的共同作用下，从两片较大的子叶上脱下，而后子叶出土。平放的种子受土壤压力大，种皮容易脱落；而直插的种子，所受压力较小，易使芽苗"带帽"出土，影响子叶的光合作用。另外，如果种子胚根伸出过长，播种时可用一细棒扎一小洞，将胚根插入后覆土。覆土时要注意深浅一致，否则会影响出苗。

　　温室、大棚育苗播种时，可不进行催芽，直接将处理过的种子撒播于整齐的苗床中。每平方米床面均匀撒播下 20 克的种子，然后覆盖 1.5 厘米的细土。也可播前切好营养土块，每块播 1 粒有芽种子。

四、育苗期间管理

　　西瓜早春育苗特别是小型苗床育苗是在人工创造的很小的空间环境内进行的。其中小气候与外界气候有很大差异，但外界气候的变化却时刻对内部小气候发生影响。所以必须对内部空间的温度、湿度、光照、水分、空气等经常进行调节，才能保证幼苗正常生长的需要。苗床及温室、大棚的管理是一项经常而又细致的工作，不可有丝毫的疏忽，否则，会使全部育苗工作受到损害。

　　1. 温度管理

　　在育苗过程中，温度管理是技术关键，特别是早春气温较低时，温度管理尤为重要。西瓜在整个育苗时期内，在温度管理中可分为四个阶段。第一阶段为播种至幼苗出土。在这一阶段中，应保持较高的温度，一般掌握 5 厘米的地温在 30℃ 左右。在此温度条件下，种子出苗快而整齐。第二阶段为出苗后至真叶长出。在这个阶段中，幼苗下胚轴生长很快，为了防止徒长形成高脚苗，要降低温度。白天保持 22～25℃，夜间维持 15～18℃。第三阶段为真叶长出之后至定植前 5 天。在这阶段中，下胚轴细胞趋于老化，伸长速度减慢，所以，白天可以将温度提高 2～3℃ 至 25～28℃，夜间维持 15～20℃，以加速幼苗发育，使幼苗早发稳长。第四阶段是定植前 5~7 天。在这一阶段中，要使幼苗在较低温度条件下进行锻炼，以提高其定植后的适应性。这时温床可停止加温，温度维持在 15~25℃ 的低温条件下。这时白天晴且无大风，可将薄膜全部揭开；夜间如无寒潮侵袭，苗床可以只盖薄膜不盖草苫。

各种苗床的温度调节主要通过以下方式进行。

（1）热源调节。

①火炕苗床。播种后，床温接近 25℃ 时，要细火稳烧，不可以旺火猛烧，以免床温过高和各处不均。旺火猛烧能使温度上升"惯性"增大。据测定，当大火猛烧时，停火后，苗床 5 厘米地温仍能继续上升 7℃。因此，切不可等温度达到所需最高限再停火，否则会使温度过高，造成热害。

火炕苗床的温度变化有一定规律性。床温虽然随着炉火的生灭而升高和降低，但变化却不同步进行。床温的变化落后于炉火的变化，一般生火后 4~5 小时床土温度升高。所以，为防止夜间温度过低，苗床一般在下午开始生火，使苗床至夜间温度不至过低。

②电热温床。如果有控温仪，苗床温度可通过接点温度计进行调节，并由控温仪实现自动控制。因此，要根据幼苗的不同发育阶段、昼夜的区别、对温度的不同要求和外界气候条件的变化等情况，及时调节接点温度。如无控温仪，则需要经常观察苗床温度情况，通过闸刀的开、合予以调节。

温室、大棚调节方法可参照电热温床。

（2）覆盖物调节。各种苗床均可通过覆盖物来实现对温度的调节。

①草苫。草苫是夜晚盖在塑料薄膜之上，防止床面热辐射的保温设备。为了减少床内热量损失，增加太阳光能射入，在不同时期草苫的揭盖应有所区别。在 3 月中旬以前，上午 8：00 以后揭苫，下午 16：00 以前盖好。要使床温在揭苫后和盖苫前不至于下降过多。3 月中旬以后，上午苗床见光后即可揭苫，下午日落前盖苫。

②薄膜。透明薄膜有良好的光效应和热效应。床内温度偏低时，要将膜盖严；温度偏高时，将膜撑开一口，以通风降温。通风应看苗、看天，并根据幼苗不同时期和外界天气情况灵活掌握。通风要特别细心，尤其是在早春季节，因苗床内、外温度和湿度相差很大，如果撑开膜口过大，猛然通风，往往引起幼苗失水萎蔫，造成"闪苗"，严重时，会因失水过重或受冷害而枯死。因此，一般上午 9：00 以后通风，开始先将膜边支一小口，以后逐渐增大，下午逐渐将开口减小，下午 16：00 以后全部闭严。还应注

意，开口一定要在苗床背风的一侧，防止因迎风开口，冷风直接吹进苗床内使幼苗受伤。另外，因通风口处温度低，所以通风口应经常轮换，不可固定一处不动。温度高时，可撑开几个口同时通风。

通风既能调节温度，又能调节床内的空气成分，增加二氧化碳，有利于幼苗的光合作用。所以，在阴天时，虽然床温不高，也要在中午进行短时小通风，只是不要使温度下降过多。只有在雨雪或大风低温天气才不能进行通风。

2. 光照管理

阳光是一切绿色植物光合作用的能量源泉，西瓜又是喜光作物，所以，苗床内光照的好坏，是能否培育出壮苗的重要条件。据山东省德州市农业科学研究院试验，苗床光照为自然光照 2/3 时，幼苗素质极显著地低于自然光下的幼苗。表现叶面积减小、植株干重降低、下胚轴较长，坐果率降低。所以，在育苗期间，自幼苗出土开始使苗床有充足的光照，是至关重要的。

苗床要有充足的光照，主要是通过揭开薄膜上面的覆盖物来实现。在考虑增强光照的同时，还需要与温度管理结合起来。一般日出后温度开始回升，要及时揭开草苫。下午在苗床内温度降低不多的前提下，尽量延迟覆盖时间。当床内温度偏高时，只能以揭膜通风降温，绝不可以草苫遮光降温。当遇到连阴天气时，亦不可长时间连续覆盖草苫。只要白天气温在 8℃ 以上，就要揭开草苫。因为即使是阴天时的漫射光，也能使秧苗的叶绿素进行光合作用制造养分，维持其生命所必需。如果将苗床严密遮光 10 天以上，再将幼苗猛然暴露在强光之下，幼苗则有猝死的可能。所以，除了雨雪天气外，均要及时揭开草苫透光为宜。

3. 肥水管理

（1）水分。西瓜对水分要求较严格。如过多，易引起病害，不足则影响幼苗发育。因播种前苗床已浇水造墒，上面又有薄膜覆盖，耗水较少，所以幼苗破心前一般不浇水，以免降低地温和使床面板结影响出苗。各种温床因温度较高，耗水量相对增大；但是，由于床内蒸发的水分一部分在塑料膜上凝结后再滴回到床面上，造成床面潮湿，而表层以下土壤都已干燥，这种情况往往蒙蔽一部分初育苗者，使其认为苗床水分充足，不需浇水，结果造成苗床缺水，影响幼苗生长和发育。因此，各种温床必须经常检查苗床表土以下的墒情，如缺水，要及时补充。浇水时要选择晴朗无风的天气，在上午进行，最好浇 30℃ 左右的温水，塑料薄膜要随浇随盖，不可一下揭开过大，以免"闪苗"。浇水后及时盖好，使温度回升。浇水的原则是：少次浇足，水不过量。

（2）施肥。由于苗床内床土中配有适量的养分，因此，幼苗一般不表现缺肥。但若床土中养分不足，幼苗叶色发黄，生长迟缓而瘦弱，应考虑补充氮肥。施肥方法，可配成 0.3% 的尿素溶液结合浇水施入苗床。另外，苗床中如出现杂草，要及时拔除。

我国北方地区，早春气候多变，因此，在苗床管理中必须因地、因时、因环境条件及幼苗状态灵活掌握，细心运用各项措施，才能育出优质壮苗。

五、苗情诊断

培育适龄健壮的幼苗是育苗的目的。只有健壮的幼苗才能实现早熟、优质、丰产。壮苗的育成是与育苗中每项措施紧密相关的。因此，熟悉并掌握壮苗的标准，并根据幼苗的表现准确确定需要采取的每项管理措施，是育苗者不可缺少的知识。

1. 壮苗标准

西瓜壮苗标准主要有以下几个方面。

（1）苗龄。苗龄可分为绝对苗龄和生理苗龄。绝对苗龄又叫日历苗龄，是指幼苗的生长天数；生理苗龄是指幼苗的发育大小。在正常情况下，壮苗一般在 30~40 天内能长出 3~5 片真叶，这样的生长速度可认为是适宜的，是正常苗龄。如果绝对苗龄大于生理苗龄，即苗子生长天数多，而苗子小，就是俗称的"僵苗"或"老化苗"。如果生理苗龄大于绝对苗龄，即生长天数少而苗子大，则是俗称的"徒长苗"或"弱苗"。

（2）形态。

①健壮苗。健壮的幼苗主要表现在子叶大而肥厚，叶片颜色浓绿而有光泽，下胚轴和茎基部节间短而粗，根系发达而色白，花器官分化发育正常，无病虫害。

②僵苗。僵苗表现子叶与叶片均较小，色暗或发黄，下胚轴和茎基部节间均细弱，并变得硬而脆；根系发育不良，呈锈色；花器官分化发育晚；容易早衰。

③徒长苗。徒长苗表现子叶与真叶较大而薄，叶色淡；下胚轴和基部细而长；根系不发达；花器官分化晚，发育慢；植株表现生长快而发育慢，

互不协调。

（3）组织及化学成分。壮苗体内厚角组织和木质部发达，因此，组织结构紧密而坚韧，植株表现茎叶挺直。而徒长苗体内组织疏松，茎叶容易萎蔫。就其体内化学成分而育，壮苗含干物质多，水分少。干物质主要包括糖、淀粉、纤维素等物质，还有含氮物质和各种矿物质。壮苗植株中含氮化合物较少，碳水化合物较多；而徒长苗与之相反。由于碳水化合物中的糖与淀粉能相互转化，能提高细胞液浓度，所以，壮苗的抗逆力强。而徒长苗因干物质含量少而水分多，抗逆力弱。据山东省德州市农业科学研究院研究表明，当营养土中盐度增加时，幼苗体内脯氨酸随之增加；说明幼苗体内脯氨酸含量越高，受土壤盐分抑制越重。

（4）壮苗指数。壮苗指数是衡量幼苗素质的数量指标。它与西瓜的早熟、优质、丰产有密切关系。壮苗指数的计算方法有多种，但以"壮苗指数＝茎粗/株高×全株干重"应用较多。以此公式对西瓜幼苗进行测算，结果认为壮苗指数以 0.03611～0.03879 为宜。

2. 幼苗的异常表现、原因及解决办法

由于西瓜幼苗对外界条件反应敏感，加之春季天气变化无常，因此，经常出现幼苗发育异常。归纳起来，主要有如下情况。

（1）僵苗。引起僵苗的原因很多，情况较复杂，如果对育苗的具体过程不清楚，有时很难找出确实原因。不同的原因引起的僵苗有如下特征：

①子叶长时间不能展平、叶片小而向内卷曲、颜色深而暗淡无光、下胚轴及茎基部节间短、根系不发达且有锈色、生长迟缓。这主要是因苗床温度低而引起。尤其在冷床育苗中，播种较早，又遇到阴雨天气，床温长时间在18℃以下，容易引起这种现象。解决办法是千方百计提高床温。温床要进行人工加温，冷床白天及时揭开草苫，夜间加厚覆盖物。

②叶片黄而小、生长缓慢。如果床温正常，则是由于缺肥引起的，床土瘠薄，配制时加入养分不足所致。解决办法是补施肥料。

③叶片小，色暗绿，生长慢。若床温正常时，则是缺水的症状，在各种温床中较常出现。由于苗床下层土温高于表层，水分由温度高处向温度低处运动，造成表土以下土壤缺水。解决办法是及时浇水。

④子叶小而厚，颜色暗而绿，下胚轴短而粗，胚栓处呈蒜头状，这是受肥害或药害的表现。在配制床土时加入过量的肥料，或为了杀虫而施入了过量的农药，均能使幼苗受害表现上述症状。解决办法：适当多浇些水，

使肥料或农药稀释，并有部分肥料或农药淋溶流失。

⑤子叶上翘，叶片小，颜色黄，有的边沿干枯，重者整叶枯死。这是高温烤苗的表现。苗床不通风，或通风量过小会出现上述症状。在3月下旬以后天气晴朗无风的中午，苗床如不通风，内部温度可达50℃，即使时间不长，也会造成叶片受害而干枯。因此，必须及时通风降温，床内气温最高不得超过35℃，否则会使幼苗遭受伤害。

（2）徒长苗。子叶与叶片大而薄，颜色淡绿，下胚轴及叶柄细而长，这都是徒长的特征。幼苗徒长主要是水肥过多，温度偏高，揭苫不及时，光照不足所引起。解决办法：加强通风，降低温度，控制浇水，及时揭苫增加光照。

（3）"伤风苗"。子叶和叶片边缘变白或干枯，在通风口表现尤重。这是通风过猛所造成的，俗称"闪苗"。因苗床内外温度、湿度差异很大，猛然进行大量通风，使苗床内温度、湿度骤然下降，叶片尤其是边缘失水过重，致使细胞受害而干枯。预防办法，通风时要细致小心，不要等温度升得过高后再行通风。当上午床内温度达到25℃时即应开始通风，通风口开在背风面，并逐渐由小到大。

六、苗期病害及防治

西瓜育苗期间，苗床内与外界环境相比，温度、湿度均较高，加之幼苗密度大，管理上稍有不慎，则易诱发苗期病害，轻者使幼苗受害，难以培育壮苗，重者幼苗大量死亡，使育苗失败。西瓜苗期常见的病害有猝倒病、立枯病和锈根病。其中，发生比较普遍、为害较重的是猝倒病，其次是立枯病，锈根病发生较轻。此外，枯萎病也危害幼苗。

1. 猝倒病

（1）症状。西瓜猝倒病，又叫绵腐病，卡脖子。在西瓜早春育苗的子叶苗阶段较为常见。发病初期，幼苗茎基部呈水渍状，浅黄绿色，似开水烫过一样，很快变为黄褐色病斑，并环绕幼茎使之缢缩成线状。该病在苗床中发展很快，一经染病，幼苗子叶尚未失绿萎蔫，幼苗即猝倒死亡。在高温高湿的情况下，在幼苗缢缩处及病株周围的土壤表面会出现一层白色棉絮状物，即病菌的菌丝体。

（2）病原。西瓜猝倒病由瓜果腐霉侵染引起。该菌属鞭毛菌亚门，腐霉属。菌丝无色，无隔膜，老熟菌丝顶端着生不规则的圆筒形或手指状分枝的孢子囊。游动孢子肾形，凹面有两根鞭毛。卵孢子球形，光滑，悬于藏卵器内。藏卵器球形，雄器袋状或棒状。

（3）发病规律。病菌的卵孢子在12～18厘米表层土壤中越冬，并在土中长期存活。翌春，遇有适宜条件萌发产生孢子囊，以游动孢子或直接长出芽管侵入寄主。此外，在土壤中营腐生活的菌丝也可产生孢子囊，以游动孢子侵染瓜苗引起腐霉猝倒病。田间的再侵染主要靠病苗上产出孢子囊及游动孢子，借助灌溉水或雨水溅射传播蔓延，病菌侵入后，在植株皮层薄壁细胞中扩展，菌丝蔓延于细胞间或细胞内，最后在病组织内形成卵孢子越冬。

该病多发生在土壤潮湿和连阴雨多的地方，与其他根腐病共同为害。发病条件：猝倒病菌侵染的最适温度为15～16℃，长期阴雨低温天气，苗床内湿度大，光照差及通风不良等，均易诱发猝倒病。

（4）防治方法。

①农业防治。对苗期病害严重的地区采取工厂化育苗方式，统一育苗，统一供苗。

育苗时严格选择营养土，选用无病新土、塘土或稻田土，不要用带菌的旧苗床土、菜园土或庭院里的土育苗。

加强苗床管理，注意苗床的通风降湿，苗床每次浇水后及时通风，并撒一层干草木灰或干细土，避免低温、高湿条件出现。

②化学防治。采用营养钵育苗的，移栽时用双多悬浮剂（西瓜重茬剂）600～700倍液灌穴，每穴灌对好的药液400～500毫升。

药土盖种，采用直播的可用20%甲基立枯磷乳油1000倍液或50%拌种双粉剂300克对干土100千克制成药土撒在种子上覆盖一层，然后再覆土。

在育苗前制作营养土时也可用上述药液和比例调配营养土。

出苗后发病的可喷洒80%多·福·锌（绿亨2号）可湿性粉剂800倍液、72.2%的普力克水剂400倍液或58%甲霜灵锰锌可湿性粉剂800倍液、64%杀毒矾可湿性粉剂500倍液、72%克露或克霜氰霜脲锰锌（克抗灵）可湿性粉剂600倍液，每隔5～7天喷一次，喷药后注意通风降湿。

对上述杀菌剂产生抗性的地区可改用69%安克锰锌可湿性粉剂或水分散剂1 000倍液，也可用15%恶霉灵（土菌消）水剂450倍液或70%百德富可湿性粉剂600倍液，每平方米3升。

2. 立枯病

（1）症状。西瓜立枯病从刚出土的子叶苗到育苗后期的大苗均可发病，但主要发生在育苗中期。西瓜种子萌动后尚未出土前就能被立枯病菌侵染，造成烂芽。出土后染病的幼苗，茎基部先出现椭圆形暗褐色病斑，地上部白天萎蔫，夜间可以恢复正常，待病情不断发展，病斑绕茎一周时，病部向下凹陷，茎基部干枯收缩，整个幼苗死亡，苗床内湿度大时可倒伏。中期以后的幼苗，由于茎部已经木栓化，故茎部虽然生病，但病苗可以直立不倒。立枯病造成的病斑部位比炭疽病的病斑低。小苗的病部可以长出白霉，稍大一点的幼苗病部虽不长白霉，但可见到蜘蛛网状的淡褐色霉层。

（2）病原。立枯病为半知菌亚门，丝核属的立枯丝核菌。菌丝分枝、有隔，初期无色，老熟期浅褐色至黄褐色，分枝处往往成直角，分枝基部略缢缩。病菌生长后期，由老熟菌丝交织在一起形成菌核。菌核暗褐色，无一定形状和大小，质地疏松，表面粗糙。有性世代为担子菌亚门的瓜亡草菌，在自然条件下不常见，仅在酷暑高温条件下发生。担子无色，单细胞，圆筒形或长椭圆形，顶生 2~4 个小梗，每个小梗上生一个担孢子。担孢子椭圆形或圆形，无色，单胞，大小为（6~9）微米×（5~7）微米。

（3）发病规律。病菌以菌丝和菌核在土壤中或寄主病残体上越冬，腐生性较强，可在土壤中存活 2~3 年。混有病残体的未腐熟的堆肥中的菌丝体以及在其他寄主植物或杂草上越冬的菌丝体和菌核也是初侵染源。病菌通过雨水、流水、沾有带菌土壤的家具以及带菌的堆肥传播。从幼苗茎部或根部的伤口侵入，也可穿透寄主表皮侵入。

病菌生长适温为 17~18℃，在 12℃以下或 30℃以上时受抑制。高温有利于菌丝的生长发育，故苗床温度较高，幼苗徒长时发病重。土壤湿度偏高，土质黏重及排水不良的低洼地块发病重。光照不足，光合作用不旺盛，植株抗病力弱，也易发病。

（4）防治方法。

①农业防治。严格选用无病菌新土配制育苗营养土。

苗床土壤处理可用 40% 拌种双，每平方米用药 8 克，与细土混匀施入苗床，也可用甲霜灵·锰锌、多菌灵、托布津等药物处理苗床土壤。

实行轮作，直播瓜田与禾本科作物轮作 6 年以上。

秋耕冬灌。瓜田冬前深翻 25~30 厘米，将表土病菌和病残体翻入土壤深层腐烂分解，或通过冻融晒垡杀死部分病菌。

加强苗期管理，保持适宜的温度和湿度，培育壮苗，发现病苗及时拔除。直播瓜田出苗后及时中耕松土，以提高地温，使土壤疏松通气，增强瓜苗抗病力。

②种子处理

药剂拌种：用药量为干种子重的 0.2%～0.3%。常用农药有拌种双、敌克松、苗病净、利克菌等拌各种剂。

种衣剂处理：种衣剂与瓜种之比为 1:25 或按说明使用。

③生物防治。据山西农业大学试验，使用康氏木霉防治立枯病有一定效果。

④化学防治。发病初期可喷洒 64% 杀毒矾可湿性粉剂 500 倍液，或 58% 甲霜灵可湿性粉剂 500 倍液，或 72.2% 普力克水剂 800 倍液，隔 7～10 天喷一次。

3. 锈根病

锈根病也叫沤根，是一种生理性病害，在苗床内或移栽定植后，遇到低温、阴雨天时容易导致发病。

（1）症状。幼苗生长缓慢甚至停滞，叶片渐变灰暗直至萎蔫。根部初呈黄锈色，以后变黏腐烂，而且迟迟不发新生根。

（2）发病规律。土壤温度过低、湿度过大是诱发锈根病的根本原因。育苗期间，如果苗床管理不当，或长期阴雨天气，气温下降，苗床无法通风晒床，土壤低温高湿，根系生长受到抑制或根毛死亡等原因，均可诱发锈根病。

锈根病的为害机理是，在土壤低温高湿条件下，根系发育受阻，根部的再生能力、吸收功能和呼吸作用受到严重抑制，根毛大批死亡，进而使地上部萎蔫。

（3）防治方法。以综合防治为主。育苗期间加强苗床的温度管理，尽量采用加温苗床育苗，保持苗床内地温不低于15℃。定植时，大田多施有机肥料做基肥，选择晴暖天气定植，定植不要过深，少浇定植水，定植后及时采取地膜等覆盖措施增温保温，使幼苗尽快缓苗，可以避免或大大减少锈根病的发生。

七、嫁接育苗技术

西瓜枯萎病是西瓜生产上危害严重的一种土传病害。露地栽培时多通过轮作进行预防。大棚、日光温室等西瓜栽培由于设施条件的限制，无法长期维持合理的轮作，因此，作为预防枯萎病的一种有效手段，一般采用抗病砧木进行嫁接育苗。国外如日本的温室、大棚西瓜生产100%采用嫁接育苗栽培。利用抗病砧木进行嫁接栽培，不仅可以防病，而且由于砧木的根系强大，吸肥力强，耐低温、耐弱光性好等特性，还可以提高西瓜对不良条件的适应性，促进西瓜生育，减少肥料（特别是氮肥）用量，从而有利于西瓜早熟增产和提高经济效益。因而，嫁接育苗在西瓜早熟栽培中普遍应用。嫁接育苗与普通育苗相比在技术上有许多特殊之处，现将有关技术要求介绍如下。

1. 育苗时间及育苗设施

（1）育苗时间。大棚及日光温室西瓜定植较早，一般拱圆形大棚加小拱棚和草苫等多层覆盖，在2月上中旬定植，日光温室加小拱棚和草苫，可提前至1月下旬至2月上旬定植，按苗龄35～40天计算（考虑到嫁接苗的愈合和缓苗期），育苗时间在12月下旬至翌年1月上旬为宜。

（2）育苗设施。大棚及日光温室西瓜育苗时间正值一年中最寒冷的1—2月，因此，必须采用火炕、电热温床等加温苗床育苗，有关火炕和电热温床的育苗技术详见前面"育苗"部分。此外，为了移苗定植之方便，再介绍一种大棚及日光温室内加电热线地面铺设高畦育苗法。具体做法：根据西瓜种植面积，按30：1的比例，在大棚或日光温室内整宽1.5米、高20～30厘米的高畦，在畦面上按8～10厘米的线距布电热线，再在电热线上盖一层2厘米厚的沙子或细土并踏实，播完种或嫁接完毕后，在简易电热温床上搭设小拱棚，棚高40～50厘米，夜间加盖草苫保温。这样可在种植西瓜的大棚或日光温室内直接育苗，就地移栽，有利于西瓜缓苗和早发。

2. 砧木的选择

（1）砧木选择的依据。西瓜嫁接所用砧木的选择，主要从以下4个方面考虑。

①砧木与西瓜的亲和力。包括嫁接亲和力和共生亲和力两方面。嫁接亲和力是指嫁接后砧木与接穗（西瓜）愈合的程度。嫁接亲和力可用嫁接后的成活百分率来表示，排除嫁接的技术因素外，若嫁接后砧木很快与接穗愈合，成活率高，则表明该砧木与西瓜的嫁接亲和力高，反之则低；共生亲和力是指嫁接成活后两者的共生状况，通常用嫁接成活后，嫁接苗的

生长发育速度、生育正常与否、结果后的负载能力等来表示。为了在苗期判断共生亲和力，则可利用成活后的幼苗生长速度为指标。嫁接亲和力和共生亲和力并不一定一致。有的砧木嫁接成活率很高，但进入结果初期便表现不良，甚至出现急性凋萎，表现共生亲和力差。据各地试验，瓠瓜、葫芦、新土佐南瓜（F1）、黑籽南瓜、野生西瓜等均有较好的亲和性。

②砧木的抗枯萎病能力。导致西瓜发生枯萎病的病原菌中，以西瓜菌和葫芦菌最为重要。因此，所用砧木必须同时能抗这两种病菌。在众多的砧木中，只有南瓜能兼抗这两种病原菌，因而南瓜是较为可靠的抗病砧木。生产上选用的抗病砧木应能达到100%的植株不发生枯萎病。

③砧木对西瓜品质的影响。不同的砧木对西瓜的品质有不同的影响。不同的西瓜品种，对同一种砧木的嫁接反应也不完全一样。西瓜嫁接栽培必须选择适宜的砧/穗组合，使其对西瓜品质基本无不良影响。一般南瓜砧易使西瓜的果实果皮变厚、果肉纤维增多、肉质变硬，并可能导致含糖量下降，而西瓜共砧或葫芦砧较少有此现象。

④砧木对不良条件的适应能力。在西瓜早熟栽培中，采用嫁接栽培时，西瓜植株的耐低温能力、雌花出现早晚和在低温下稳定坐果的能力，以及根群的扩展和吸肥能力，耐旱性和对土壤酸碱度的适应性等，都受砧木固有特性的影响。由于早春温度（尤其是地温）低，因此，应选用在低温环境中生长能力强和低温坐果性好、对不良环境条件适应性强的砧木。

（2）主要砧木种类及特点。

①葫芦。葫芦具有与西瓜良好而稳定的亲和性，对西瓜品质也无不良影响，其低温伸长性仅次于南瓜，吸肥力也次于南瓜。主要缺点是在西瓜结果后易出现急性调萎症。在葫芦中，以腰葫芦嫁接效果最好。

②瓠瓜。瓠瓜与西瓜血缘较近，因而嫁接亲和性好。苗期生长旺盛。对西瓜品质影响不大（但在有些西瓜品种上也会发生果肉中出现黄色纤维块）。其缺点是低温生长性不如南瓜，并且容易发生炭疽病，有时成株也会出现急性凋萎。目前，国内有关育种单位以瓠瓜为材料开展优良砧本的选育，已选出瓠砧一号等，在生产应用效果良好。

③南瓜。南瓜品种很多，其作为砧木的效果，品种间差异很大，多数南瓜品种并不适宜做砧木。南瓜对枯萎病有绝对的抗性，而且其低温伸长性和低温坐果性好，在低温条件下的吸肥力也较强，但其与西瓜的亲和性在品种间差异较大，一些品种有使西瓜果皮增厚、肉质增粗和含糖量下降

等不良影响。南瓜包括中国南瓜、印度南瓜和美洲南瓜（西葫芦）3个亚种，单独做砧木使用时效果均不太理想，而中国南瓜和印度南瓜的杂交种［如日本广泛应用的新土佐（F_1）等］具有良好的亲和性，耐低温能力强，100%抗西瓜枯萎病，且对西瓜品质影响不大，是可用于西瓜早熟栽培的优良砧木品种。另外，有些野生南瓜品种如黑籽南瓜、灰籽南瓜等在西瓜生产上也有应用。

（3）优良砧木品种。近年来，国内不少西瓜育种单位陆续开展了西瓜嫁接专用砧木品种的选育，培育出多个与西瓜亲和力好而且抗病能力较强的优良砧木品种，应用效果很好。现介绍如下。

①全能铁甲。系山东德高蔬菜种苗研究所利用国外砧用南瓜和中国砧用南瓜杂交育成的最新优良西瓜砧木。经各地广泛试验及生产实践证明，该品种为国内目前西瓜嫁接最好的砧木品种之一。该砧木品种的特点是生长强健，有利于多次结瓜，增产显著，嫁接亲和力好，共生亲和力强，对西瓜品质无不良影响。用种量少，易嫁接，每667平方米仅用种200克，发芽率95%以上，出苗整齐一致。高抗枯萎病和急性凋萎病，对叶部病害如炭疽病等也有较强抗性。嫁接苗前期耐低温能力强，低温伸长性好，可促进西瓜早熟，后期耐热性好。全能铁甲种子白色，千粒重170克。该砧木品种除可用于普通西瓜嫁接外，在厚皮甜瓜上嫁接应用效果也非常好，表现为植株生长势、抗病性、丰产性都十分突出。另据试验，全能铁甲砧木不宜用于无籽西瓜、四倍体西瓜的嫁接。各地引用时应适当注意。

②京欣砧一号。系北京市农林科学院蔬菜研究中心选育的葫芦与瓠瓜杂交的西瓜砧木一代杂种。发芽势好，出苗壮，下胚轴短粗且硬，不易徒长，便于嫁接。嫁接亲和力好，共生亲和力强，成活率高。嫁接苗植株生长旺盛，根系发达，吸肥力强，与其他砧木品种相比，表现出更强的抗枯萎病能力，叶部病害轻，耐高温，后期抗早衰，生理性急性凋萎病发生少。对果实品质无明显的影响。种子黄褐色，两边隆起至底部有两个明显突起，种子两侧有裂沟，较其他砧木种子籽粒明显宽大，千粒重150~160克。种壳较硬，需在温水（55~60℃）中浸种24~28小时，擦尽种子表面黏液，不能嗑种。在30℃温度下催出芽后再播种。在低温干燥条件下种子保质期2年。

③京欣砧二号。系北京市农林科学院蔬菜研究中心利用印度南瓜与中国南瓜杂交选育的西瓜专用砧木品种。嫁接亲和力好，共生亲和力强，成

活率高。种子纯白色,千粒重150~160克。发芽整齐,发芽势好,出苗壮。与其他一般砧木品种相比,表现出更强的亲和力,嫁接结合面致密。嫁接苗在低温弱光下生长强健,根系发达,吸肥力强,嫁接植株所结果实大,产量高。砧木高抗枯萎病,叶部病害也较轻。后期耐高温抗早衰,生理性急性凋萎病发生少。对果实品质影响小。

④抗病超丰F1。系中国农业科学院郑州果树研究所全国西瓜、甜瓜嫁接栽培科研协作组组长郑高飞先生育成的抗病砧木。适合做无籽西瓜砧木,也可以做普通西瓜的砧木。嫁接亲和力好,成活率高,嫁接植株根系发达,生长旺盛,高抗枯萎病,能有效地克服连作重茬障碍,有效促进西瓜早熟并能大幅度提高产量,对西瓜果实品质无不良影响。各地生产上应用较多。

⑤庆发一号。系黑龙江省庆发农业发展有限公司育成的杂交一代西瓜专用砧木,既适合做无籽西瓜砧木,也可做普通西瓜的砧木。嫁接亲和力好,成活率高,嫁接植株根系发达,生长旺盛,高抗枯萎病,能有效克服连作重茬障碍,促进西瓜早熟高产,对西瓜果实品质无不良影响。

⑥豫砧60A。系郑州丰源西瓜蔬菜研究所选育的杂交一代西瓜专用砧木新品种。嫁接亲和力好,共生亲和力强,成活率高,嫁接幼苗耐低温能力强,在低温下生长快,坐果早而稳,与其他普通砧木相比,表现出明显的杂种优势,高抗枯萎病,叶部病害也明显较轻。嫁接植株生长旺盛,根系发达,吸肥能力强,具有耐低温、耐湿、耐干旱的特点,对西瓜早熟丰产有明显促进作用,对果实品质风味无不良影响。

3. 嫁接方法

嫁接方法好坏直接影响嫁接的成活率。嫁接方法在日本研究最多,近年来我国各地也在不断研究和探索简易而有效的嫁接方法,并在生产中推广应用。目前国内外采用的嫁接方法有插接、靠接、劈接、芯长接及二段接等。我国主要应用的方法为插接、靠接和劈接。据最新资料,国内外均有采用嫁接机器人实行平切黏合嫁接法的报道,嫁接速度快,适于大规模工厂化育苗,但由于技术稳定性较差,生产上很少应用。几种常用嫁接方法如图5所示。

(1)靠接法。靠接又称舌接,初次进行嫁接育苗者多用此法。靠接法的操作过程如下。

①砧穗准备。在大棚或日光温室内分别整好西瓜育苗床和砧木育苗床。先将西瓜种子浸种催芽后播种,待2~3天后,将作砧木用的葫芦或南瓜种

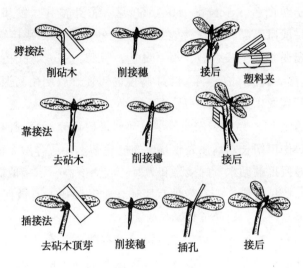

图 5　嫁接方法示意图

子，在 60℃ 温水中浸 10～20 分钟后再放入 25～30℃ 水中浸 16～18 小时，捞出后在 28～30℃ 潮湿环境中催芽（葫芦和瓠瓜种子需用牙嗑开种子脐部，以利发芽），然后密播于砧木育苗床，盖土厚度 2 厘米。砧、穗苗床均盖好小拱棚，白天温度控制在 25～30℃，夜间不低于 18℃，使幼苗适当徒长，便于嫁接。下胚轴高度应达 6～8 厘米，粗 0.2～0.3 厘米。当幼苗子叶充分展平、真叶初见时，为嫁接适期。

②嫁接。嫁接前备好清水一盆、瓷盘或瓷碗 3 个，刀片 2～3 个，专用塑料夹若干个。

先用铁铲将接穗苗和砧木苗分别刨出，尽量不损伤根系。放入水盆中轻轻冲净泥土，待根系洗白后分别放入瓷盘或瓷碗中，添加少许清水，或盖以湿布，使根部保持湿润。

嫁接时，先取砧木苗，用刀片剔除其两子叶间的生长点。然后左手捏住砧木两子叶，使两子叶向内并紧，右手拿刀片在砧木下胚轴上端离子叶 1 厘米处，且子叶生长方向一边向下削 45°角的斜切口，深达胚轴直径的1/2，切口长度为 0.8～1 厘米。再取接穗苗，用左手拇指与食指捏住接穗根部，中指托平除根部以外的下胚轴及子叶，右手用刀片在下胚轴中部、离子叶 1.5 厘米处向上削 45°角斜切口，深达下胚轴的3/5，切口长度与砧木相同，左右手分持砧木和接穗，将砧木和接穗两切口相互嵌合，再用特制的塑料夹沿与接口平行方向夹住即可。

接完后立即把苗栽入预先准备好的嫁接苗床中。株、行距均为 10 厘米。注意栽时接口离土面 3 厘米以上。为便于移栽定植，最好栽入营养钵中。栽法是先在营养钵中装入多半钵土，中间用手指捅一个直径 2~3 厘米、深 2~3 厘米的洞。洞内加满水，以左手握嫁接苗接口部位，把苗放入洞穴中，使砧木和接穗的基部相互离开 1 厘米左右，以便成活后切除接穗根部，接口离土面 3 厘米以上。位置放正后，右手抓土把栽植洞填满、压实。然后盖好小拱棚保温，促进接口愈合。一般嫁接后约 7 天，接口即可愈合，应及时将接穗苗的根部切除，切口位置在接口下 0.5 厘米处，不可接近地面，以免接穗接触土壤产生不定根，降低抗病效果。

采用靠接法时，最好 3~4 人流水作业，起苗、嫁接、栽植一条龙，不仅嫁接速度快，而且成活率也较高。靠接法初学者容易掌握，但其缺点是嫁接苗易生不定根和不定芽。

（2）插接法。插接法又称顶插接。砧木应比接穗提前 3~5 天播种。砧木种子催芽后可直接播于苗床营养钵或营养土块中，每钵 2 苗（最后选留 1 苗）。砧木子叶拱土后，立即播种西瓜，西瓜种子则可密集排开播于瓦盆内洗净的河沙中，置于日光温室内或家中热炕上。嫁接适期以砧木第 1 片真叶出现至刚展开期间、接穗子叶刚展平时为宜。过晚则幼苗下胚轴发生空心，影响成活率。

插接法用的工具为刀片和竹签。竹签应在嫁接前多削好一些备用。竹签粗细与西瓜下胚轴粗度相同，长 5~6 厘米，楔形略扁，横断面呈半圆形，先端渐尖，表面平滑。刀片应选用新买的剃须刀片。嫁接时先用刀片将砧木的第 1 片真叶及生长点从基部去掉。然后，用手捏住砧木，将竹签在砧木上方切口处顺子叶连线方向向下斜插入砧木子叶下轴，深约 0.6~1 厘米，应注意使竹签尖端达到子叶下轴的另一侧皮层，使顶在该部位的手指有触感时为宜。将接穗苗拔出后放在事先装有净水的碗中，取出接穗苗用左手拇指和中指轻轻将两片子叶合拢，食指自下而上托（顶）住下胚轴，将幼苗持平，右手持刀片在子叶下 1.5 厘米处削一楔形面，长度 0.6~0.8 厘米。然后迅速拔出砧木中的竹签，将削好的接穗楔形面准确按竹签插入的方向，斜插入砧木的孔中，使刀口四壁刚好贴合。插接穗时应注意使子叶方向与砧木子叶呈"十"字形交叉。

嫁接作业时，要在大棚内进行，棚上遮阴。砧木苗在苗床不必拔出，接穗苗应保持新鲜。每接完一株，立即向营养钵内灌透水。一个苗床接完后，马上盖好小拱棚，电热线加温到适宜温度。为保持棚内湿度，可向苗床内畦面喷水。一个熟练的工人，每天（按8小时计）可接800株，成活率一般可达95%。插接法在新土佐南瓜、弧瓜及葫芦砧上均可应用，是目前最简单适用的方法。其缺点是对嫁接后的环境条件要求严格，要求空气湿度较大，温度、光照适宜，否则会影响成活率。

（3）劈接法。西瓜劈接法与果树劈接法非常相似，它是先将砧木的种子经浸种催芽后，提前6～8天播于苗床营养钵或营养土块中，待种子子叶拱土时再播西瓜种子。砧木苗前期适当控温、控水，增加下胚轴粗度，当接穗西瓜苗子叶展开时即可嫁接。嫁接时，先用刀片剔去砧木真叶及生长点，但勿伤子叶。沿主轴子叶内侧用刀片自上而下纵向下劈1厘米左右，但不可将砧木子叶下轴两侧全劈开。然后将西瓜接穗在子叶下1.5厘米处以下削成楔形，削面长1厘米。把削好的接穗插入砧木劈口内，用拇指压平，使砧木与接穗削面充分接触，再用宽1.5厘米、长3厘米的胶带纸固定，或用特制的塑料夹夹住。劈接法嫁接后要求严格遮阴和保温保湿，否则，接穗极易萎蔫，降低成活率。

4. 嫁接苗的管理

西瓜嫁接成活率的高低除与砧木的种类、嫁接的方法和嫁接技术熟练程度等有关外，与嫁接后的环境和管理技术也有很大关系。为了提高嫁接苗的成活率，必须创造适宜的光、热、水、肥、气等环境条件，加速伤口的愈合和幼苗的生长。一般西瓜苗嫁接后均应栽植于保温、保湿、遮光的封闭加温苗床内进行培养，以促进愈合，使砧木与接穗的维管束完全相互接通。一般只要有1/2的维管束接通，即可正常生长发育，若维管束接通部分小于1/3，则嫁接苗难以成活或成活后生长不良。嫁接苗成活期间的管理主要包括保温、保湿、遮光、除萌等。

（1）保温。嫁接苗愈合的适宜温度为20～25℃，温度过低，接口愈合缓慢，不易成活；但温度过高，接穗蒸腾失水多，也影响成活。西瓜苗嫁接后置于加温苗床中，愈合期间白天控制温度在25℃左右，夜间20℃左右，每天注意检查、调整。白天最高不超过30℃，夜间最低不低于15℃。5～6天后接口愈合，可视保温情况，掌握日平均气温20℃，最高32℃，最低15℃。移苗定植前7～10天降至日均温15℃，白天最高不超过30℃，夜间不低于10℃，进行定植前低温锻炼。

（2）保湿。除靠接法外，嫁接苗在愈合期间接穗的供水主要靠砧木与接穗间细胞的渗透，因此，供水量很少，如果苗床内空气湿度低，则接穗极易失水萎蔫，严重影响嫁接苗的成活率，所以，保湿是嫁接成败的关键。嫁接苗定植于苗床后，马上进行浇水，并扣严小拱棚，使空气湿度达到100%，以薄膜内壁能见有水珠为度。嫁接后 3 ~ 4 天严格密封，苗床不通风，此后逐渐开始通风，但仍需保持较高的湿度，同时，应注意防止床内湿度过大、光照不足造成幼苗感病。

（3）遮光。嫁接苗定植后几天内因吸水较少，如遇强光直接照射，则使接穗苗水分蒸腾加剧而引起凋萎。定植后 2 ~ 3 天可在薄膜外覆盖草苫，只透过微弱的散射光。3 天后在保温的条件下，可在早晨和傍晚揭除草苫，使嫁接苗接受漫射光照射，9：00 ~ 16：00 仍需遮花阴。6 ~ 7 天后，使幼苗正常见光，适应一般苗床环境。

（4）除萌。砧木的生长点切除以后，子叶的同化产物大量输送到胚轴，可以促进不定芽的萌发，而这些不定芽易与接穗争夺养分，直接影响到接穗的成活和生育，因此，必须及时除去。嫁接 5 ~ 7 天后，即可有侧芽萌生，应结合苗床通风，注意随时检查和去掉砧木上萌生的新芽，除萌时注意尽量不要损伤砧木的子叶。同时，根据嫁接苗的成活和生长状况，进行分级排放，分别管理。使秧苗生长整齐一致，提高好苗率。

（5）断根（茎）与除夹。一般插接苗和劈接苗接后 10 ~ 12 天，靠接苗接后 8 ~ 10 天，即可判定成活与否。若接口处愈合良好，接穗真叶正常生长，则说明嫁接苗已成活，劈接法可及时撤夹；靠接苗成活后先切断接口下接穗的下胚轴，过 2 ~ 3 天后再取下夹子收存。为防断茎过早而引起接穗凋萎，可先做 2 ~ 3 株断茎试验，当确认无问题时再行全部切断。

第二节　日光温室栽培

日光温室又叫冬暖型大棚，是 20 世纪 80 年代末期在单斜面大棚的基础上经改进而发展起来的，以太阳光为能源，冬春季节可以不加温生产喜温果菜的一种结构和性能优良的保护栽培设施。日光温室发展之初用于栽培西瓜的较少，近几年由于小型高档礼品瓜的兴起，各地为抢早上市，获高效益，纷纷采用日光温室种植小型西瓜，日光温室栽培面积迅速扩大。

一、日光温室建造

1. 日光温室结构

（1）棚型。日光温室在北方各省市安家落户后，各地都根据当地的气候条件做了相应的改进，形成了几种不同的结构形式。目前，生产上应用较多的、比较有代表性的棚型主要有以下几种：瓦房店琴弦式、海城式、永年式、寿光式、黄淮海等。近几年，各地又陆续推出大跨度、无立柱、半地下式的高温型日光温室新棚型，但造价高，在西瓜上应用较少。本书以山东省应用面积较大的山东Ⅱ型棚为例，介绍日光温室的主要结构特点。

山东Ⅱ型棚是山东省农业科学院蔬菜研究所在寿光式冬暖棚的基础上经多次改进而成的。该棚为三排立柱，立柱东西间距为3.2米，跨度8.5米，脊高3.5米，后立柱高3.2米，中柱高2.8米，前立柱高1.85米。后墙高2.2米，后墙及两山墙厚度为1.0米。如图6所示。

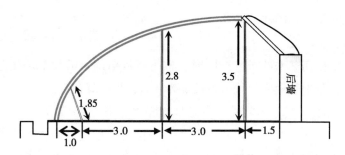

图6　山东Ⅱ型棚横断面示意图（单位：米）

（2）棚址选择。由于日光温室建成后，一般使用6～8年，个别墙体坚固者，可使用10年以上，一旦建成，不宜再随意改动。因此，在选择棚址时，应周密考虑，合理规划。

设计日光温室时，首先应选择地势高燥、开阔，地下水位低、地形平坦，东、西、南三面无高大树木或建筑物遮阴的地方。如果条件允许，可选择小气候条件较好的土崖、堤岸前建棚。河北省景县留智庙镇利用废堤岸前的平地建棚，后墙充分利用了原来的堤岸，厚度相应达到3米以上，棚内温度比一般日光温室高3～5℃，增温、保温效果十分显著。

另外，棚地还应选择土壤肥沃、水源充足、排灌方便、邻近公路或村庄的地块，并尽量集中成片，便于管理和产品外销。

（3）方位和布局。日光温室坐北朝南，东西延长。关于日光温室的建筑方位（朝向）意见不一，有的主张南偏东 $5° \sim 10°$，理由是作物 60% 左右的光合产物是上午形成的，而冬春季节日出后棚内温度最低，适当偏东可提早见光，提高棚内温度。另一种意见认为，日光温室的关键是夜间保温，主张应偏西 $5° \sim 8°$，使下午保持较高的温度，有利于提高夜温。笔者认为，在冬春蔬菜及西瓜生产中，"冬至"前后的短日照持续时间是很短的，深冬时外界气温低，偏东虽可提早见光，但也不能日出后立即拉草苫；而偏西下午见光时间虽稍长，也不能延至日落后盖草苫，而且影响夜间温度的因素是多方面的。因此，综合考虑，日光温室方位还是以正南方向为好。

日光温室净跨度一般为 $8 \sim 9$ 米，后墙占地 1 米，南侧防寒沟占地 0.5 米，因此，单棚总设计宽度 $9 \sim 10$ 米。在同一地块建造多栋棚时，应充分考虑到道路运输、供水供电、产品存放、育苗场所、工作间辅助设施等，做到统一规划，合理布局。一般东西两排棚之间应留有 $2 \sim 3$ 米的公用通道，加上工作间等设施，间距以 $6 \sim 8$ 米为宜。前后棚之间的距离可视情况而定：单纯为了防止前棚对后棚的遮阴时，其间距以 $4 \sim 5$ 米为宜。如果为了就近轮作建棚方便，其间距可略宽或相当于单栋日光温室占地宽度，一般为 $9 \sim 10$ 米。

2. 日光温室建造

（1）建造时间。建棚时间应根据栽培需要和劳力情况等而定。日光温室若按一年二大茬生产设计，秋冬茬种植喜温蔬菜，一般要求在当地日平均气温 $16 \sim 18$℃时扣棚，转入棚内生长，华北地区多在 10 月上旬。日光温室建造必须提前两个月以上动手，即在麦收以后即开始准备，当地雨季过后（8 月初）开始修建。建造过晚不仅与当地"三秋"农忙季节冲突，而且墙体潮湿，冬季易冻融剥落，土壤散热量大，扣膜后需要较长时间才能恢复到正常的温度状态，这样就会影响棚内作物生长。

日光温室的修建绝不是想象中一蹴而就的事。对于一个新建棚的农户来说，修建一个 500 平方米左右的日光温室，其工程量和操心费力程度不亚于盖五间砖瓦房。因此，绝不可等闲视之。日光温室物料的准备，如薄膜、竹竿、水泥立柱、铁丝等应提前备好，切不可现用现买（做），否则缺此少彼，难以保证建棚进度。因此，一般要求 7 月备料，8 月始建，9 月中旬前建棚结束，9 月下旬至 10 月初正式投入使用。

（2）物料准备。建造不同结构的大棚所用物料也不相同，在此不再一一列举。在建棚物料中，立柱和薄膜对日光温室结构和性能影响较大，而且需要提前按要求进行加工。现强调如下。

①薄膜的选用和黏合。塑料薄膜是日光温室接受阳光的窗口。薄膜性能的优劣直接关系到栽培的成败。为提高棚温，减轻病害，目前生产上多应用聚氯乙烯无滴膜。早春茬单纯用于生产西瓜，也可用聚乙烯无滴膜。

无滴膜的幅宽一般为3米，日光温室覆盖时多采用"三大块两条缝"，与拱圆形大棚覆膜不同的是，需要将3幅膜黏合在一起。黏合薄膜的方法是热黏合法。方法：先准备一块宽10厘米左右、表面平滑的长木板或长板凳，上铺一层窗纱，将准备黏合的两块薄膜的膜边，用干布擦净水珠或灰尘，然后重叠在一起，叠合宽度5厘米左右，将其铺在木板上，上面再铺一层牛皮纸，一人在前面拉紧拉平，将经过预热、温度在150～200℃的电熨斗放在纸上，稍用力下压，并慢慢向前移动，使纸下的薄膜均匀受热，黏合在一起，待冷却后即可使用。个别黏合不好的地方，可反复2～3次。

薄膜上的破洞或裂缝可用黏合剂粘补。聚乙烯膜用PO膜专用胶带或聚乙烯粘和剂，聚氯乙烯膜用环乙酮。

目前，生产上也有的瓜农不将3幅膜黏合在一起，而是沿纵向将膜边用电熨斗各熨出一条宽2～3厘米的绳筒并穿入尼龙绳，扣棚时互相压合，便于后期放风。

②沙石料的选择及水泥立柱的成型。水泥立柱起着支撑棚面的作用，要求坚固耐用。因此，对用料要求严格。打制立柱所用的水泥不得低于400号，沙子及碎石在使用前要充分过筛，不带土及枯草等杂物。打制前，将水泥、沙子、碎石按1:2:3.5的比例混合均匀，加水适量。打制立柱时，在模型板中投料约1/3时，放入钢筋，一般为2～4条，后立柱因承重较大，至少应有直径6.5毫米的钢筋4条，箍筋3条，浇铸时把钢筋拉直、摆平，然后继续投料，并依次捣实，达到厚度要求时，将上面抹平，轻轻取下模型板，上面覆盖湿草帘，并经常洒水保湿。

为了便于建棚时绑缚，打制立柱时，还应考虑在顶端设计适当的样式，并留出穿丝孔。一般顶端为"T"形或"U"形结构，其埋设及结构如图7～图9所示。这样有利于安放横梁和拱杆。穿丝孔离顶部10厘米左右，沿与凹形面垂直的方向中部穿插。一般是在成型后立即插入5毫米左右的树条或钢筋，待立柱干后抽出。

（3）建造程序及质量要求。日光温室一般按垒打后墙及东西两山墙、埋设立柱、固定拱杆及后坡梁、拉放铁丝、铺设后坡面、盖膜封棚、挖防寒沟、盖工作间等程序建造。现分述如下。

①后墙。后墙是防风御寒、支撑固定棚体的主要部分。后墙的取材和厚度与保温的关系很大。目前生产上应用的多为土墙，即用草泥垛或"干打垒"（木板打墙）。日光温室后墙一般厚度为90~100厘米，底部应略厚一些。据计算，墙体厚1米时，其散热系数接近于0，保温效果好。打墙时，一定要夯实墙基。"干打垒"时，注意离开墙体1.5米以外取土，防止引起雨后坍塌。后墙的高度一般为2.0~2.2米，板打墙时分2~3层打成，注意每层都要用力打实。土墙在雨季前打完时，应覆盖薄膜防雨，以免雨水冲刷破损。土打墙的缺点是，田间取土过多，往往在棚后形成一条深沟，而且打乱了土层，不利于移棚后利用。

日光温室应用年限较长，从生产的发展来看，应提倡土坯砌墙或建造砖土结合的空心墙。据测定，同样厚度的墙，用砖土墙较土打墙的保温能力提高15%以上。用土坯墙，坚固耐久，可于春季在闲散荒地上取土备料，可避免雨季施工和用土过于集中，同时防止了建棚时就地取土造成深沟和打乱土层。用土坯砌墙时，应注意用泥抹严接缝，提高保温效果。

砖土结合的空心墙，一般厚80厘米左右，内外各一层砖，南北向平放，中间填充炉渣灰等充实墙心，但每隔8~10米加一横隔，使两层空心墙成为一个整体，防止裂缝、透风，提高承载力。

②山墙。山墙即棚室东西两端的墙，其作用与后墙相同，形状同日光温室的横断面，厚度也为90~100厘米。垒建土墙时，前坡和后坡并不是一次性完成造型，而是先建出大体轮廓，在固定好前后坡面的骨架后再用草泥详细修补，使其适应棚面的弧度要求。

③埋设立柱（图7）。立柱起着支撑棚面的作用。埋立柱时，一般要求立柱下部埋入土中40~50厘米，底部设柱脚石，并填以碎砖石固定，以防浇水时下陷。山东Ⅱ型棚南北向设三排立柱。后立柱距后墙1米，东西间距2.5米，"T"形头在上，沿东西向埋设，为了提高其对后坡面的支撑力，一般上部向北倾斜5°左右（约15厘米）。埋好后，将基部夯实。在后立柱前3.0米处埋设中柱，东西间距3.2米，垂直埋设。前立柱距中立柱也为3.0米，东西间距与中立柱相同，上部向南侧斜5°，以支撑拱杆。立柱埋设侧视图如图7所示。

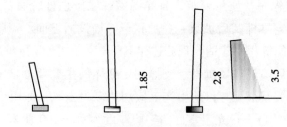

图7　立柱埋设侧视图（单位：米）

④搭设前后坡面骨架。先将水泥横梁担放在后立柱上（也可用直径8～10厘米的竹竿），用8号铁丝通过穿丝孔绑紧（图8）。然后取长度2.2米左右、直径8～10厘米的木材做后斜梁，搭在后墙和横梁上，每隔1.5米左右搭一根。后斜梁上端超出横梁30厘米左右，倾斜角度约40°。为了便于捆绑，应使后斜梁尽量靠近后立柱，用铁丝紧固，下端压在后墙中心稍偏外处。在距后斜梁顶部30厘米处及中部，各打上一个高10厘米、宽8厘米、长20厘米的木楔，横放两排直径8～10厘米的木棒做后檩，见图9。也可不设后檩，每隔25厘米拉一道8号铁丝。

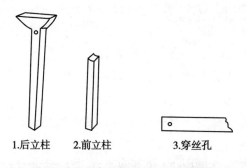

1.后立柱　　2.前立柱　　　　3.穿丝孔

图8　水泥立柱顶端及穿丝孔示意图

在中立柱和前立柱上各绑一道直径6～8厘米的竹竿做横梁，用铁丝固定好。其上南北向每隔1.6米绑一根直径5～6厘米的鸭蛋竹，粗端在后，绑在后立柱横梁上，前端固定在前立柱横梁上，连接长3米、宽4～5厘米、厚1厘米左右的竹片，拿弯后下部多出部分插入地下并固定，基部距前立柱1.5米左右。

⑤铺设后坡面保温材料。在后坡面骨架上，先铺一层塑料薄膜，将事先捆好的直径约20厘米的玉米秸捆紧紧地排放一层，上面再盖一层6～8厘米厚的麦秸，然后撒上10多厘米厚的土，再用麦秸泥按后面厚前面薄垛

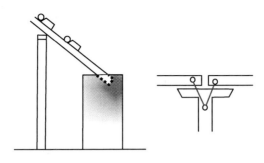

图9 后立柱及水泥横梁连接示意图

10～20厘米并抹平。待其干后，可在上面行走，拉放草苫。有条件的，可买现成的厚6～8厘米的苇板，在后坡骨架上排好，上面再加麦秸和泥至30～40厘米厚并抹平。后坡面盖好后，在最高处后30厘米左右东西拉一根8号铁丝，以拴拉放草苫用的麻绳。同时，为防雨水冲刷后墙，可在后墙后沿盖一行瓦。经济条件较好的户和县、乡、村的科技示范园区，为提高劳动效率，减少用工，可采用手动、半自动或全自动卷帘机拉放草苫。如山东省德州市农业科学研究院和山东金宇机械有限公司联合开发的系列卷帘机，手动卷帘机每667平方米温室，设备投资2 200元，卷帘时间可比人工拉苫减少一个半小时（人工拉苫一般需2小时）；全自动卷帘机每667平方米温室，设备投资5 000元，卷帘时间只需10分钟。采用卷帘机者，可在后坡面铺好后即行安装。

⑥盖膜封棚。封棚时间一般在9月下旬至10月上旬。盖膜前，将薄膜两端各卷在一根长竹竿上，注意卷紧不使其有皱褶。在两山墙上每隔1米砸一根直径8厘米、长40～50厘米的木橛。然后，两端各有5～6人用力将薄膜拉紧、拉平，先将一端的绑（卷）膜杆固定在山墙的木橛上，另一端继续用力将薄拉平，也将卷膜杆固定在木橛上。为便于顶部放风，膜的上部留出40厘米搭在后坡面上，前部留出30～40厘米埋入地下。薄膜拉放好后，在两拱杆间用直径1.5厘米的细竹竿夹膜固定，也可用专用压膜线压膜。

⑦挖防寒沟及盖工作间。日光温室建好后，在棚室南侧距离薄膜10厘米外，挖深50厘米、宽40厘米防寒沟，沟内填充玉米秸、麦秸和草等，上面盖一层地膜，并用土压实。防寒沟的作用是减少膜内外的热量交流，防止棚前冻土层侵入棚内土壤，提高棚室的保温能力。

为了便于看管棚室和放置部分农具及生产资料、产品等，同时防止人们进出棚室时带进外界冷风，因此，在日光温室入门处应建一个面积 4～5 平方米的工作间，工作间的门应与日光温室的入门错开位置。同时，为提高保温效果，可在日光温室入门内侧挂一层塑料薄膜和草苦，能起到较好的缓冲作用。

二、选用良种

利用日光温室栽培西瓜的目的是充分利用其增温保温性能，使西瓜提早上市，淡季供应，多收增收。因此，在栽培上应尽量选用成熟早、档次高、有特色，较耐低温弱光的小型西瓜或无籽西瓜品种，如特小凤、早春红玉、金福、阳春、小玉红无籽、无籽京欣、花蜜、津蜜 4 号等。在西瓜集中产区，在突出一个主导品种的同时，应适当搭配种植其他品种，使花色品种多样化，增强市场竞争力，有利于产品外销。

三、整地施肥

1. 选茬整地

日光温室种植西瓜定植较早，一般在 1 月上旬至 2 月上旬，大多在 1 月定植，所以，瓜田宜及早准备和整理，一般在上年 12 月中旬前腾茬整地完毕。

（1）选地。西瓜根系的发育要求良好的土壤条件。小型西瓜和无籽西瓜前期生长较弱，根系较浅，对土壤要求较为严格，选择适宜的瓜田是西瓜丰产的基础。在生产上，瓜田选择一般应掌握地势较高，土层深厚，肥沃疏松，排灌方便等原则。西瓜日光温室栽培最好选择疏松肥沃的沙质土壤。这类土壤透气性适耕性都较好，早春温度回升快，根系入土深，伸展快，分枝多，须根生长旺盛，而且昼夜温差大，白天升温快，可促进根系的生长和叶片的光合作用；夜间降温快，可以减少植株养分的呼吸消耗，有助于幼苗早发和后期糖分积累。北方瓜农喜欢选用表层为沙土而底层为壤土的所谓"蒙金地"，它兼有沙性土壤与黏性土壤的优点，表层土壤疏松通气性好，底层土壤保肥好，因此具有良好的供水、肥、气、热功能，是种植西瓜的理想土壤。瓜田在日光温室建造前就应选好，如当地不具备上述理想的土壤条件，可因地制宜，结合整地进行改造。沙土地种瓜容易漏水漏肥，应增施有机肥，特别是圈肥、畜禽粪便、堆沤肥等；对于黏重土壤，要加强瓜田的冬前深翻，同时增施有机肥以提高其透气性。

不同的前茬作物对西瓜的生长发育、产量及品质有不同的影响，所引发的病虫害也不相同。我国北方地区以收获时间较早、休闲时间较长的玉米、谷子等前茬为最好，甘薯、棉花次之；南方多以水稻、小麦、油菜等为前茬。豆科作物的后茬地下害虫严重，茄果类与其他瓜类作物能与西瓜感染某些相同的病害，所以均不宜作为西瓜的前茬。日光温室种植西瓜，除当年为粮田地新建棚外，一般前茬可种植油菜、茴香、苦苣等速生菜，或夏季休闲。

（2）整地。西瓜根系发达的程度以及在土壤中的分布范围，常受到土层厚薄、土质松紧、地下水位高低和田间含水量多少等因素的影响。在耕作层较深、土质轻松、地下水位较低和田间含水量适宜的条件下，西瓜根系发育良好，分布深广；相反，土层浅薄、土质黏重、地下水位高而土壤水分过多或不足，西瓜根系发育就差，地上部生长也不好。因此，西瓜栽培中必须创造有利于西瓜根系发育的良好的土壤条件。整地是西瓜早熟栽培的基础环节之一，总的要求是通过深翻、晒垡、耙耱等一系列措施，创造一个耕层深厚、结构疏松、透气良好、水分适宜的土壤环境。如果整地质量差，土壤耕作粗放，畦面坷垃多或高低不平，则薄膜覆盖不能充分发挥其应有的作用。

日光温室种植西瓜，一般在前茬作物腾茬后，及时清除残枝败叶，并带出棚外，然后将土壤深翻20厘米以上，并盖膜闷棚10～15天进行太阳能消毒，以杀死土壤中的部分病菌和虫卵。定植前10～15天，开挖瓜沟，做瓜畦。瓜沟也称丰产沟。控瓜沟可以加厚活土层，改善土壤的理化性状，促进根系的生长，提高植株抗旱能力。日光温室内瓜沟为南北向，种植小型西瓜行距一般为0.8～1.0米，也可采取大、小行种植，管理方便，效果较好。小行距0.6米，大行距1.0～1.2米。种植无籽西瓜行距宜大些，一般为1.2～1.4米。按上述行距挖深30厘米、宽40厘米的沟，将15厘米以上的表土和下层的阴土分放两侧。瓜沟挖好后，挖出的土不要马上填回沟内，要晾晒3～5天待做畦时处理。

2. 施基肥

瓜田施用基肥的主要作用是恢复和增加因前茬作物所消耗的地力，提高土壤肥沃程度，为西瓜生长发育的全过程提供基本的养分。由于日光温室西瓜可多次结果，生育期较长，加之盖膜后追肥不太方便，如果基肥不足，容易造成植株因缺肥而早衰，影响果实发育。基肥以肥效较长、养分完全的有机肥料为主。施肥量根据土壤的肥沃程度和西瓜的需肥特点而定。小型西瓜对肥料反应敏感，尤其是氮肥用量过多易引起植株营养生长过旺而影响坐果。因此，在施肥时，基肥的用量应较普通西瓜减少30%，采用嫁接育苗时，可减少40%～50%。一般每667平方米可施腐熟鸡粪2 500～3 000千克，三元素复合肥40～50千克。根据肥力的高低，可酌情减少或增加。施用方法可根据肥料数量和种类来确定，一般有机肥60%～70%在耕前撒施，其余在做畦时集中施于瓜沟内，化肥一般集中沟施。

近几年，日光温室和大棚西瓜主产区，为了预防土传病害、改善土壤结构、防止土壤次生盐渍化和提高土壤中养分的吸收利用率，一般每667平方米增施100～150千克生物活性有机肥，施用效果很好。

3. 做畦造墒

（1）做畦。在西瓜栽培中，为了便于管理，常常先要将瓜田做成适当的畦式。瓜畦的形式常见的有锯齿畦、龟背畦、高背（垄）畦、平畦等。采用日光温室、大棚等保护设施栽培西瓜多用龟背畦和高背（垄）畦。

①龟背畦。在挖成瓜沟的基础上，将瓜沟一侧阳土与肥料混合填回沟内，再略填入一些阳土，使沟与地面接近相平，再将瓜沟另一侧阴土及部分阳土向中间堆起，使之圆滑成龟背状。一般背高为20厘米左右，背宽20～30厘米。

②高背垄。高背垄南方露地栽培应用较多，北方日光温室中也多有应用。可以不挖瓜沟，做垄时按所定行距，在种瓜位置用步犁翻一条细沟，再从细沟两边向外各翻一犁，这样三犁开一条较宽的沟，将基肥施入沟内，再将沟底翻松，使肥料与土混匀，然后再用步犁将沟两边的土翻入沟内，并扶起垄背。如不太规整，可用铁锨进行修正。

（2）浇水造墒。西瓜早熟栽培要求土壤底墒一定要好。日光温室西瓜定植较早，移栽时浇水少了，墒情不足，难以缓苗；浇水多了，降低地温，同样使缓苗期延长。所以，必须浇足底水。浇水时可沿瓜沟漫灌。灌水后，等到地表土不黏时，再用铁耙将瓜畦表土松起整平，即可覆盖地膜提温备植。

四、适期定植

1. 定植期的确定

日光温室西瓜定植期的确定主要取决于育苗方式、日光温室的温度性能，同时也受外界气候条件的影响。采用工厂化育苗和加温苗床育苗，育苗时间不受限制，如果日光温室结构合理，增温保温措施好（如加草苫、小拱棚、地膜多层覆盖、低温天气采取热风炉加温等），可以适当提早定植；反之，如果采取不加温苗床育苗（阳畦、酿热温床等），日光温室无其他增温保温措施，则定植期应适当延迟。冬春1月、2月，如果天气晴好，日光温室内增温较快，定植期可适当提前；反之，如果此期阴雪低温天气多，则定植期应适当延后。具体应掌握的温度指标是：日光温室内5厘米平均地温在12℃以上，凌晨棚内最低气温在5℃以上，即为安全定植期。综合考虑上述因素，日光温室种植小型西瓜采取内加小拱棚和地膜方式适宜定植期，华北地区在1月上旬至2月上旬，长江流域可相应提前10~15天，定植苗的生理苗龄宜控制在3~4片真叶，日历苗龄不超过40天。

2. 定植密度和方法

（1）密度的确定。西瓜适宜的种植密度与品种、土壤肥力、栽培方式、管理水平等因素有关。据山东省德州市农业科学研究院研究表明，从光合作用角度看，合理的密度应该是使整个瓜田群体结构合理，有较高的叶面积指数（叶面积指数：单位面积上叶片的面积与地面面积的比数），到达最大光合速率（光合速率：指1平方米的叶面积在一日之内同化合成干物质的数量）的时间短并能维持较长的功能时间，从而实现高的生产力，达到高产的目的。各地试验表明，西瓜实现高产的叶面积指数（膨瓜期）地爬栽培应在1.5以上，支架栽培在1.7以上。

具体确定定植密度，应根据当地的土壤和气候条件进行密度试验和总结当地实践经验。关于密度试验的资料各地报道很多，但差异很大，这说明各地影响因素的复杂性。据德州市农业科学研究院和济南市蔬菜技术推广服务中心试验，供试小型西瓜品种"小兰"，进行日光温室栽培，以行距80厘米（大小行平均），株距35~40厘米，每667平方米栽植2 000~2 300株较为适宜。种植无籽西瓜密度以1 000~1 200株/667平方米为宜。同时按（3~4）:1种足授粉品种。

（2）定植。定植前3~5天盖好地膜和小拱棚"烤畦"提温。地膜的适宜宽度为80~100厘米，采取大小行种植的可以采用幅宽1.2米的地膜，一膜盖双行，将地膜平铺在畦垄上，用少量土将两侧压住。拱棚膜的盖法：用长1.8米左右的细竹竿、竹片或紫穗槐条，骑着瓜垄插成拱形，使拱高50~60厘米、跨度为80~100厘米，每隔80厘米左右插一拱条，插完后用厚度0.08~0.1毫米、幅宽2米左右的薄膜盖在上面，拉紧、两边埋好。插拱条时要注意沿一条线插齐，并使高度和跨度均匀一致，这样盖膜后才能使拱棚圆滑，透光性好。

日光温室虽有良好的增温保温性能，但其热源主要依赖太阳光，冬春1月、2月，不良天气较多，定植时要根据天气变化情况，及时收听、收看天气预报，选在"冷尾暖头"的晴天突击进行。这样定植后天气晴朗，棚内气温回升快，有利于幼苗缓苗。要防止在阴雪低温天气或连阴天气定植，这样的天气棚内升温慢、温度低，瓜苗缓苗期长，时间一长地温过低会造成"沤根"，形成"僵苗"，这对早熟、丰产、优质都有影响。在适宜定植期范围内，如遇阴雪低温天气，宁可晚定植几天，也要选晴暖天气定植，以保证瓜苗尽快缓苗。

定植时先将拱棚膜揭开，定植方法如下。

①盖膜开穴。用特制的口径大小与营养钵或营养块相当的开穴器，在盖好膜的瓜畦上，按确定的株距开好定植穴，深度较营养钵高度深1厘米左右，然后将带坨的幼苗放入穴中。因为穴的直径与幼苗土坨直径相同，放入时不易填土，浇定植水时要注意将土冲下并填满。用这种方法适于定植3~4片真叶的幼苗，定植速度较快。

②裁膜栽苗。单行种植的将所盖地膜从中间裁成两幅，将另一幅揭起，在瓜畦中央沿另一幅的边沿按预定株距开穴栽苗，使幼苗基部紧贴地膜的边沿，然后浇水、覆土，定植完成后再将揭起的一幅膜盖好；大小行种植的，按预定小行距，将地膜裁成3幅，将两侧揭起，沿中间一幅地膜两侧边沿按预定株距开穴栽苗，浇水覆土，最后将两侧揭起的地膜盖好。盖膜时，在接近幼苗基部处剪一深为5厘米左右的缺口，使幼苗下胚轴嵌入其中，并使揭起一幅的地膜压入未揭起的地膜下面，将缺口盖住，并用土在苗基部将膜压紧、封严。这种方法操作比较方便，适于移栽大苗。

定植完毕后，盖好拱棚膜，边缘用土压好。夜间加盖草苫保温。

3. 缓苗期管理

（1）温度调控。缓苗期，白天室内温度27~32℃，夜间16~20℃；4~

5天后，室温白天25~30℃，夜间15~18℃。北方2月、3月阴雨天气较多，有时还会有降雪，如遇上述天气，日光温室上的草苫可在上午9：00~10：00揭开，小拱棚上的草苫可适当晚揭半小时到1小时，使幼苗尽量见光，并适当提高室温；下午15：00左右将草苫盖好，以防降温过多，保持较高的夜温。正常晴朗天气，日光温室上的草苫上午见光后（8：00左右）揭开，下午16：00~17：00盖好，小拱棚上的草苫可适当晚揭早盖半个小时左右。

（2）轻浇缓苗水。在底墒较好和浇足定植水的情况下，缓苗期间头4~5天一般不浇水，以免降低地温影响缓苗；如果底墒不足，或定植水浇得太少，则应在定植后第4、第5天适当点浇缓苗水，一般每株浇水500克左右即可。

如果缓苗期温度和水分适宜，5~7天幼苗就可生发新根，长出新叶，转入正常生长。

五、整枝引蔓

西瓜温室栽培在植株调整上与露地栽培或地膜覆盖栽培有较大差异。除整枝措施外，传统西瓜栽培中的"稳秧""盘条""压蔓"等措施不再应用，而代之以立架、绑蔓等措施。

1. 整枝

小型西瓜温室栽培整枝较为严格，其整枝方式因品种、留瓜个数、土壤肥力状况、管理水平等不同而有差异。种植长势较强的品种、单株留单瓜或土壤肥力水平较高时，多采用一主一副双蔓整枝法。植株伸蔓后，主蔓长30厘米左右时，侧蔓亦明显伸出，当侧蔓长至20厘米左右时，从中选留一健壮侧蔓，其余全部摘除，以后无论是主蔓还是侧蔓，所有长出的侧蔓均应及时全部摘除；种植长势较弱的品种，或土壤肥力水平较低，或单株留2个瓜时，可采用三蔓整枝法，即主蔓20厘米左右时及时摘去心叶（即打顶），促进侧蔓生长，侧蔓长15~20厘米时，留3条健壮侧蔓，1条或2条为结果蔓，余下的为营养蔓，以后再分生出的侧蔓全部去掉。整枝工作主要在坐瓜以前进行，将伸出的侧蔓随时去掉。支架栽培时，去侧蔓工作一直进行到满架。西瓜果实膨大后，一般不再整枝，但应注意选留下坐二次瓜的侧枝。

2. 吊蔓

日光温室小型西瓜种植密度大，多采用架蔓或吊蔓，尤以吊蔓较为常见。吊蔓前，先沿每行西瓜在棚顶拉一道南北向 8 号铁丝，两端分别固定在前、后立柱横梁上，然后在每棵瓜秧上方吊两根聚丙烯带，下垂至地面。当主蔓长至 40 厘米左右时，结合整枝留蔓，将吊绳系在主蔓基部。随着秧蔓生长，使其不断向吊绳上缠绕，每隔 40 ~ 50 厘米，再用细绳扎一道，系成 "∞" 字扣，以防秧蔓滑落。

六、授粉留瓜

西瓜是雌雄同株，异花授粉作物。在日光温室栽培中，西瓜开花较早，一般进入 3 月，即陆续有雄花和雌花开放。此期尚无蜜蜂等传粉昆虫活动，即便有昆虫活动，因薄膜阻隔，昆虫也不易入内。因此，必须进行人工辅助授粉。

1. 人工授粉

人工授粉需在每天 6：00 ~ 10：00 进行。如遇阴雨天气可适当延迟。人工授粉主要有两种形式：一种是将当天开放的肥大、健壮、多粉的雄花采下，用一毛笔将花粉采集于干燥的器皿中，再用毛笔蘸取花粉，轻轻涂至坐瓜节位的雌花柱头上。另一种是将当天开放的健壮、多粉的雄花采下，将花冠朝花柄方向翻转，使雄蕊朝前突出，用手提住花柄及花冠，向雌花柱头上轻轻涂抹均匀即可。据观察，第一种方法易坐果，但较费工；第二种方法简便，生产上多用此法（图 10）。另外，进行规模化生产时，为了减少授粉用工，可在温室内适量放养蜜蜂进行传粉。

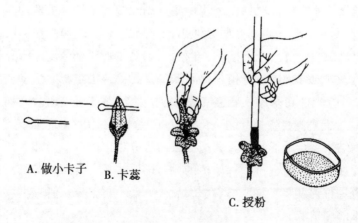

A. 做小卡子　　B. 卡蕊

C. 授粉

图 10　人工授粉

在授粉时不管采用哪种方法，都要有足够的花粉，并在雌花柱头上涂抹均匀。如果涂抹不均，会使无粉一侧不能正常受粉，果实发育受阻，易形成"偏头""歪把"等畸形果。西瓜开花后 90 分钟以内雌花柱头和雄花花粉生理活动最旺盛，是人工授粉的最佳时期。此外，花的生命力随开放时间延长而逐渐衰弱，使胚珠受精的能力降低。因此，授粉时要抓紧时间，以上午 9：00 以前完成为好。

授粉期间，每天要逐行、逐棵、逐蔓仔细查找。首先看主蔓坐瓜节位或结果蔓坐瓜节位有无雌花开放，如果该节位雌花发育不良，不宜使其坐瓜。可选侧蔓子房（幼果）丰满、肥大、花柄粗壮的雌花授粉。在生产中，往往有些植株雌花开放后，即使进行过人工授粉也不能坐瓜。其主要原因如下。

（1）肥水施用不当，营养生长与生殖生长失调。西瓜生育前期肥水不足，植株营养体瘦小，雌花花柄细，子房小，发育不良，坐瓜能力差，即使受精也极易落掉。这种情况应在幼苗期加强管理培育壮苗，定植后要使瓜秧健壮生长，使器官分化、发育良好。在雌花孕蕾阶段，肥水过多，尤其是速效氮肥过多，引起瓜秧徒长，造成雌花发育不良。特别是雌花开放前 4～5 天，子房发育快，此时如果茎叶徒长不受控制，则子房瘦小，开花后虽经授粉，终因茎叶争夺养分能力较强而使幼瓜得不到足够的养分，造成"饥饿性流产"。尤其在坐瓜节位较低的情况下发生较多。因此，在生产中应采取先促后控的肥水管理措施。一般在雌花开放前 5～7 天不进行浇水、施肥，以控制茎叶生长。如果一旦徒长，可实行局部断根或在雌花节前端的茎上插入小竹签或将茎扭曲捏扁，去掉过多的营养枝，以减少养分的分散和消耗。

（2）环境条件不适，授粉不良。开花坐果期间如遇持续阴雨、低温天气或干旱、高温，均可使授粉、受精过程受阻。尤其是空气湿度低，会严重降低花粉粒的发芽。试验表明，开花授粉期如果空气湿度从 95% 降到 50% 时，则花粉的萌发率随之从 92% 降至 18.3%。另外，幼瓜在发育过程中，受到低温、病虫、肥料等的伤害及其他机械损伤等，都会造成幼瓜发育障碍而导致落果。因此，在开花坐果阶段，应尽量创造适宜的温、湿度条件，并采取相应的护花、护果措施，以保证坐果和果实的良好发育。

2. 留瓜

日光温室种植小型西瓜密度较高，一般每 667 平方米 2 000～2 300 株，生产上大多采用一株西瓜留双蔓只保留一果，余者全部摘除，也有的地区采用三蔓整枝留二果。要保证小型西瓜的早熟、优质、丰产，必须选择恰当的坐瓜节位和好的雌花留瓜。生产上一般都在主蔓上留瓜。因为主蔓发育较早，生长也较健壮，因而主蔓比侧蔓上结的瓜个大、品质好。只有当主蔓因伤残不易坐瓜时才在侧蔓上留瓜。温室西瓜及其他早熟栽培形式，通常不选留第1雌花坐瓜。由于育苗移栽缓苗过程中往往影响主蔓第1雌花的发育，加之第1雌花开放时，植株营养体较小，因此，叶片制造的营养物质也少，会使果实个小、产量低，而且易发生畸形、皮厚、空心等，使其品质下降。当然，早熟栽培也不能留节位过高的瓜，以免影响成熟期和以后的二次坐瓜。生产上尽量选留第2雌花留瓜。如果坐不住瓜时，则选第3雌花留瓜。因为第2、第3雌花发育时，叶片已较多，营养面积较大，花器官发育良好，所以，果实发育正常，品质好，成熟也早。

留瓜除注意坐瓜节位外，还要观察幼瓜的发育情况。发育好的幼瓜，果柄较粗壮，外形周正（符合本品种的形态特征），颜色鲜明而有光泽，退毛前茸毛密布。这是幼瓜发育良好的特征。当西瓜植株主蔓没有留瓜条件时，也可在侧蔓选留。选留标准与主蔓相同。

三蔓整枝留二果时，其中2条蔓为结果蔓，一条为营养蔓，在每条结果蔓上均选第2、第3雌花留瓜，2条蔓留瓜节位要相近，便于管理和统一收获。

3. 标志坐瓜日期

在西瓜日光温室栽培及其他早熟栽培中，能否准确判别西瓜的成熟日期，是一项非常重要的工作，它不仅关系到所采瓜的质量，而且直接影响到经济收入。所以瓜农都非常重视。他们多数采取在雌花授粉时进行标记的方法，标明瓜的发育天数，按照发育天数便可知道其生熟程度。标记时一般是在坐瓜部位的瓜蔓上挂上写明授粉时间的小纸牌或塑料牌，也可用不同颜色的细布条或毛线作为标记。

七、肥水管理

1. 施肥

（1）西瓜的需肥特点。

①不同生育阶段对养分的吸收。小型西瓜虽然需肥量小于普通西瓜，但其吸肥特点与普通西瓜相似。西瓜植株营养体较大，生长旺盛，同时生

育期较短，因此，对养分具有很强的吸收能力，是一种需肥量较大的作物。在西瓜的一生中，不同的生育阶段，其对养分的吸收力差异很大。据试验，早熟西瓜对养分的吸收大体可分为 3 个时期：缓慢吸收期，此期处在西瓜缓慢生长的幼苗阶段，其生长时间为整个生育期的 1/3，但所吸收的氮、磷、钾总量仅有一生所吸收氮、磷、钾总量的 0.18% ~ 0.25%。渐进吸收期，此期对养分的吸收，随植株生长速度的加快而渐进增加，该期处于西瓜伸蔓至坐果期。在此期中，所吸收的氮、磷、钾总量为西瓜一生所吸收氮、磷、钾总量的 20% ~ 30%。快速吸收期，此期处于西瓜的结果期，在这期间，植株生长重心虽由营养生长转向生殖生长，但营养体的增长仍处于一生中最快的时期，所以营养生长、生殖生长均处于旺盛阶段，对养分需求都非常迫切，吸收量极大。在这一时期内，所吸收的氮、磷、钾量为全生育期所吸收氮、磷、钾总量的 70% ~ 80%。

②对氮、磷、钾三要素的吸收情况。据山东省德州市农业科学研究院试验表明，西瓜整个生育期对氮、磷、钾三要素的吸收量不同，而且在不同的生育时期也有区别。总的来说，对三要素的吸收量以氮最多，钾次之，磷最少。在幼苗期氮所占比例最高，至后期磷、钾的比例有所提高，但仍以氮素最高。三要素大体比例为氮∶磷∶钾 = 1.82∶1∶1.01。这主要是因为前期西瓜以营养生长为主，氮素是叶绿素的主要成分，如果氮素不足，植株营养体生长不良。后期结果阶段对磷、钾需求迫切，如果磷、钾供应不足，不但对产量有重大影响，还会影响种子发育，导致果实发育不良，糖分降低，使西瓜品质下降。

③三要素施用量与产量的关系。一般说来，西瓜对养分的吸收量和吸收比例应该是施肥的依据，但是，由于目前各地土壤中所含养分差异很大，氮、磷、钾的比例亦不相同，同时各种肥料施入土壤中养分的被固定率、消失率和吸收率均不相同，所以施肥作为补充土壤中养分的一种手段，不能按照理论上的吸收比例来进行。综合各地西瓜施肥试验的结果，可以看出，西瓜虽对氮素吸收量最高，但氮素施入量并不需太大，并且超过一定数量（极限量）再增施，产量则会明显降低，同时引起品质下降。由试验测定中看到的对磷素的吸收量虽然较低，但在施肥中用量却不能小。并且与氮素不同，加大用量时，磷素没有明显的极限量。钾素的用量介于两者之间，虽然有较明显的极限量，但高于氮素，也就是说过量施用钾肥也会造成减产，但减产幅度小于氮素。

④肥料的合理配比。西瓜在对养分的吸收中，各元素之间并不是孤立的，相互之间有的具有促进作用，也有的具有拮抗作用。据试验，西瓜在对三要素的吸收中，氮、磷之间具有明显的促进作用，两元素配合施用，其增产效果显著高于两元素单独施用。同时，在氮、磷配合施用时，可使氮素的使用极限量提高 1 倍多。另外，氮、钾之间也有明显的交互效应，即具有相互促进作用，两元素配合施用增产效果显著，同时使氮、钾的使用极限量都有提高。

综合各地西瓜多点次施肥试验结果，在氮、磷、钾三要素的相互配合中，不同的配比，其效果不同。总的来看，其施用比例以氮：磷：钾 = 1：1：（1 ~ 1.2）为最佳。以此配比混制的复合肥料做基肥与追肥效果都比较好。除了不同元素的速效化肥相互配合外，无机肥与有机肥（包括饼肥、厩肥、土杂肥、绿肥、堆沤肥等）的相互配合也很重要。因为有机肥除了含有西瓜所需的各种养分，起到肥效作用之外，还有重要的改土作用，使土壤的物理结构更能满足西瓜根系生长的需要。所以，在西瓜重点产区，瓜农都非常重视各种饼肥、畜禽粪便及土杂肥的使用。

另外，据近年来试验，多种微量元素对西瓜的产量和品质均有良好的作用。在施足大量元素肥料的基础上，配合施用一定量的微量元素如锌、硼、锰、钼、铁、硒等，能使西瓜糖分增加，产量提高。

（2）施肥量、施用时期及方法。小型西瓜对肥料反应较为敏感，施肥量一般较普通西瓜减少 20% ~ 30%，特别是要适当控制氮肥的施用量。整个生育期的追肥原则是：轻施提苗肥、巧施伸蔓肥、重施膨瓜肥，第一茬瓜采收后速施复壮肥。

小型西瓜苗期生长较弱，可根据土壤肥力状况和幼苗长势酌施少量速效肥，目的在于以淡肥促根。在土壤肥沃、基肥充足、幼苗生长正常时，也可以不施；反之，土壤瘠薄、基肥不足、瓜苗弱小时，每 667 平方米可追施磷酸二铵 4 ~ 5 千克。另外当幼苗生长不整齐时，可对弱苗施"偏心肥"。施肥方法是：在离幼苗基部 10 厘米处用木棒捅一直径 2 ~ 3 厘米、深 10 厘米左右的洞，施入化肥后点水盖土，或将化肥溶于水中，灌入洞内，待水渗下后将洞封住。

当西瓜将要伸蔓时，根据长势情况，一般要追一次肥，目的是促进植株的生长发育，使地上部尽快形成较大的群体，达到较高的叶面积指数，具有较高的光合速率，为花器官的发育及开花、坐果和果实膨大奠定物质基础。此时追肥可用长效有机肥加适量速效化肥，或施用三元素复合肥。具体做法是：当西瓜开始"甩龙头"时，即在吊蔓前，等行距种植的，在植株一侧距根部 20 厘米处用木棒捅直径 3～4 厘米、深 10 厘米的洞；大小行种植的在小行中间打洞，每 667 平方米施入发酵的饼肥 35～40 千克，加三元素复合肥 15～20 千克。施完后点水封洞。此次追肥瓜农称作催蔓肥。

　　当西瓜结果部位坐住瓜后，是西瓜的快速吸肥时期，也是西瓜追肥的关键时期，此期一般重施一次追肥。施用种类以速效肥为主。每 667 平方米可追施硫酸钾复合肥 30～40 千克，或尿素 10 千克加磷酸二铵 8 千克、硫酸钾 8 千克，追肥方式可采取膜下垄沟内随水冲施。此外，近几年各地西瓜主产区大量使用西瓜专用冲施肥，每 667 平方米施用 40～50 千克，效果很好。

　　（3）叶面喷肥。近年来用于叶面喷洒的各种营养物质很多，有液体水剂，也有固体粉剂。但归纳起来主要分为 3 类：一类为含有多种植物营养元素类，如叶面宝、喷施宝、西瓜素等，此类物质含有西瓜生长发育所需的氮、磷、钾及锌、硼、锰、铜、钼等元素，能增强植株活力，促进西瓜的生长发育，提高伤损后的恢复能力，可以起到增产和提高品质的作用。二类为化学植物促进剂类，如爱多收、三十烷醇等，均为植物生长促进剂，能促进西瓜生长发育，并有促进成熟的作用，亦有增产和提高品质的作用。三类为菌肥类，如增产菌，是细菌类群的芽孢杆菌，能提高西瓜的抗逆性，促进植株生长发育，提早成熟，增加产量、改善品质，同时对炭疽病、立枯病有一定的防治效果。

　　这些营养物质被喷至作物叶面后，可通过叶片气孔进入体内，直接参与植株的新陈代谢与有机物的合成。因此比通过土壤施入被根系吸收再转入体内的途径短、反应快、营养成分利用率高。据报道，喷后 24 小时叶面吸收 30%，48 小时后吸收量达 50%。因此，西瓜生长中后期，采用叶面喷肥更能及时防止和治疗西瓜的各种缺素症，协调西瓜对各种营养元素的供需矛盾，使西瓜营养更趋合理，促进西瓜良好的生长发育。

　　各类叶面喷洒剂因用量少，成本低，大都增产较明显，一般能增产 5%～10%。喷洒时期及次数以开花初期、坐果期、膨瓜期各喷一次，每次间隔 7～10 天为宜。喷施时间以上午 9：00 以前或下午 16：00 以后、空气湿度较高时效果好，潮湿时元素易被吸收。但在具体应用时要按不同产品的使用说明合理应用。如超过浓度范围，西瓜生长将会受到抑制，反而会事倍功半。

2. 浇水

（1）西瓜需水特点。西瓜幼苗期需水量较少，在栽培中一般采取控水蹲苗措施，以促进根系向深处发展。伸蔓期植株进入快速生长阶段，叶片水分蒸腾量增大，吸水能力随之增强，此期对西瓜水分管理应掌握促、控结合，以使西瓜田有湿有干，干湿相间。西瓜进入开花坐果期后，植株已有较大的营养体，对水分反应敏感。如果此时水分不足，雌花子房往往较小，发育不良。若空气湿度低，则影响花粉粒发芽，使雌花不能很好地受精，造成落花和坐果不良。但此期水分过多，又易造成营养生长过旺，同样对坐果不利。此期土壤水分应保持地面经常潮湿为宜。这样既能保证有充足的水分供植株生长发育所需，又不会因水分过剩而使其徒长、化瓜。西瓜结果期，是一生中需水最多的高峰时期，水分不足，果实不易膨大，严重影响产量和品质。如在结果前期缺水，畸形果增多，糖分降低；后期供水不匀，使裂果增多。此期以保持西瓜田湿润为宜。

（2）合理浇水。根据西瓜的需水特点进行合理灌溉，是西瓜早熟丰产的保证。幼苗移栽3~4天后，应及时浇缓苗水，以促进幼苗缓苗生长。浇水以上午8：00~10：00时为宜，这样可凭借中午阳光提温。

伸蔓期植株需水量增加，应适当浇水。当西瓜"甩龙头"以后，可在膜下暗浇，水量不宜过大。浇水时间最好在上午。

结果期植株需水量大增，要保证有足够的水分供应。根据植株长相和天气情况一般每7~10天浇一次大水，可顺垄沟浇透，保持地面湿润。每次浇完水后，注意及时通风排湿。

生产中浇水时应注意"三看"，即看天、看地、看苗，灵活进行。所谓看天，就是看天气的阴、晴和气温的高、低。一般要晴天浇水，阴天蹲苗，早春棚内气温、地温相对较低，为了防止过多降低地温，应在晴天上午浇水，午间可使地温回升。5月以后，气温已高，以早、晚浇水为宜。所谓看地，就是看地下水位高低、土壤类型及土壤含水量多少。地下水位高，浇水量宜小；地下水位低，浇水量宜大。黏重土壤持水量大，浇水要量大次少；沙质土壤持水量小，要小水勤浇；盐碱地要淡水大浇，以淡压盐。所谓看苗，就是看植株长相和叶片颜色。若中午时，看到叶片或"龙头"处的小叶舒展，叶色鲜绿有光泽，叶绿色淡，则表示水分充足。反之，顶端小叶紧缩，叶色灰绿无光泽，则表明植株缺水。此外，叶片在中午高温时萎蔫的轻重及恢复的快慢，都是反应植株水分状况的表现，应注意观察，根据植株长势适时补充浇水。

八、采收与销售

1. 西瓜成熟的鉴别

西瓜是以生理成熟的果实供食用的，果实成熟的标志是种子及果肉均呈现本品种固有特征，种皮变硬，种子具有较强的生命力。果实的成熟度是衡量西瓜商品品质的重要因素之一。据分析，成熟度差的果实，甜味感较差，食用价值较低。但过熟之后，则果肉体细胞解体，组织绵软，切开后易发生倒瓤或空心，也会降低食用价值。因此，掌握西瓜的采收标准，适熟采收也是保证西瓜品质的重要技术。鉴别小型西瓜成熟与否主要采用以下方法。

（1）以标志识别。果实发育至成熟需要一定的积温，一般小型西瓜圆果型品种从开花到成熟需600℃的积温（积温即某时期内每天平均温度之和），长果型品种需700～750℃的积温，无籽西瓜品种850～900℃。因此，雌花开花授粉后至成熟，天气情况正常，其所需天数基本固定。一般日光温室小型西瓜头茬瓜在4月下旬以前成熟的，其结果期需30～35天，5月上中旬成熟需25～30天，在6月上旬成熟的，只需22～25天，无籽西瓜因品种不同，一般成熟期比小型西瓜延迟5～7天。故以标志法按授粉时所做标记计算天数非常可靠。如遇天气异常，可摘二三个瓜探测成熟情况，当成熟日期确定，可将同日标志的西瓜全部采收，其成熟度基本一致，采收既快又准。

（2）形态特征识别。果实成熟后，一般果实坚硬光滑并有一定光泽，皮色鲜明，花纹清晰，呈现本品种固有的老熟皮色；果实脐部（花冠着生处）和果蒂处（果柄着生处）向里略收缩和凹陷。不过，与普通西瓜相比，小型西瓜上述特征不太明显。

2. 适期采收

小型西瓜对采收期要求较为严格，欠熟时果肉色淡，甜味差，有的品种还有酸味；而过熟采收则往往造成果肉变软、倒瓤等，同样食用价值不高，同时还会影响下茬瓜的坐瓜及膨大，可见适期采收十分重要。

小型西瓜的采收适期主要根据其品种特性、运输远近及存放时间长短等因素来确定。有的品种成熟界限不严，果实八成熟时，品味已较好，适当早采对品质影响较小；而有些品种对采收时期要求严格，偏早采收，甜味明显降低。采后如果就近销售，则须等瓜九成熟以上时采收，确保果实品质；如果采收后要远销外地，考虑到便于运输和路途中的后熟等因素，一般在八成熟至九成熟时采收，其标准是瓤色比正常成熟时稍淡，种子即将变色，但种皮已硬。另外，采收后如需存放一段时间才销售或食用，采收期也需适当提前。但总的来看，小型西瓜果实果皮薄，耐储运较差，偏早采收对品质影响较大，为了保证果实品质，以九成熟以后采收为宜。

采收西瓜时还要注意以下几点：第一，采收西瓜时宜用刀割或剪子剪，不要用手硬拽，以免拽断或扭伤瓜蔓，影响下茬瓜的生长。第二，将果柄留在瓜上，一方面便于通过果柄的干枯状态来鉴别西瓜的新鲜程度，另一方面采收伤口不直接留在瓜上，可减少因伤口感染直接引起西瓜的腐烂，能延长储存时间。第三，棚内温度较高时，不要在中午采收，应在温度较低的早晨或傍晚。因为高温时将瓜采下，瓜内温度高，呼吸作用强烈，不管是运输或储存均易发生变质、腐烂。若清晨果实上有水汽，应待稍干时再采，或采后用干布擦拭干净。第四，小型西瓜果皮薄，采瓜及搬运时，要小心谨慎，轻拿轻放，尽量减少破裂损失。

3. 包装销售

日光温室西瓜上市早，特别是种植小型西瓜或无籽西瓜，是高档果品和馈赠佳品，集中产区和种植大户应当重视产品的包装和品牌。综合各地成功的经验，外销或进入超市的小型西瓜和无籽西瓜多采用箱装或袋装。包装箱的规格根据果实大小和预装个数而定，一般每箱装 4 个、6 个或 8 个，质地以硬板纸箱为好，这样可以减少运输过程中的挤压损失。包装袋多用透明塑料袋，一般每袋装 2 个。为了扩大产品宣传，提高市场占有率，可在包装箱或包装袋上印明品种名称及特性、营养价值、产地、联系人及电话、传真等，以便于外地客户联系购销。如果能申请到商标和绿色食品标志成为品牌西瓜，则销售形势会更好。山东省禹城市辛寨镇西瓜生产合作社为每个西瓜编制"身份证"，标明该西瓜的品种、产地、种植户、授粉及采收日期等，如客户或消费者发现西瓜品质不好可要求调换，此举深受各地经销商欢迎，有力地促进了当地西瓜外销，各地在西瓜销售时可以参考和借鉴。另外，在夏季高温时，小型西瓜货架寿命短，只有 3 ~ 5 天，当一时无法销售时，最好将采好的瓜放入 15℃ 的冷藏库中，延长储藏期。

九、多次结果技术

西瓜持续结果能力强，特别是小型西瓜结果周期不明显。如果条件适宜、管理得当，可以多次结果。日光温室、大棚栽培的西瓜，第一茬瓜在4月即可收获上市，此期外界气温渐高，保护设施内光照、温度等条件也非常适合西瓜果实发育。因此，只要保持西瓜植株生长良好，西瓜可以结二次果，甚至三次、四次果，而且果实品质优良。多次结果是提高日光温室西瓜产量和效益的重要措施。现将有关技术要点介绍如下。

1. 防病保秧

当第一茬瓜采收后，保持植株生长健壮、长势良好是西瓜继续坐果的保证。而病虫是为害西瓜植株健壮生长的大敌。特别是各种病害，一旦发生，轻者造成部分叶片干枯，降低光合作用能力，重者整株死亡，使植株完全丧失结果能力。因此，从播种开始就应密切关注病虫害的发生动态，采取各种有效措施预防病虫害的发生。零星发现病虫为害时，立即用药防治。西瓜坐果以后，长势有所衰弱，植株对病虫害的抵抗能力有所降低，应增加喷药次数。田间发现病叶及病株时，应及时摘除或拔除并带出地外烧毁或深埋。在进行整枝、引蔓、施肥等管理时，要细致、小心，特别注意不要在植株基部造成伤口。第一茬瓜采收时，果实要用刀割或剪刀剪下，不要用手硬拽，以免拽断或扭伤瓜蔓，同时在行间行走时，尽量减少对茎叶的损伤，减少病菌侵染的机会，并保持茎叶完整，使植株有足够的营养面积，为二次结果和果实的良好发育奠定基础。

2. 肥水促秧

西瓜生育后期，植株中下部叶片大多趋于老化，光合功能降低，因此，仅保住原有茎叶尚不能满足二次瓜发育对养分的需求，必须通过肥、水管理促发新秧，扩大营养面积，增加功能叶片的数量。瓜田除施足基肥外，生育期间还要根据植株长势适时补充追肥。一般伸蔓期适当供应肥水，结果期加大肥料供应量，并结合浇一遍大水，促进第一果的迅速膨大，并为第二果坐瓜提供良好的营养条件。在第一果发育期间，可每隔5～7天进行一次叶面喷肥，可用叶面宝、喷施宝、福乐定，或0.3%～0.5%的尿素、磷酸二氢钾混合液（二者各占一半），以补充西瓜对养分的需求，提高植株的抗病性，促进植株生发新叶，健壮生长。第一果采收前5～7天，每667平方米追施尿素10～15千克、磷酸二铵10～15千克，或硫酸钾复合肥

25～30千克。第一茬瓜收获后浇一次大水，以促进二次果的膨大。二次瓜坐住后，水分管理与第一次瓜相同，以小水勤浇，畦面保持湿润为宜。

3. 整枝留瓜

第一茬瓜采收后是否整枝，要根据植株长势而定。一般前期采用双蔓整枝者，第一茬瓜收获后，植株营养面积相对较小，除正常的理蔓、顺蔓外，可不再整枝；前期采用三蔓整枝者，植株上部二次侧枝的数量相对较多，营养面积较大，为了保持良好的透光条件和群体结构，可适当摘除部分侧枝。第一茬瓜采收前3～5天，植株上部开放的雌花要及时进行人工授粉，每株可授3～5朵花，并做好标记。第一茬瓜采收后，应马上在所授雌花中，选留二枚外形周正、颜色鲜明而有光泽、果柄较粗壮的幼瓜留下，其余全部去掉。选瓜时尽量使两个瓜分别坐在不同的瓜蔓上，并适当隔开一定距离，保证每个瓜有20～30片发育良好的功能叶为其提供营养。第二次果发育期间由于外界气温升高，昆虫大量活动，日光温室、大棚内放风口昼夜常开，蜜蜂等昆虫可以自由进入，所以，上部开放的雌花可通过昆虫传粉而坐果，不必再进行人工授粉。一般第三次果既不整枝，也不再疏果，任其自由生长，这样既可以获得一定的产量，又可减少肥、水及用工的投入。

4. 剪蔓再生

如果第一次果结果期间，植株茎叶受损或长势较弱，可通过剪蔓再生法坐二次果。方法是，在植株基部保留5～8节，然后将上部全部剪掉，同时，在离基部20厘米处以外开沟，每667平方米施磷酸二铵30千克作为复壮肥，结合浇一遍大水。待基部叶腋内侧枝萌生后，选留2～3条健壮侧蔓，其余去掉。选一条生长较快、长势较好的侧蔓第3雌花留瓜，单株留单瓜。注意加强病虫害防治，并且每5～7天喷施一次叶面肥，适时浇水，保持植株正常生长，以保证果实良好发育和成熟。

此外，日光温室和大棚栽培小型西瓜，在春季实现2次或3次结果后，如果植株长势正常，病虫为害特别是病毒病危害较轻，可通过剪蔓再生在9月实现一次栽培、两次收获。江苏省盐城市蔬菜研究所经过多年探索，在大棚小型西瓜中实行一种双收，每667平方米产量可达8 000千克以上，收入十分可观。具体做法是，选用耐低温、早熟、优质、萌发再生能力强、易坐瓜、抗病、高产的小型西瓜品种，如早春红玉、红小玉、小天使、小兰等，1—2月播种育苗，植株伸蔓后采用一主二副三蔓整枝法，其他管理与日光温室、大棚栽培相同，7 月上中旬二三次果收获完毕。在集中采摘和清园结束后，先除去枯株、病株，留健壮植株，在植株主蔓和第 2、第 3 侧蔓的基部留 20 ~ 30 厘米的老蔓，其余剪去。剪蔓后，在植株旁 30 ~ 40 厘米处开沟追肥，每 667 平方米施尿素 20 千克、硫酸钾 10 千克，并结合浇水，促生新蔓。根据再生蔓的生长情况，喷施 2 ~ 3 次高效叶面肥，促进叶蔓生长。及时预防蚜虫、病毒病、炭疽病、叶枯病、蔓枯病等。在所留蔓基部叶腋内侧枝萌生后，可选择 1 ~ 2 条健壮侧蔓留下，在长势较强的两条侧蔓第 2、第 3 雌花留瓜，每株留 1 ~ 2 个健壮幼瓜，将其余幼瓜及时摘除。幼瓜坐稳后，适时浇水，促进果实膨大。一般于 9 月上中旬开始采收。如要延至"国庆"节前后上市供应，可采收 8 成熟的西瓜，置于 5℃ 的通风干燥环境中，堆放 2 ~ 3 层，可储藏 20 ~ 30 天，经常检查，发现烂瓜及时处理。

十、水肥一体化技术

水肥一体化技术是指在温室、大棚等设施栽培中将灌溉与施肥融为一体的农业新技术。水肥一体化是借助压力系统（或地形自然落差），将可溶性固体或液体肥料按土壤养分含量和西瓜需肥规律和特点，配对成的肥液与灌溉水一起相融后利用可控管道系统，通过管道和滴头形成滴灌，使水、肥均匀、定时、定量浸润西瓜根系发育生长区域，使主要根系土壤始终保持疏松和适宜的含水量，并根据西瓜的需肥特点和规律，科学调控，满足其各个生育期不同的养分需要。

1. 水肥一体化的优点

（1）节水节肥。水肥一体化滴灌技术通过管道进行灌溉和施肥，可以减少水分及养分的下渗和蒸发，提高水肥利用率。实现了平衡施肥和集中施肥，减少了肥料挥发、流失以及养分过剩造成的损失。滴灌施肥能轻易做到勤施薄施，精准施肥，并针对蔬菜不同生育期，施用不同的配方肥料，真正做到科学灌溉施肥。据调查，水肥一体化技术比常规灌溉每 667 平方米节水 30% ~ 50%，节肥 20% 以上。

（2）省工省地。水肥一体化技术灌溉和施肥作业在田间固定的地点进行，通过智能系统自动控制，不需要下地，能节省大量的人工，每 667 平方米温室可省工 6 ~ 8 个。另外，采用水肥一体化技术温室、大棚内由明渠灌溉改为滴灌，可节省耕地 5% ~ 8%，每 667 平方米温室节地 40 平方米左右。

（3）生态环保。采用水肥一体化技术，肥料定期定量使用，水分只浸润根系周围土壤，减少了深层渗漏的水量，即减少了随水流失的肥料量，从而减轻了因大量施肥对地下水系统的污染。另外，土壤水分与空气湿度的降低，植株健壮生长，在很大程度上抑制了蔬菜病害的发生，减少了农药的投入和对环境及产品的污染。据调查，采用水肥一体化技术比常规栽培可减少用药3~4次，用药量减少30%~40%。

（4）提质增效。过量施肥、大量灌水造成蔬菜病害增多，品质变差。通过水肥结合可以调节土壤中各种营养元素的运移，尤其是硝酸盐的运移。应用水肥一体化技术种植的蔬菜生长整齐一致，定植后生长恢复快，植株生长发育健壮，抗病性强，可以提早收获，丰产优质。据调查，一般可增产10%以上，增收15%以上。

2. 水肥一体化系统主要模式

水肥一体化系统主要由水源、首部枢纽、输水管道、滴水装置等几部分组成。水源选择河流、水库、机井、池塘等；首部枢纽包括水泵、过滤器等水质净化设备、施肥装置、控制和量测设备、保护装置等；施肥装置一般选择文丘里施肥器或压差式施肥罐。在实际应用中，应根据温室、大棚所在地水源、地形、种植面积、蔬菜种类选择不同的滴灌施肥系统。目前，生产上常用的主要有以下几种。

（1）蓄水池＋水泵＋滴灌施肥系统。在日光温室、大棚前或棚内利用现有灌水系统建10~12立方米蓄水池1个，配套0.75千瓦潜水泵1台，温室、大棚内配套文丘里式施肥器、过滤器、主管道、滴灌管建成滴灌施肥系统。

（2）蓄水池＋引水主管道＋滴灌施肥系统。利用地形落差，在地势较高（与温室、大棚相对高差8米以上）的地方，建150立方米蓄水池1个，通过引水主管道把压力水送到温室前，温室外安装控制阀，温室内配套水表、文丘里式施肥器、过滤器、主管道、滴灌管建成滴灌施肥系统。

（3）蓄水池＋管道加压泵＋引水主管道＋滴灌施肥系统。在温室、大棚外建100立方米左右的蓄水池，通过管道加压泵加压，把压力水送到温室前，温室外安装控制阀，温室内配套水表、文丘里式施肥器、过滤器、主管道、滴灌管建成滴灌施肥系统。

3. 水肥一体化技术工程设计

（1）蓄水池建设。在温室、大棚西瓜栽培中，平时用井水灌溉的温室，由于井水流量及用水时间难以控制，不能定时定量定温满足日光温室西瓜生长需求，因此，每个温室工作房前建 10～12 立方米蓄水池 1 个，并配套小型潜水泵 1 台，或建 100 立方米较大蓄水池利用自压或泵压，同时供 7～8 栋温室大棚使用。

（2）滴灌设备安装及调试。主要包括棚内管道布设和配套设备安装。管道布设，按中型温室长度 70 米左右，种植西瓜地爬栽培行距 2 米，立架栽培行距 1.2～1.4 米，布设滴灌管网，温室管网由干、支二级组成，主管道顺温室朝向（一般为东西向）布置，选用 PE 管材，支管道选用温室滴灌带，滴灌带孔距与西瓜株距相同，一般为 35～50 厘米一个孔，孔径大小根据种植蔬菜的种类而定，一般西瓜以中型孔径为宜。室外与室内管网连接用 PV 管，室内管网入口处与滴灌带之间用 32 毫米 PE 管连接，PE 管与滴灌带之间由滴灌带旁通连接好，并保证密封无渗漏现象。温室内其他配套设施包括管网入口处安装控制阀、过滤器与文丘里施肥器，使用前都要充分调试，无误后，正式投入使用。西瓜种植大户、生产园区或种植专业合作社应用水肥一体化系统，最好请专业施工队统一安装及建设，可确保工程进度、质量和使用效果。

4. 水肥一体化技术要点

水肥一体化技术作为一项新兴技术，在生产应用时有严格的技术要求，主要包括以下几点。

（1）滴灌用水方案。西瓜定植后及时浇一次透水，一般滴灌应每 667 平方米用水 20～25 立方米，也可采用沟灌方式。保护地西瓜一般苗期每 7～10 天滴灌一次，每次每 667 平方米用水 5～8 立方米；伸蔓期每 7～10 天滴灌一次，每次每 667 平方米用水 8～10 立方米；膨瓜期每 6～8 天滴灌一次，每次每 667 平方米用水 8～10 立方米。

（2）肥料种类和用量。滴灌对肥料的要求应当是常温下具有以下特点：纯度高，杂质少；全水溶性、全营养性，各元素之间不会发生拮抗反应，与其他肥料混合不产生沉淀；溶于水后不引起灌溉水 pH 值的剧烈变化，对灌溉系统的腐蚀性较小；微量元素肥料一般不与磷素同时使用，以免形成磷酸盐沉淀堵塞滴头。另外，西瓜是忌氯作物，不能使用含氯的肥料，如氯化铵、氯化钾等。一般常用的肥料包括尿素、硫酸铵、硫酸钾、磷酸二氢钾及水溶性三元素复合肥等。

（3）施肥方案与操作。滴灌施肥方案即肥料用量和施肥时期根据西瓜各个生长发育期的需肥规律而定。在温室、大棚西瓜施足底肥的基础上，一般团棵期不追肥，伸蔓期每次每 667 平方米加肥 4 ~ 6 千克，肥料配比（$N : P_2O_5 : K_2O$）为 20：20：20，结果期每次每 667 平方米加肥 5 ~ 8 千克，肥料配比（$N : P_2O_5 : K_2O$）为 16：8：34。每次都结合浇水进行。

施肥操作方法，按照施肥方案要求，先将肥料溶解于水，也可在施肥前一天将肥料溶于水中。施肥时将肥液经用纱网过滤后，倒入敞开的容器中用文丘里施肥器吸入。文丘里器与主管上的阀门并联，将文丘里吸肥器放入容器肥液中，注意吸头应加过滤网而且不要放入容器的底部。打开吸管上阀门并调节主管上的阀门，使吸管能够均匀稳定的吸取肥液。每次加肥时必须控制好肥液浓度，一般每 1 立方米水中加入 0.5 ~ 0.8 千克肥料，肥料用量不宜过大，防止浪费肥料和系统堵塞；每次施肥结束后再灌水 20 ~ 30 分钟，以冲洗管道。

（4）滴灌系统的维护。滴灌施肥系统运行开始，要做到每次灌溉结束后及时清洗过滤器，以备下次灌溉时使用，施肥罐底部的残渣要经常清理。在灌溉季节，定时将每条滴灌管的尾部敞开，相应的加大管道内的压力，将滴灌管内的污物冲出。尽量避免在生长期用酸性物质冲洗，以防滴头附近土壤的 pH 值发生剧烈的变化。如有必要用酸清洗，要选择在农闲时进行，应用30%的稀盐酸溶液（40 ~ 50 升）注入滴灌管，保留 20 分钟，然后用清水冲洗。

（5）注意事项。一要控制好压力系统，整个滴管系统工作压力应控制在标准范围内。二是过滤器是保证系统正常工作的关键部件，要经常清洗。若发现滤网破损，要及时更换。三是滴灌管易损坏，应细心管理，不用时要轻轻卷起，切忌踩压或在地上拖动。四是加强管理，防止杂物进入灌水器或供水管内。若发现有杂物进入，应及时打开堵塞头冲洗干净。五是冬季温室、大棚内温度过低时，要采取相应措施保温，防止冻裂塑料管件、供水管及滴水器。六是滴灌时，要缓缓开启阀门，逐渐增加流量，以排净空气，减少对灌水器的冲击压力，延长其使用寿命。

十一、秸秆生物反应堆技术

秸秆生物反应堆技术是一项科学利用秸秆资源，促使西瓜早熟增产、改善品质的现代农业生物工程创新技术。该技术在反应堆专用微生物菌种（山东天合生物公司专门生产的，经农业部登记的专用菌种）、催化剂和净化剂的作用下，将作物秸秆定向、快速地转化为西瓜生长所需要的二氧化碳（CO_2）、热量、抗病微生物和有机无机养料。瓜农形象地把它称之为西瓜"盖褥子"和"睡热炕"。这项技术主要应用在日光温室和多层覆盖的大棚中。

1. 秸秆反应堆主要作用

（1）增加 CO_2 浓度。应用秸秆生物反应堆的温室大棚，CO_2 浓度比普通大棚提高 4~6 倍，光合效率提高 50% 以上，使西瓜生长加快、开花坐果率提高，产量增加，品质明显改善。

（2）释放大量热能。秸秆在分解过程中除释放 CO_2 外，每千克秸秆还放出 3 037 千卡的热量，使温室、大棚内地温、气温有明显提高。据测定，在严寒冬天大棚内，采用内置式反应堆形式，20 厘米地温提高 4~6℃，气温提高 2~3℃，显著改善作物生长环境，提高其抗御低温的能力，有效地保护和促进作物正常生长，西瓜可提早定植 5~7 天，生育期提前 10 天，使西瓜提早成熟上市，售价比正常栽培高出了 30%~50%，甚至价格翻番。

（3）抑制病虫害发生。秸秆反应堆所用的专用菌种中有多种有益微生物，它们在分解秸秆的同时，能繁殖和释放大量的抗病孢子，它们分布在土壤中、叶片上，有的能抑制病菌生长，有的能杀死病菌虫卵，防病虫效果在 60% 以上，早春西瓜大棚可以基本不打农药。

（4）有机改良土壤。在秸秆反应堆种植层内，20 厘米耕作层土壤孔隙度提高 1 倍以上，有益微生物菌群增多，水、肥、气、热适中，各种矿质元素被定向释放出来，有机质含量增加数倍，使耕层土壤变得肥沃而且疏松，为根系生长创造了优良的环境。

（5）自然资源综合利用。应用秸秆生物反应堆技术，还能提高作物对自然资源的综合利用效率。据测定，在 CO_2 浓度提高 4 倍时，作物光能利用率提高 2.5 倍，水资源利用率提高 3.3 倍。

2. 秸秆生物反应堆应用方式及技术要点

秸秆生物反应堆应用主要有 3 种方式：内置式、外置式和内外结合式。其中内置式又分为行下内置式、行间内置式、追肥内置式等。选择应用方式时，主要根据生产地种植品种、定植时间、生态气候特点和农业生产条件因素而定。大棚西瓜生产中一般应用行下内置式。具体技术操作如下。

（1）开沟。在温室、大棚西瓜定植前30~40天，沿瓜畦位置开沟，沟宽40~60厘米、深20~25厘米。

（2）铺秸秆。开沟完毕后，在沟内铺放秸秆（玉米秸、麦秸、稻草等），每667平方米秸秆用量3000千克左右，麦麸100~120千克，饼肥50千克。一般底层铺放完整秸秆，上部放置碎软秸秆（麦秸、稻草、树叶、杂草、食用菌下脚料等）。铺完踏实后，厚度20~25厘米，沟两头露出10厘米秸秆茬，以便通气进氧。

（3）撒菌种。按每667平方米用反应堆专用菌种6~8千克，用麦麸和粉碎的饼肥拌匀，均匀撒施在秸秆上，用铁锨拍震一遍，使菌种与秸秆充分接触。

（4）覆土。将开沟时挖出的土回填于秸秆上，覆土厚度20~25厘米，形成种植垄，并将垄面整平。

（5）浇水。浇水以湿透秸秆为宜，3~4天后重新将垄面整理平整，保证秸秆上土层厚度20厘米以上。

（6）打孔。在垄上用12号钢筋打2行孔，行距20~25厘米，孔距20厘米，孔深以穿透秸秆层为准，以利进氧气发酵，促进秸秆转化。

（7）定植。应用秸秆生物反应堆技术种植西瓜，西瓜育苗和定植期都要提前5~7天，种植密度与温室、大棚正常栽培相同，特别适用于吊蔓栽培。西瓜定植时，一般不浇大水，只浇小水，逐穴点浇。定植后每隔5~7天浇一水。西瓜缓苗后抓紧打一遍孔，并与前次打孔错开位置，生长期间每月打孔一次。西瓜坐果后可采用膜下滴灌或水肥一体化技术正常浇水追肥。其他技术环节同普通栽培。

3. 应用过程中常见问题及对策

（1）增温效果不明显。主要原因包括所用菌种质量不合格，秸秆未进行碳氮比调节，打孔不足或孔被堵塞等，导致秸秆不能快速、有效地被分解所致。

解决办法：购买经农业部产品登记认证的秸秆反应堆菌种，专菌专用；每667平方米温室、大棚用15千克尿素或200千克豆粕来调节碳氮比，具体操作方法是在撒菌种后，将尿素或豆粕均匀撒在秸秆上，也可将菌种与豆粕混合均匀后撒施，但切忌尿素与菌种混合撒施；定植期在距离西瓜根茎部5厘米处前后左右各打一孔，生长期可按25~30厘米见方均匀打孔，结果期按20厘米见方打孔。

（2）孔内有白色小虫爬出。主要原因是玉米秸秆中有玉米螟，秸秆收获后，玉米螟在秸秆中休眠。当秸秆反应堆打孔浇水后，温度升高，玉米螟解除休眠从孔中爬出。

解决办法：配制2.0%阿维菌素2 000～3 000倍液均匀对秸秆喷雾，填充秸秆前提前喷药处理，切忌喷洒杀菌剂。

（3）植株颜色发黄，茎细叶薄。主要原因是秸秆反应堆建造时未添加尿素或添加较少，碳氮比不合理，在秸秆分解过程中微生物与植株争氮，导致作物缺氮失绿。

解决办法：适当冲施氮肥。

（4）植株下部叶片变黄，叶缘干枯。主要原因是氮肥施用不当，冲施氮肥时，直接将冲施肥浇进通气孔内，由于孔内温度较高，导致氮肥分解成氨气溢出，致使下部叶片受害。

解决办法：首先要及时打开温室、大棚通风口排风放气，降低棚内氨气浓度；其次要浇水，降低肥料浓度；最后要在叶片背面喷洒1%的食用醋溶液，可有效缓解危害。

十二、防病治虫

日光温室西瓜常见病虫害主要有炭疽病、疫病、枯萎病、蔓枯病、细菌性角斑病、蚜虫、红蜘蛛、温室白粉虱等。现将各种病虫害的为害症状及防治方法分别介绍如下。

1. 炭疽病

（1）发病症状。幼苗发病，子叶边缘出现褐色半圆形或圆形病斑，上有黑色或淡红色黏稠物，下胚轴基部缢缩变色，幼苗猝倒。叶片发病，最初对着阳光可从叶片背面看到油浸状圆形或纺锤形病斑，病斑很快扩大，干枯后变成黑色或紫黑色，外围有一紫黑色圈，中间有同心轮纹，易破碎，潮湿时叶片正面出现粉红色黏稠物，病斑逐渐扩大并相互连接，引起整个叶片死亡。茎和叶柄发病，病斑椭圆形或纺锤形，初呈黄褐色，很快成为长圆形凹陷病斑，变成黑色干枯状，病斑发展至绕茎或叶柄一周时，即引起全株或全叶枯死。幼果发病往往整个果实变黑，皱缩腐烂；成熟果实发病，先呈黑绿色水浸状斑点，以后扩大为圆形或椭圆形凹陷的暗褐色至黑褐色病斑（因品种不同而异），凹陷处常龟裂或腐烂，但病斑一般不会深入发展到果内。潮湿环境下，病斑上产生粉红色黏状物。

（2）病原。由半知菌刺盘孢属真菌侵染引起。病斑上散生的黑点，即病菌的分生孢子盘，产生在寄主表皮下，成熟后突破表皮而外露；粉色黏状物质中有大量的分生孢子。

（3）侵染规律。该病可通过多条途径进行侵染，但以病菌在土壤、病株残体上越冬，由风雨传播为主。种子也能带菌，病菌能侵入子叶，土壤中的病菌可从根冠直接侵入。湿度是诱发此病的主要因素，相对湿度在85%～95%时潜伏期仅为3天。湿度愈低，潜伏期愈长，发病愈轻。当相对湿度在54%以下时，则不能发病。该病菌对温度适应性强，在10～30℃范围内都能发病，但以22～24℃最为适宜，通常在相对湿度95%、温度为24℃的环境中发病最重。在氮肥偏多、密度偏高、通风透光不良、茎叶徒长、排水不畅等情况下，均有利于发病。

（4）防治方法。

①实行3年以上轮作，选择排水良好的沙壤土种植，不施用被病菌污染的农家肥。

②选用无病种子及进行种子消毒。

③加强栽培管理。采用无病菌污染的土壤育苗，加强苗床管理，使秧苗健壮，增强抵抗能力。田间浇水时避免大水漫灌，防止土壤湿度过大。每次浇水后及时通风排湿。采用吊蔓及吊瓜措施，以免使果面与地面接触。当棚内零星发现病株时，要及时摘除病叶、病蔓或拔除带出棚外烧掉，并及时喷药，防止病菌再次侵染。

④药剂防治。瑞士诺华公司生产的世高10%水分散粒剂1 500倍液防炭疽病有特效，另外使百克（施保克）乳油1 500倍液、77%瑞扑800～1 000倍液、80%炭疽福美600～700倍液、50%敌菌灵400倍液等也有较好的防效。

2. 疫病

（1）发病症状。疫病在西瓜的全生育期，各部位均能发生。当幼苗发病时，子叶上出现圆形水渍状暗绿色病斑，中央变为红色，下胚轴近地面处发生缢缩，病苗很快倒伏枯死。在叶片上感染时，初期呈暗绿色水渍状不规则形病斑，边缘不明显，湿度高时扩展很快，并呈软腐水煮状，干燥时病斑变褐色，容易破裂。茎和叶柄感染时，多在茎的先端，初期形成暗绿色水渍状梭形斑，然后环绕缢缩，湿度大时呈软腐状，当病斑绕茎一周时，则患部以上全部枯死，但维管束不变色，这是与枯萎病的区别。果实多从脐部发病，先形成暗绿色水渍状近圆形病斑，扩展很快，病部长出较薄一层白色霉状物。

（2）病原。由疫霉属中的德雷疫霉菌侵染引起。菌丝无色、无隔、分枝多。孢子囊无色、卵圆形，顶端乳头状突起不明显。厚垣孢子黄色圆形。

（3）侵染规律。病原菌以菌丝体、卵孢子或厚垣孢子随病株残体遗留土壤中越冬。翌年菌丝体侵染寄主，或卵孢子和厚垣孢子通过雨水、灌溉等传播于寄主。孢子萌发产生芽管，芽管接触寄主表皮后产生附着器，附着器上产生侵入丝，穿过表皮进入寄主体内。潮湿时，病斑上产生孢子囊，孢子囊或所有萌发的游动孢子又借风雨进行重复感染。种子也能带菌，并能引起田间发病。发病温度范围为 8～35℃，最适温度为 24℃，高温多湿容易发病。在多雨条件下，可在短期内造成疫病流行。

（4）防治方法。

①实行 4～6 年轮作，控制浇水，避免漫灌，注意通风降湿。

②播种前进行种子灭菌。及时去掉田间病叶或病株。

③药剂防治。用以下药剂于发病前喷雾，每 7～10 天喷一次。50% 的雷多米尔－锰锌（甲霜灵锰锌）可湿性粉剂 500～600 倍液、64% 杀毒矾镁可湿性粉剂 400～500 倍液、50% 的克菌丹可湿性粉剂 400～500 倍液、80% 的代森锌可湿性粉剂 600～800 倍液。

3. 蔓枯病

（1）发病症状。叶片发病初期表现为褐色圆形病斑，中心色淡，直径 0.3～1 厘米，病斑边缘分界明显；后期病斑可扩大至 1～2 厘米，病斑近圆形或相互连接呈不规则形，中心色淡，边缘色深，有同心轮纹，并有明显的小黑点，最后叶片变黑枯死。沿叶脉发展的病斑，初呈水渍状，后变褐色。叶柄及茎上发病，初为水渍状小斑，后变褐色梭形斑、斑上生黑色小点，此为病菌分生孢子器。果实受害时，初期生水渍状斑，以后中央部分为褐色枯死斑，并呈星状开裂。该病与炭疽病的区别是病斑表面没有红色黏质物，中心色淡，边缘有很宽的褐色带，并有明显的同心轮纹和小黑点，不易穿孔。

（2）病原。由子囊菌侵染引起。病斑上的小黑点为分生孢子器。孢子器球形或扁球形，初埋生，后突出表皮。分生的孢子无色，短圆形或圆柱形，单孢或双孢。有性阶段为子囊菌，子囊壳瓶状，黑褐色，子囊棍棒形含有 8 个孢子，子囊孢子椭圆形，无色透明，有一隔膜，子囊一般生在蔓上，有时也生在叶面上。

（3）侵染规律。病菌可在土壤中及病株残体上越冬，由风雨传播。种子也可带菌。高温多湿、密度偏高、通风不良、田间湿度大、偏施氮肥或养分不足，致使植株徒长或衰弱，抗病力降低均易发病。病菌发病温度适应范围为 5 ~ 35℃，适宜范围为 20 ~ 30℃。

（4）防治方法。

①选用无病种子，并进行种子灭菌。

②加强田间管理，及时通风降湿，合理整枝、打杈，及时吊蔓。一旦发现病叶、病蔓随时摘除并带出棚外烧毁。

③药剂防治。发病初期每 7 ~ 10 天喷一次下列药物：25% 的使百克（施保克）乳油 1 500 倍液、12.5% 速保利可湿性粉剂 3 000 倍液、75% 甲基托布津 800 ~ 1 000 倍液、60% 百菌通 400 ~ 500 倍液、70% 代森锰锌 500 ~ 600 倍液。

4. 枯萎病

（1）发病症状。发病初期茎基部少数叶片在白天呈失水状凋萎，夜间恢复，随后病叶、蔓逐渐增多，直至整蔓、全株萎蔫。经几次反复凋萎、恢复之后，全株死亡，叶片呈褐色。病株基部粗糙变黄褐色，常有纵裂，裂口处有红色胶状物溢出。将病茎纵剖，可见维管束呈现黄褐色，这是田间鉴定的主要根据。也有的植株受侵染后，仅表现植株瘦弱，茎节缩短，僵化不长，不结果，持续较长时间后最终死亡。

（2）病原。由镰刀孢属中的西瓜镰孢菌侵染所致。菌丝无色，有分隔。无性阶段可形成大型分生孢子、小型分生孢子和厚垣孢子。大型分生孢子为两端对称的镰刀形，无色，有 1 ~ 5 个分隔；小型分生孢子为无色、单孢、圆锥形或纺锤形；厚垣孢子为球形淡褐色，顶生或间生。

（3）侵染规律。病菌菌丝体、厚垣孢子主要在土壤耕层中越冬侵染，离开寄主可在土壤中存活 10 年以上。轮作 4 ~ 5 年后，土壤中菌量可大量减少。病菌还可通过种子、农家肥、农具、流水及风雨等多条途径进行传播。枯萎病发病温度范围为 8 ~ 34℃，适宜范围为 24 ~ 32℃，较高温度能缩短潜伏期。土壤含水量高及酸性土壤适于病菌繁殖。西瓜进入开花坐果期，在高温、高湿的条件下，或者时阴时晴的天气，易引起枯萎病大发生。

（4）防治方法。

①选用抗病性较强的品种如黄小玉 H、金童、金福、小玉红无籽等。

②严格实行轮作，避免重茬。日光温室轮作周期可在 3 年以上。

③调节土壤酸碱度，在酸性土壤中每 667 平方米施入石灰 50～100 千克，使土壤略偏碱性。

④种子灭菌和选用无菌床土育苗。

⑤加强田间管理，适当增施磷钾肥，避免偏施氮肥，以免造成徒长降低抗病力及利于病菌侵染。田间管理作业要细致，防止机械创伤，减少病菌由伤口侵染的机会。发现病株及时拔除，并将其烧毁。同时及时用药液浇灌病株及附近植株根部土壤。常用药剂及浓度：70% 的敌克松 500～1 000 倍液、60% 百菌通可湿性粉剂 400～500 倍液、40% 瓜枯宁可湿性粉剂 1 000 倍液、25% 使百克（施保克）乳油 1 000 倍液，每隔 7 天浇一次。

⑥嫁接换根。枯萎病具有明显的寄主专化性，利用瓠瓜、南瓜、西瓜专用砧木品种等作砧木进行嫁接，是防治西瓜枯萎病的最有效措施。目前，各地在进行日光温室、大棚西瓜生产时一般均采用嫁接栽培，有关嫁接技术参见"嫁接育苗技术"部分。

5. 细菌性角斑病

（1）发病症状。全生育期均可发病。病主要在叶片上，茎及果实上很少发病。叶片上发病初期呈水渍状小斑点，以后逐渐扩大，呈多角形或不规则形黄色斑。在潮湿情况下，叶片背面病斑上能溢出白色"脓"状物，即为细菌液。后期病斑为暗褐色，病斑干枯，易破碎穿孔。茎、叶柄、果实上发病时，初期为水渍状病斑，以后变淡灰色。病瓜常在病斑处形成溃疡和裂口。

（2）侵染规律。该病属细菌性病害，病原菌主要在种子表面或随病株残体在土壤中越冬，通过雨水、昆虫、操作管理等多途径传播。当环境适宜时，病菌可通过雨点将土壤中病菌溅至基部叶片上引起初次侵染。如空气湿度大时，病斑上溢出菌液，通过雨水等进行传播，造成再次侵染。病菌通过气孔等处侵入，最初在细胞间隙危害，以后蔓延到细胞内部维管束中。从果实外表侵入时，可通过导管进入种子。细菌在种子上及土壤中的病株残体上能存活 1～2 年。多雨高温是该病发生及传播的有利条件。其发病适应温度为 1～35℃，适宜温度为 25～28℃；在 49～50℃的温度下经 10 分钟可致死。

（3）防治方法。

①清洁田园，实行3年以上轮作。

②以温汤浸种，处理后再以干种子量0.3%的敌克松拌种。

③用2%抗霉菌素120水剂200倍液、农用链霉素4 000倍液、70% DT米500～700倍液、敌克松1 000倍液或1∶1∶100波尔多液喷洒，每隔7～10天一次，连续2～3次。

6. 蚜虫

危害西瓜的蚜虫主要是棉蚜。属同翅目蚜科。

（1）危害状态。成蚜和若蚜均喜欢在瓜叶背面和嫩叶幼茎上吸食汁液。瓜苗嫩叶及生长点被害后，因被害部位生长缓慢、未被害部位生长正常，所以造成叶片卷曲、生长点及嫩茎生长受抑制，严重者能萎蔫枯死。蚜虫从植株中吸食大量汁液，并分泌"蜜露"覆盖叶面，使西瓜的光合及呼吸受到影响。严重者造成花蕾脱落，甚至干枯死亡。瓜蚜还是传毒媒介，能使西瓜感染病毒病，使产量降低，品质变劣。

（2）形态。蚜虫在一个年生活周期中，有多种形态，以越冬卵孵化的蚜虫叫"干母"，无翅、宽卵圆形，暗绿色至黑绿色。体长约1.6毫米，宽1.07毫米，触角5节。干母能胎生无翅雌蚜和有翅雌蚜。无翅雌蚜体长约1.5～1.9毫米，体色随温度高低而变化。春秋色重为深绿至黑绿；夏季色淡，为黄绿至黄红。有翅雌蚜体长1.2～1.9毫米，体色黑绿至黄色。

（3）发生规律。蚜虫每年可发生20～30代。其年生活周期可分为"全周期型"和"不全周期型"。全周期型生活年史有一个雌雄两性交尾产卵越冬阶段；不全周期型，全年营孤雌卵胎生，缺两性生殖阶段，不产越冬卵。蒲公英、苦菜及春季早发的杂草为越冬寄主。

蚜虫生活周期短，增殖快，早春及晚秋10余天一代，春季6～9天一代，夏季4天左右一代。每头雌蚜可产仔40～70头。蚜虫的繁殖适宜温度为16～22℃，25℃以上受抑制。蚜虫喜旱怕雨，干旱少雨易大发生。瓜蚜群落的兴衰常常受制于天敌。如有大量天敌，如瓢虫、草蛉、寄生蜂等，即使条件适宜，也不易形成蚜灾。

（4）防治方法。

①保护或放养蚜虫天敌，如七星瓢虫、十三星瓢虫、食蚜蝇、草蛉等。

②消灭越冬寄主，如瓜田周围的蒲公英、苦菜、早春杂草等。

③瓜垄覆盖银灰色塑料薄膜，或田间插杆，杆上挂长1.5米、宽8厘

米的银灰色塑料膜条，用以避蚜。

④药剂防治。当蚜虫点片发生时，可用30％的乙酰甲胺磷稀释5倍液涂瓜蔓，或用乐果涂茎，能有效地防治蚜虫又不伤天敌。在瓜采收前10天停止使用。还可用下列药剂喷雾：生物农药天霸1 000倍液、2.5％鱼滕精乳油600～800倍液、20％吡虫啉1 500倍液、2.5％溴氰菊酯或20％速灭杀丁乳剂3 000倍液、灭杀毙（21％增效氰、马乳油）6 000倍液、40％氰戊菊酯6 000倍液、20％灭扫利乳油2 000倍液、2.5％功夫乳油4 000倍液、2.5％天王星乳油3 000倍液。

⑤温室、大棚等保护地可用杀蚜烟剂，每667平方米用1.5％虱蚜克烟剂300克，在棚内多点均匀分布，傍晚点燃后密闭12小时，然后放风排出。

7. 红蜘蛛

红蜘蛛学名叶螨，属蛛形纲叶螨科。

（1）为害状态。叶螨是杂食性害虫，寄主繁多，危害面广，除瓜类外还为害棉花、玉米、高粱、豆类、果树、蔬菜、花卉等。叶螨以若虫和成虫在叶背面吸取汁液，形成枯黄色细斑，叶片逐渐由绿变黄，并有蛛丝在上面，严重时全叶干枯脱落，对产量及品质造成很大影响。

（2）形态特征。成螨及若螨均为4对足，幼螨为3对足，雄蛾2对足。朱砂雌螨体长0.483毫米，体宽0.322毫米。体色为锈红或深红色。雄螨体长0.359毫米，体宽0.195毫米。二斑叶螨体长0.529毫米，体宽0.323毫米，体色淡黄或黄绿，体躯两侧各有一黑斑。雄螨体长0.356毫米，体宽0.192毫米。

（3）发生规律。每年可发生10～20代，以成螨越冬，其中，雌螨为多，雄螨仅占5％左右。多在枯枝落叶、树皮缝及土缝中越冬。翌春6℃以上开始活动，10℃以上可大量产卵繁殖。卵产于叶片背面。受精卵孵化出雌螨，未受精卵孵化出雄螨。2龄前为幼螨，活动差；3龄为若螨，活泼贪食。数量多时，在叶端成团，滚落地面向四周爬散，形成危害中心，并逐渐向四周扩散。叶螨喜温暖干燥，春秋繁殖一代需15～22天，而夏季仅需7～10天。降雨对其不利。瘦弱植株，叶片中可溶性糖含量高，利于叶螨繁殖。连作田，螨源丰富，也是成灾的条件。但叶螨是否成灾，除其他条件外还与天敌有关，如捕食性螨、捕食性蓟马、草蛉、食螨瘿蚊、小花蝽、小黑瓢虫、姬猎蝽、草间小黑蛛、三突花蛛等，它们如有一定数量，对叶螨种群数量有明显的抑制作用。

（4）防治方法。

①保护或放养天敌。如草蛉、捕食性蓟马、小花蝽、姬猎蝽、小黑瓢虫等。

②药剂防治。可喷洒下列药剂：20%杀螨酯（K-6451）可湿性粉剂800~1 000倍液、50%三环锡可湿性粉剂4 000倍液、50%溴螨菊酯乳油1 000~1 300倍液、73%克螨特乳油3 000倍液、1.8%农克螨乳油2 000倍液、20%灭扫利乳油2 000倍液、20%螨克乳油2 000倍液、0.9%虫螨克可溶性水剂3 000~4 000倍液。

8. 温室白飞虱

温室白飞虱属同翅目粉虱科，俗称小白蛾。

（1）为害状态。以成虫和若虫吸食西瓜汁液，使叶片褪绿萎蔫，严重时可使植株死亡。白飞虱和蚜虫一样能排出"蜜露"，使叶片光合作用和呼吸作用均受到影响，并诱发煤污病，还可传染病毒病，使产量、品质受到很大影响。

（2）形态特征。成虫体长0.9~1.5毫米，翅面有白蜡粉。卵长0.2~0.25毫米，长椭圆形，初为淡黄绿色，孵化前由褐变黑。蛹壳黑色无刺。

（3）发生规律。温室白飞虱一年可发生10余代。在我国北方自然条件下不能越冬，只能在温室内越冬，并能在温室内继续繁殖。成虫羽化后，次日即能交配。每1雌虫能在嫩叶上产140~150粒卵，受精卵发育成雌虫，未受精卵发育成雄虫。在24℃左右的温度下，一般25天完成一代。卵期7天，1龄期5天，2龄期2天，3龄期3天，4龄期为伪蛹，蛹期8天。

（4）防治方法。

①保护或人工放养天敌——丽蚜小蜂。

②黄板诱杀。用废旧纸板、纤维板等裁成20厘米宽的长条，上面涂橙黄色油漆或广告色、再涂一层黏油（10号机油加少许黄油），悬挂于植株上部，每667平方米悬挂30~40块。

③熏蒸灭杀。当晴天中午，先喷40%的氧化乐果1 000倍液杀卵和小幼虫，然后再将80%的敌敌畏180克，对水14千克掺入40千克的锯末中调匀，撒入667平方米的瓜行内，将温室或大棚密闭熏蒸，每隔5~7天1次，这样可基本消灭相继孵化的成虫。

④喷药杀灭。2.5%的功夫乳油5 000倍液、20%灭扫利乳油2 000倍

液、2.5%天王星乳油 3 000 倍液、10%扑虱灵乳油 1 000 倍液、2.5%灭螨
猛乳油 1 000 倍液、2.5%溴氰菊酯 2 000 倍液，每 7 天喷 1 次，连喷 3 次。

第三节　大棚栽培

所谓大棚栽培系指采用跨度 8 ~ 12 米、高度 2.0 ~ 2.5 米的拱圆形大
棚，内加地膜、小拱棚、草苫等多层覆盖，在西瓜整个生育期进行覆盖保
护的一种种植方式。由于大棚具有明显的增温保温效果，并通过多层覆盖，
可以使西瓜提早到 1 月、2 月定植，4 月、5 月可成熟上市，加之大棚与日
光温室相比，造价低，建造容易，因而是目前南北各地西瓜保护地栽培的
主要方式。大棚西瓜栽培各地主要选用优质中早熟品种，也有部分瓜农种
植无籽西瓜或小型西瓜。

一、大棚建造

1. 建棚的时间

大棚的建造时间应根据西瓜的定植时间、天气和劳力情况等而定。大
棚西瓜一般在 2 月上中旬定植，因此，大棚必须在此前建好。华北地区一
般在秋末冬初土壤封冻前建成。

2. 物料准备

建造不同结构的大棚所用物料也不相同。现以山东省常见的面积 667
平方米，跨度 10 米，长 66.7 米，棚高 2.2 米，四排立柱的竹木水泥混合
拱圆大棚为例，说明所需物料的种类、规格和数量。①立柱。2.7 米的中柱
46 根，2 米的边柱 46 根，均为水泥预制而成，立柱的规格：断面可以为 8
厘米×8 厘米或 8 厘米×10 厘米，中间用 3 ~ 4 根直径 6.5 毫米的钢筋加
固。每根立柱的顶端制成凹形，以便安放拱杆，在离顶端 5 ~ 30 厘米处，
分别扎 2 ~ 3 个孔，以便固定拉杆和拱杆。②拱杆。需准备直径 4 ~ 5 厘米，
长 5 ~ 6 米的竹竿 240 ~ 260 根，直径 5 ~ 6 厘米、长 5 ~ 6 米的竹竿或木制拉
杆 50 ~ 60 根。③8 号铁丝 50 ~ 60 千克，14 号铁丝 20 ~ 30 千克。④薄膜。
可选用厚度为 0.08 ~ 0.10 毫米的农用聚乙烯膜，全棚共用幅宽 3 米的薄膜
5 块，一般两侧围裙用幅宽 2 ~ 3 米的薄膜一块，中间的塑料薄膜可用电熨
斗接成一整块，亦可焊成两块。焊成一整块时，只能放肩风；焊成两块时，
除了放肩风，还可放顶风。薄膜用量为 130 ~ 150 千克。如果条件允许，最

好选用聚氯乙烯无滴膜，其增温保温效果好，膜面无水珠，棚内湿度小、植株生长快、病害轻。用量比普通膜多 40～50 千克。

各地在建棚时，可以此为参考，因地制宜，就地取材，既保证大棚牢固耐用，又尽量减少投资。

3. 建棚程序

（1）埋设立柱。确定好大棚的位置后，按要求划出大棚边线，标出南北两头 4 根立柱的位置，再从南到北拉 4～6 条直线，沿直线每隔 3 米设一根立柱。立柱位置确定后，开始挖坑埋柱，立柱埋深 50 厘米，下面垫 4～5 块砖以防立柱下陷，埋土要踏实。埋立柱时要求顶部高度一致，南北向立柱在一条直线上。埋好后，中柱地上部分高 2.2 米，边柱高 1.5 米。

（2）安拉杆和拱杆。拉杆又叫横梁，是纵向连接立柱，固定拱杆的"拉手"，一般用直径 5～6 厘米的竹竿或木杆，分别沿大棚纵向固定在中柱和边柱顶部，通过穿丝孔用 8 号铁丝绑紧。固定拉杆前，应将竹竿烤直，去掉毛刺，竹竿大头朝一个方向。

拉杆固定好后再上拱杆。拱杆是支撑塑料薄膜的骨架，沿大棚横向固定在拉杆上，呈自然拱形，每条拱杆用直径 4～5 厘米的竹竿两根，大头插入土中，小头在棚顶处连接，一般南北向每隔 1.2 米一根。若拱杆长度不够，则可将大头分别固定在边柱的拉杆下，两侧接上细毛竹或宽 4～5 厘米的竹片插入土中，深 30～50 厘米。拱杆和拉杆连接处用 15 号铁丝绑紧。拱杆的接头处均应用废塑料薄膜包好，以防磨破棚膜。

（3）覆盖棚膜。扎好骨架后，在大棚四周挖一条 20 厘米宽的小沟，用于压埋棚膜的四边。有些地区若采用压膜线压膜，应在埋薄膜沟的外侧埋设地锚。地锚可用 30～40 厘米见方的石块，埋入地下 30～40 厘米，上用 8 号铁丝做个套，露出地面。

上述工作做完后，即可扣膜。扣膜应尽量选在无风的天气进行。顶部的膜可分成两块，两边用电熨斗各粘成宽 5 厘米左右的筒状，内穿绳拉紧。两肩部的棚膜一边也各熨出一条穿绳筒并穿入麻绳。扣膜时，先扣两侧薄膜，近地面的各边留出 40～50 厘米，埋入土中固定。再将穿麻绳的一边在上部拽平拉紧后固定好，然后将顶膜压在两侧薄膜之上，膜连接处应重叠 20～30 厘米，以便排水。顶部的薄膜相交处也应重叠 20～30 厘米。扣棚膜时要绷紧，尽量少有皱褶。最后，在棚膜上每两根拱杆之间加一道压杆固定好，也可用专用压膜线拉紧后固定在两侧地锚的铁丝套上。

（4）设门开窗。大棚建造的最后一道工序是开门、开天窗和边窗。为了进棚操作，在大棚南北两端各设一个门，也可只在南端设一个门。门高1.5～1.8米，宽80厘米左右。大棚北端的门最好有三道屏障，最里面一层为木门，中间挂一草苦，外侧为塑料薄膜，这样有利于防寒保温。为了便于通风，可以考虑在大棚顶部每隔8～10米开一个1.2米的天窗，或在大棚两侧开边窗。天窗与边窗均是在薄膜上挖洞，另外黏合上一块较大的薄膜，通风时掀开。目前，大面积生产上，多采用在薄膜连接处扒口进行通风。拱圆形大棚的结构见图11。

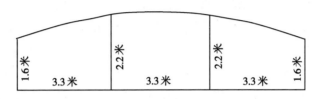

图11　拱圆形大棚结构示意图

二、整地施肥

1. 整地

大棚西瓜一般栽植密度较大，植株生长及结果时间长（可多次结果），因此要求精细整地。如果是新建大棚或利用冬闲大棚，应在冬前深翻25厘米以上，进行冻垡，使土壤疏松；若前茬为秋冬茬蔬菜，应在定植前15～20天进行清园，并深耕晾垡和大通风，以降低土壤湿度和使土壤松散。然后将底肥的一半全面撒施，再翻入土中，整平后开沟集中施肥和作畦。在整地时，应将前茬作物根系及枝叶等拣出棚外。最好结合整地用多菌灵或甲基托布津600倍液全面喷洒土壤或棚体，以预防和减轻病害的发生。定植前7～10天，沿瓜沟浇足底墒水，然后作畦。

大棚西瓜的作畦方式因品种和种植方式而异。如果选用小型西瓜品种，实行立架栽培，作畦方式有两种：一是采用大、小行种植时，整成小高畦。具体做法：按大行距1.5～1.7米，小行距50～70厘米，在小行处沿南北向开挖宽50～60厘米，深20～30厘米的瓜沟，施入基肥后，做成宽70～80厘米、高20厘米的小高畦，两侧适当高出8～10厘米，形成挡水沿。幼苗就定植在高畦上，紧靠沿内侧，一畦双行，小行距50厘米，可以实现一膜双盖；等行距种植时，做成平畦或小高垄，做法是按1.2米的行距开挖宽、深各30厘米的瓜沟，施入基肥后，肥、土混匀，整平做成平畦或高出地面15～20厘米、宽30厘米的小高垄。而选用中早熟品种，实行地爬栽培时，多采用平畦。做法是沿大棚纵向按行距2米开沟，瓜沟宽、深各40厘米，沟内集中施肥后，肥、土混匀，整平造墒，覆膜备播（植）。

2. 施基肥

大棚西瓜植株生长旺盛，后期追肥不便，加之生长结果期长，产量高，因此要施足基肥。基肥的种类与日光温室栽培相似，但用量要更大一些。根据山东昌乐、寒亭等地大棚西瓜高产生产经验，一般每667平方米施优质厩肥5 000千克（或腐熟鸡粪3 000～4 000千克）、腐熟饼肥100～150千克、磷酸二铵70千克、硫酸钾75千克、尿素50千克、硫酸锌2～3千克、硼砂1.5千克。基肥中的厩肥、鸡粪等在翻地前撒施40%左右，其余的施于瓜沟内，用铁锨翻两遍，使与沟土充分混合。将挖出的土80%回填入沟内，再将化肥施入沟内，用锄锄两遍，将土、肥混匀，最后将剩余的土填回沟内平整作畦。

三、移栽定植

（1）定植时间。大棚西瓜的定植时间根据育苗时间、大棚的温度性能及外界气候条件等因素而定。根据西瓜幼苗对温度的要求，一般掌握棚内土壤10厘米地温稳定在15℃以上，日平均20℃左右，棚内最低气温不低于5℃，为安全定植期。依据上述温度指标，普通拱圆型大棚（即只有大棚膜加地膜覆盖）栽培西瓜适宜定植时间，江浙地区在2月中下旬，黄淮海地区2月下旬至3月中旬。目前，全国北方各大棚西瓜集中产区生产中普遍采用"三膜一苫"（大棚膜、小拱棚膜、草苫、地膜）覆盖栽培，个别地方甚至采用"四膜一苫"，即除大棚膜和地膜、草苫外，有两层小拱棚，这样定植期可比普通大棚栽培提早15～20天。山东昌乐、寒亭等大棚西瓜主产区一般在1月上中旬扣大棚和拱棚膜提温，2月上中旬，待棚内10厘米地温提高到15℃以上时适时定植。此时，适龄幼苗四叶一心，嫁接苗苗龄43～45天，不嫁接苗苗龄35～38天。

（2）栽植密度。大棚西瓜的种植密度因品种、栽培形式、整枝方式等不同而异。大面积生产中，种植无籽西瓜品种、双蔓或三蔓整枝，每667平方米500～600株；种植中早熟普通西瓜品种、双蔓或三蔓整枝，每667平方米700～900株；种植小型西瓜品种，采用双蔓或三蔓整枝，立架栽培，以每 667 平方米 1 300～1 500 株为宜［行株距（1.0～1.2）米 ×（0.4～0.5）米］。拱圆形大棚生产上以种植西瓜中早熟品种和无籽西瓜品种居多，也有部分地区在同一大棚内既种植普通西瓜，又种植小型西瓜。山东省德州市黄河崖西瓜科技园经过多年试验，摸索出一套在同一大棚里小型西瓜支架栽培和大果西瓜地爬栽培相结合的办法，既增加了密度，又能保证西瓜正常生长，充分利用大棚空间，实现了增产增收。具体做法：在跨度 10 米的大棚里，中间种 4 行小型西瓜，采用支架栽培，行株距 1 米 ×0.33 米，两侧各种一行中熟大型瓜，如京欣二号、四号、开杂 18 号等，株距 0.4 米，每 667 平方米大棚共种植西瓜 1 200 多株。栽培图示如图 12 所示。

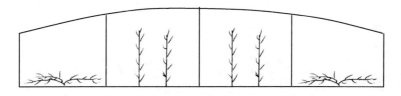

图 12　大棚西瓜立架与地爬栽培结合示意图

（3）定植方法。大棚西瓜应选"冷尾暖头"的晴天定植，以利尽快缓苗，以 9：00～15：00 栽完为宜。定植前 3～5 天将地膜盖在瓜畦上提温。定植时，先在铺好地膜的畦面上按预定株距挖直径 10 厘米、深 10 厘米左右的定植穴，将选出的健壮瓜苗带营养钵或营养土块从苗床中起出，向定植穴内浇适量底水，然后将瓜苗轻轻脱掉外面的纸袋、塑料钵等，小心地放入定植穴内，使土坨表面与畦面平齐或稍露出。摆正瓜苗后即沿土坨四周填土并用手轻轻压实，但不可挤压土坨使其破碎，以免伤根。若畦内土壤较松且底墒不足，或土坨较干时，可在栽苗时随即补浇小水，随后封穴。也可在定植当日暂不封穴，待次日浇一次小水后再封穴。每行栽完后，马上插好拱架，扣上小拱棚提温，夜间再加盖草苫保温。

四、环境调控

1. 大棚的温度特点及其调节

（1）大棚的温度特点。大棚主要依靠太阳光增温，因此，棚内的温度变化与外界光照条件及气温密切相关。

据观察，早春 2 月上旬后，棚内气温逐渐回升。3 月中下旬以后，棚内气温显著升高，平均可达 15 ~ 38℃，最高可达 40℃ 以上，通过多层覆盖，最低温度比露地高 8 ~ 10℃，基本可以满足西瓜生长发育对温度的要求。4 月中旬以后，棚内平均最高温度可达 35℃ 左右，平均最低温度 10℃ 以上，中午需通风降温，防止高温伤害。

棚内温度的日变化规律是：白天由于"温室效应"，气温升高；夜间因无热源，故散热降温。一般日出前后气温最低，日出后 1 ~ 2 小时迅速回升，12：00 ~ 13：00 温度最高，比外界最高温出现要早。下午 15：00 以后，棚温开始下降，平均每小时降温 3 ~ 5℃。傍晚加小拱棚和草苫后，由于棚内热量传导和辐射向棚外逃逸的途径受到阻隔，气温下降缓慢，下半夜随外界温度下降，棚温也逐渐下降。夜间降温幅度与外界天气条件、大棚密封程度、草苫厚度等有密切关系。早春晴天时，一般一夜间棚温要下降 5 ~ 8℃；多云或阴天下降 2 ~ 4℃。夜间无云大风天气，温度下降的幅度要大些。大棚内地温的变化与气温一致，但晚于气温，变幅也小于气温，相对比较稳定。

（2）大棚西瓜的温度管理。定植后 5 ~ 7 天内，要想方设法提高气温和地温，争取保持在白天 28 ~ 30℃，夜间不低于 16℃，以促进缓苗。为此，要密闭大棚和大棚内的小拱棚，不要通风换气，草苫要晚揭早盖，使棚内温度最低不低于 12℃。缓苗期不浇水，以防降低地温。

缓苗后随外界气温回升和植株生长，逐渐开始通风，调节棚内温度。一般白天温度不高于 30 ~ 32℃，夜间不低于 15℃，以利于西瓜伸蔓发根，稳健生长。3 月下旬以前，主要揭开大棚内的小拱棚通风，晴暖天气，9：00 ~ 15：00 可将小拱棚大部分或全部揭开，使植株充分见光，16：00 左右再将小拱棚盖好。多云天气中午揭膜见光时间可相应缩短 1 ~ 2 小时，阴雨天气一般只在中午短时揭膜见光。此期小拱棚上的草苫晴天上午见光后揭开，下午日落前 2 小时盖好，阴雨低温天气只在 10：00 ~ 15：00 揭苫。

4 月上旬以后，外界气温逐渐升高并趋稳定，可去掉草苫，并根据外界温度情况逐步撤除小拱棚。此期西瓜进入开花坐果期，应保持充足的光照和较高的夜温。白天晴天时，在大棚上利用天窗或"扒肩"放风，保持棚温 30℃ 左右，最高不超过 35℃。以后随外界气温升高，不断加大通风量，5 月上旬以后，通风口夜间不闭。

2. 棚内光照及气体成分的调节

（1）大棚光照特点及调节。大棚的光照状况取决于季节、时间、天气条件等。另外，与大棚结构、覆盖材料（主要是薄膜种类）和管理技术等也有很大关系。

从大棚结构来看，南北向延长者受光均匀程度优于东西向延长者。从棚内垂直方向光照的分布情况看，自棚顶向下光照强度依次减弱。棚膜附近光强相当于外界光强的 80%～90%，距地面 1 米左右相当于 60% 左右，0.2 米处相当于 40%～50%。棚内光强的空间分布，晴天时差异大，阴天时差异减小。

薄膜的新旧和种类，对光照条件影响很大。以露地光照为 100%，透明膜和新膜的光照为 90%～93%，而薄膜一经尘染或被水滴附着后，则其透光率很快下降到 75% 以下。大棚内套小棚后，小拱棚内光照也按上述透光率递减。

棚内光照的调节，主要应从以下几方面入手：第一，改善大棚结构，提高采光量。在不影响大棚牢固性的前提下，尽量减少棚内立柱。另外，大棚不宜太短，一般应在 50 米以上。第二，选用适宜的薄膜。尽量选用透光率衰减慢、具有防水雾凝结的无滴膜做棚膜。另外，扣棚时要使棚面绷紧，力争无波浪起伏和皱褶。第三，适时揭除小拱棚及揭盖草苫，这与棚内温度管理时的要求相同，以保持光温协调。第四，保持膜面洁净。及时擦拭膜面上的尘土、草屑等，保持较高的透光率。另据群众经验，用豆浆或豆面擦拭薄膜，可防膜面水雾，有效地提高透光率。第五，合理安排种植方式。如采用南北向支架以及前面提到的支架栽培与地爬栽培相结合等，并及时掐去下部老叶，改善植株中下部光照条件。

（2）棚内气体变化特点及其调节。大棚内的气体成分与自然条件下有很大不同。其中对西瓜生长发育影响较大的主要是二氧化碳和其他有害气体等。

大棚内的二氧化碳气体是有机肥料的分解、土壤微生物的活动等而释放出来的。大气中二氧化碳浓度比较稳定，约为 300 微升/升。而在密闭的棚内，夜间二氧化碳浓度明显高于外界，到日出前浓度最高，一般可达 600 微升/升左右。上午随着光合作用的进行，其浓度逐渐下降，中午前后最低，仅 200 微升/升左右，限制了光合作用的进行，出现短时的"午休"现象。结合降温放风后，棚内二氧化碳又得到补充，浓度逐渐回升。

大棚是一个密闭环境，各种气体均容易在棚内积累。某些有害气体如氨气、亚硫酸气等积累到一定程度就会对作物产生毒害作用。西瓜对氨气十分敏感，当棚内氨气浓度超过 5 微升/升时，西瓜植株中部叶片上开始出现水渍状斑纹，2～3 天后，受害部位变枯，严重时会使植株全株死亡。棚内有害气体主要是过量使用碳酸氢铵、新鲜人粪尿、鸡粪等而产生的，生产上应引起高度重视。

大棚气体调节的主要目的是排出有害气体，增加棚内的二氧化碳浓度。主要措施就是最常用的通风换气，常与降温、排湿结合进行。此外，为了提高大棚西瓜光合生产率，弥补棚内二氧化碳的不足，在大棚西瓜结果期还可进行二氧化碳施肥。二氧化碳施肥有许多方法，目前国外多采用燃烧石油或白煤油来产生二氧化碳，方法简便，但成本较高，国内很少采用。目前，生产上除增施有机肥外，还可使用大棚专用 CO_2 发生器。如山东工程学院山东宇田企业集团公司生产的大棚手提式二氧化碳气肥发生器，使用效果很好，可使棚内二氧化碳浓度达到 1 000 微升/升，增产 30% 以上。每 667 平方米大棚使用碳酸氢铵 35 千克、62% 稀硫酸 30 千克，可施用 15～20 天。具体使用时间是，膨瓜期每天早晨日出后半小时开始，遇阴雨、寒流等光照弱及特殊低温天气停止使用；春季放风季节，每次使用后须适当推迟放风时间，一般可在用后 1 小时放风。因二氧化碳比重大于空气会自然下沉，所以施用二氧化碳气肥的大棚最好在棚顶部放风换气。

3. 大棚湿度特点及其调节

(1) 大棚的湿度特点。大棚气密性强，不透水，在密闭状态下，棚内空气湿度经常在 80%～90%。棚内空气湿度的变化规律是：棚温升高，则相对湿度降低；棚温降低，则相对湿度升高。晴天、风天相对湿度降低，阴雨天气相对湿度显著上升。春季，每天日出之后随着棚温的迅速上升、植株蒸腾和土壤蒸发加剧，如果不进行通风，则棚内水汽量（绝对湿度）大量增加，通风后棚内湿度下降，至下午闭风前，湿度降到最低点，夜间，温度下降，棚膜会凝结大量水滴，相对湿度达饱和状态。

棚内相对湿度达到饱和状态时，提高棚温可以使湿度下降。在棚温 5～10℃时，每提高 1℃，则相对湿度可下降 3%～4%；若棚温达到 20℃时，相对湿度为 70%。大棚内的土壤湿度，也比露地要高。当空气湿度高时，土壤蒸发量小，土壤湿度也很高。大棚棚膜上夜间时常凝聚大量水珠，积聚到一定大小时，形成"冷雨"而降落到地面。水分这种循环，使得大棚内畦面上显得潮湿，从而影响土壤的透气性。尽管大棚内土壤表层潮湿，但土壤深层也会像温床一样，往往缺水，切不可被这种假象所迷惑而忽略及时浇水。

（2）湿度的调节。大棚内空气湿度主要靠通风进行调节。早春外界气温尚低，通风降湿往往与保温发生矛盾，尤其是在早晨，放风后不仅温度回升较慢，而且在夜间植株排出的二氧化碳这一珍贵的光合原料亦随之被排出，造成浪费。因此，大棚通风降湿不宜在早晨进行，而应在中午时间棚内温度偏高、二氧化碳较低时，结合降温、换气、排湿一起进行，可一举多得。

另外，注意合理浇水。因大棚内水分较露地蒸发量小，每次浇水量不可过大，浇水次数不可过多。但也要注意，因大棚内不断有棚膜水滴入土壤，使表土经常潮湿而忽略对下层土壤水分的检查，而造成土壤缺水。为了减少土壤水分蒸发，降低空气湿度，采用地面覆盖薄膜，在膜下进行沟灌是效果显著而又简便易行的良好措施。

五、整枝理蔓

1. 整枝

大棚西瓜与日光温室栽培在整枝方式上基本相同，一般多用一主一副双蔓整枝法，或一主二副、无主三副三蔓整枝。双蔓整枝即植株伸蔓后，主蔓 30 厘米左右时，在主蔓基部选留一健壮侧蔓，其余全部摘除。无主三副三蔓整枝法即植株开始"甩龙头"时，主蔓摘心，侧蔓长出后，在主蔓基部同时选留三条健壮侧蔓，一条作为营养蔓，其余两条作为结果蔓，这种整枝方式适用于果型较少的品种，每株留二果。小型西瓜采取支架栽培，西瓜膨大后，顶部再伸出的侧蔓和孙蔓，应根据植株长势酌情处理。若植株长势趋于衰退，侧枝适当多留；若植株长势强健，则适当少留，同时注意选留坐二次瓜的侧枝。

2. 支架与理蔓

大棚栽培普通西瓜或无籽西瓜品种，采用地爬栽培，瓜蔓长 50 厘米左右时压蔓，以后每生长 30～40 厘米压一次。用明压法即可。大棚内栽培小型西瓜多采用立架架蔓。立架时，架材可用长 2～2.5 米（直径 1.5 厘米左右）的细竹竿，也可用吊绳吊蔓。

搭架时间以定植 25 天以后，待瓜秧长至 30～40 厘米时为宜。这时可去掉大棚内的小拱棚，立即进行插竿搭架。如时间过晚，容易损伤瓜秧。搭架时应将所用架材截成所需长度，表面经消毒后再行使用。插竿时，可按每棵秧插两根竹竿，与西瓜插在同一行内的植株两侧，距根部10厘米以外处。竹竿要插牢、插直，每行要成一直线。当插完立竿后，再在立竿上绑两道水平横竿。第一道在距地面30厘米处，第二道在竹竿上部，距顶端20厘米处。然后再用竹竿在上部第二道水平竹竿上将各排架连成一体，以加固支架。为了防止支架当西瓜膨瓜后由于负载迅速增加而导致倾斜甚至倒伏，还需用尼龙绳或聚丙烯带将各排上部水平竿悬吊在大棚的骨架上，这样使棚内立架与整个大棚连成一体，坚挺牢固，使支架安全可靠。

搭完架后，即可开始引蔓、绑蔓，当蔓长40厘米左右时，即可将地爬生长的瓜蔓引上竹架。引蔓时，可用聚丙烯带将各蔓绑在每根立竿上。绑好第一道后，随瓜蔓的伸长，可使瓜蔓呈"弓"形弯曲向上，并注意使各蔓弯曲方向和弯曲程度大体一致，上下绑绳间距离以25～30厘米为宜，随秧蔓的伸长直到架顶。绑蔓时应采用"8"字形绳扣，并将瓜蔓牢固地绑在立竿上，以防脱下。绑蔓作业中应注意理蔓，将叶片和瓜胎合理安置，并要加倍小心，以防折断嫩秧、碰伤幼瓜。后期绑蔓更要注意，防止伤害膨大的果实。绑蔓和整枝工作可结合在一起同时进行。

采用吊蔓方式时，先沿每行在棚顶拉一道南北向8号铁丝，每隔3米左右，用14号铁丝固定在大棚拱竿上。然后在每棵瓜秧上方吊2～3根（根据留蔓数而定）细麻绳或聚丙烯带，下垂至地面。当主蔓长至40厘米左右时，结合整枝留蔓，将吊绳系在每条蔓的基部。随着秧蔓生长，使其不断向吊绳上缠绕，每隔40～50厘米，再用细绳扎一道，以防秧蔓滑落。

六、授粉选瓜

（1）授粉。大棚西瓜一般在3月上中旬开花，此间由于棚内没有传粉昆虫活动，因此，必须进行人工授粉才能确保坐果。根据大棚西瓜温度特点和西瓜开花习性，应在每天上午8：00～10：00进行人工授粉。阴天低温时，雄花散粉晚，可适当延后。为防止阴雨天雄花不易散粉或散粉过晚，可在头一天下午将次日即要开放的雄花采下，放在室内28℃温度环境下较干燥的器皿内，使其次日能及时开花散粉，以便按时授粉。授粉方法与日光温室栽培的方法相同，每授完一朵雌花，应随即做好标记，标明授粉日期，以便采收时准确确定西瓜成熟日期。大棚内因环境因素的影响，特别是温度波动较大，西瓜坐果率一般较低。为了提高坐果率，防止空秧，可在所留瓜蔓上，第2、第3雌花全部授粉。这样有较多的雌花坐瓜，可以有较充分的余地选瓜留瓜。

（2）选瓜。西瓜经过人工授粉后，一株可坐多果。为提高果实质量，当幼瓜长至直径3～4厘米时，必须认真选瓜、留瓜。双蔓整枝、单株留单果者，首先看主蔓第15节至第17节上有无果柄粗壮、外形周正、鲜嫩、有光、表面布满茸毛、无病无伤、符合本品种特征的幼瓜。若有，先尽主蔓选留。主蔓上如无中意者，再在侧蔓上选择。第2雌花如无合适者，再在第3雌花所坐幼果中选择。总之，从几个幼瓜中挑选一最佳果留下，其余全部去掉。三蔓整枝、单株留二果者，按上述选瓜原则，选择2枚幼果留下，其余摘除。对所保留的幼瓜，因极为幼嫩，易被虫咬和受机械损伤，应注意保护。

七、肥水管理

1. 浇水

大棚西瓜前期因温度偏低，应尽量少浇水。定植前浇足底水，缓苗期如土壤墒情较好，幼苗缓苗较快，可以不浇水。如果天气晴好，棚内温度高，土壤过干，幼苗叶色灰暗时，应选晴天上午9：00～10：00，在地膜下顺瓜畦暗浇，以保证使地温不致降低过多，又使幼苗尽快缓苗。以后随着温度升高，可逐渐增加浇水次数和加大浇水量，以促使瓜秧健壮生长。当主蔓长至30～40厘米时，可结合插支架浇一次水，这次浇水一方面可促进西瓜植株生长发育，为坐果打好丰产架子，另一方面还有利于插竹竿搭支架，同时还可以在浇水前进行一次追肥。在开花坐果期，一般不进行浇水，一方面防止因水分过多造成徒长而引起"化瓜"，另一方面不至于因水分的影响造成花粉后期发育不良，影响受精坐果。坐瓜后，当幼瓜长至鸡蛋大小时，棚内温度已高，西瓜开始进入吸水高峰期，应增加浇水次数和浇水量，使土壤经常保持湿润为宜。一般每隔7～8天浇一次水，采收前5～7天，为了促进西瓜成熟和不致降低果实含糖量，应停止浇水。在南方多雨地区或地下水位高或土壤偏酸的地方，应酌情减少浇水次数和浇水量。

2. 追肥

大棚西瓜的追肥与日光温室栽培类似，在施足基肥的基础上，一般进行根部追肥2～3次，即在小拱棚撤除后，在瓜行一侧开沟，每667平方米施腐熟豆饼或棉仁饼150～200千克，或氮、磷、钾三元素复合肥20千克，以促进植株生长，为开花坐果和幼果发育打好基础。待幼瓜坐稳后，长至鸡蛋大小时，西瓜植株进入吸肥高峰期，为保证养分的吸收供应，每667平方米施三元素复合肥40～50千克，结合进行一次浇水。在根部追肥的同时，还可喷施叶面宝、福乐定等叶面肥料。此后根据植株长势情况，及时浇水、追肥和防病保秧，如果管理得当，大棚西瓜可以实现3次结果，甚至4次结果，产量和效益大大提高。具体管理措施参见日光温室栽培中"多次结果技术"部分。

八、病虫防治

大棚西瓜主要病虫害有炭疽病、疫病、蚜虫、红蜘蛛、瓜螟等。防治病虫害应贯彻"预防为主、综合防治"的方针，掌握以农业防治为主、药物防治为辅的无害化控制原则。常用的高效低毒低残留农药有：病害防治可选用甲基托布津、百菌清、杀毒矾、克露、使百克、瑞扑等；治虫农药可选用广谱低毒的阿维菌素、海正灭虫灵、蚜虱净、乐斯本等。各种常见病虫害的具体防治措施参见日光温室栽培中的相关部分。

第四节　中拱棚栽培

所谓中拱棚栽培系指采用跨度4～6米、高1.4～1.8米的拱棚，内加地膜、小拱棚、草苫等多层覆盖，在西瓜整个生育期进行覆盖保护的一种种植方式。中拱棚建造容易、可就地取材，造价比大棚低，拆迁移棚方便，西瓜成熟上市期比大棚稍晚，投资效益比高于大棚，因而近年来在河北、山东等地逐步发展起来。

一、中拱棚建造

中拱棚主要是竹木结构，分为单排柱中棚和双排柱中棚两种（图13、图14）。现分别介绍如下。

1. 单排柱中棚

单排柱中棚一般跨度较小，多为4米左右，高1.4～1.6米，南北向，中间设一立柱，每隔3米一根，立柱多用直径8～10厘米的树棍或短木，埋入土中40～50厘米。立柱顶部设一拉杆，拉杆可用直径3～5厘米的竹

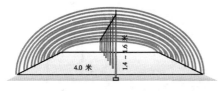
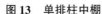
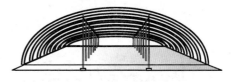

| 图 13　单排柱中棚 | 图 14　双排柱中棚 |

竿，大头朝一个方向，用 8 号铁丝固定在立柱上，拉杆接头处用铁丝拧紧，并用废旧地膜包好。用宽度 5~6 厘米的竹片或直径 3~5 厘米的竹竿做拱杆，两端插入土中，每隔 1 米一根，将拱杆用 8 号铁丝与拉杆拧紧，固定成一个整体。

2. 双排柱中棚

双排柱中棚跨度一般为 5~6 米，高度 1.7~1.8 米，南北向，立柱南北间距 3 米，两排立柱间距 3~4 米，两侧各为 1~1.5 米。立柱所用材料同单排柱中棚。两排立柱上均设拉杆，用竹片或直径 3~5 厘米的竹竿做拱杆，间距 1 米，每道拱杆用 2 根，粗头插入两侧土中，深 30 厘米以上，细头在棚顶相交用铁丝拧紧，分别固定在拉杆上，并将连接处用废旧薄膜缠好。

中拱棚一般采用两块幅宽 3~4 米的薄膜覆盖，两侧埋入土中 30~40 厘米，在顶部压叠 30 厘米左右，用于通风换气和排湿。

二、整地做畦

中拱棚因跨度较小，每棚只能栽植 2~3 行，所以做畦时因棚型不同，畦式也不同。单排柱中棚跨度 4 米时，种植 2 行在立柱两侧 30 厘米处以外，各挖宽 40 厘米、深 40 厘米的瓜沟。瓜沟内集中施肥，一般每 667 平方米施腐熟鸡粪 3 000~4 000 千克、豆饼 50~75 千克、磷酸二铵 50 千克、硫酸钾 50 千克，土肥混匀，然后顺瓜沟造墒，待地表稍干后，整平做成小高畦。畦外侧各挖一深 10~15 厘米、宽 40 厘米的浇水沟。双排柱中棚跨度为 6 米时，可种植 3 行，畦式如图 15 所示，其中一畦双行，瓜沟宽 80 厘米、深 40 厘米，整好瓜畦后中间留浇水沟，瓜秧向两侧爬。施肥情况与单排柱中棚相同。

三、移苗定植

中拱棚西瓜应选用耐湿、耐弱光、长势中庸偏弱的早熟或早中熟品种。

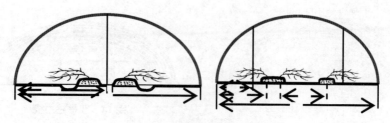

图 15　中棚西瓜畦式

中棚的温度性能与大棚相似，但热容量及保温性比大棚略差，因此定植期可比大棚栽培适当延后 3～5 天。华北地区采用"三膜一苫"栽培（即中拱棚内套小拱棚和地膜，加盖草苫）可在 2 月下旬至 3 月上旬定植。按日历苗龄 35 天计算，在 1 月下旬播种育苗为宜。

移栽前半月左右扣好中棚，7～10 天后在盖好地膜和小拱棚提温。

定植选"冷尾暖头"的晴天，先揭开小拱棚，按株距 50 厘米在地膜上开穴，定植方法同双膜覆盖栽培。双排柱中棚一畦双行者，两行交错开穴定植，以合理利用土壤养分，提高肥料的吸收利用率。定植完毕，盖好小拱棚，夜间加盖草苫。

四、缓苗期管理

定植后的温度管理与大棚栽培相似。只是中棚白天升温块，夜间降温也块。前期夜间注意保温，中后期白天加大放风量。放风时，将顶部薄膜向两侧扒开即可。随外界温度和棚内气温的升高，逐渐加大放风口，4 月下旬以后，夜间放风口可以敞开。如遇阴雨天气应适当关闭。缓苗期视苗情和土壤墒情，及时点浇缓苗水，也可顺浇水沟轻浇一次水，以促使幼苗尽快缓苗。

五、整枝理蔓

中拱棚西瓜一般采取一主一副双蔓整枝法，即只保留主蔓和主蔓基部一条健壮的侧蔓，其余侧蔓全部去掉。因中拱棚空间较小，较为低矮，田间行走、管理多有不便，整枝时应尽量彻底一些，即主蔓长 50 厘米左右时，除需要保留的侧蔓外，将主蔓基部的其他侧蔓及侧芽一次清理干净，以减少后期整枝次数。中棚西瓜一般选留第 2 雌花坐瓜，开花后及时进行人工授粉，并做好标记。幼瓜坐稳并长至鸡蛋大小时，在主蔓前保留 15～

18 片叶打顶，以促进养分向果实转移。此外，结合整枝注意及时理蔓、顺蔓，使秧蔓在地面均匀分布，防止其重叠、遮压，以充分利用光照，有利于植株的光合作用。

六、追肥浇水

中拱棚西瓜的追肥浇水与大棚西瓜基本相同。追肥时期和追肥量可参照大棚栽培。追肥时，在瓜秧一侧 20 厘米处开沟，或结合浇水冲施。浇水时，坐瓜前宜顺浇水沟浇小水。膨瓜期加大浇水量。

第五节　双膜覆盖栽培

所谓双膜覆盖栽培系指采用地膜加小拱棚（高度 60～100 厘米、跨度 1.0～2.0 米）在西瓜生育前期进行覆盖保护，而到中期以后即为露地栽培的一种种植方式，也可称为半保护栽培。因其投资少，栽培技术容易掌握，一般比露地栽培提早成熟 30～40 天，增收 50%～100%，群众乐于接受，所以是目前各地西瓜主要栽培形式之一。

一、选茬整地

1. 选地

西瓜耐旱怕湿，应选择地势高燥、土层深厚、排灌方便的地块，土质以沙壤土和中壤土为好。种植双膜覆盖西瓜，前茬多为休闲时间较长的玉米、谷子、高粱等秋季作物，或棉花、秋菜、甘薯等，忌选重茬地。一般旱地需轮作 6～7 年，水田需轮作 4～5 年才能再种西瓜。

2. 整地做畦

北方地区在秋季作物收获后土壤封冻前深耕一次，一般耕深 20～30 厘米，结合冬耕可进行一次冬灌，以改善土壤结构，减少地下害虫危害。

早春土壤解冻后耙细整平瓜地，然后再深耕一次，经翻耕后的土地，应使土壤疏松、土块细小，地面平整。然后按预定行距挖宽深各 30～40 厘米的瓜沟，熟土（0～20 厘米耕层土）、生土分放南北两侧，施入基肥后做畦。双膜覆盖栽培常用的瓜畦形式有锯齿畦、龟背畦、宽高畦、窄高畦、低畦等。现分述如下。

（1）锯齿畦。一般为东西走向，畦宽 50～60 厘米。畦坡宽 1.3～1.5

米。具体做法：在挖出瓜沟的基础上，将南侧部分熟土与肥料相混合填入瓜沟内，再将剩余的熟土盖在上面，使瓜沟基本填平，然后将北侧生土筑成高 30 厘米左右的畦埂，并向北顺成南高北低的斜坡（即畦坡），使整个瓜田从侧面看呈锯齿状。锯齿形瓜畦具有良好的挡风、反光、增温和保温作用，在华北地区早春多风特别是山东、河北等地早熟栽培中应用较多。

（2）龟背畦。将原挖的瓜沟回填肥料和熟土后做成畦底，整成宽 30 厘米左右的平面，再将畦底两侧的土分别向畦背（挖瓜沟时放生土的地方）扒拢，使两沟间形成圆滑的龟背形，即龟背畦，背高距沟面为 20 厘米为宜。因为龟背畦多在畦底处播种或栽苗，伸蔓坐瓜在龟背上，所以适合南方春季多雨地区应用。

（3）宽高畦。一般畦面宽 3.2～3.6 米，畦沟宽 30 厘米，瓜苗栽在畦沟的两侧，栽培时一沟双行。宽高畦的优点是畦面较宽，有利于瓜蔓爬伸，也方便管理；主要缺点是浇水量少时，不易浇透畦土，易出现畦内干旱、供水不足的问题。宽高畦较适合于地下水位较高、土质偏黏、结瓜期雨水较多的地方应用。

（4）窄高畦。一般畦面宽 1.6～1.8 米，畦沟宽 25 厘米左右，畦面比畦沟高 15 厘米左右。每畦栽 1 行瓜苗，瓜苗栽在相邻两畦畦沟两侧的畦边，小拱棚可同时覆盖 2 行瓜苗。窄高畦的优点是畦面窄、容易浇透水；缺点是费用较多，不利于瓜蔓爬伸，田间管理多有不便。窄高畦的适用范围较广，而地下水位偏低，结瓜期降水量较少，但水源较充足，有水浇条件的地方应用较好。

（5）低畦。低畦由浇水畦和爬蔓畦两部分构成。浇水畦也叫瓜行畦，宽 50 厘米左右，每畦栽 2 行瓜苗，2 行瓜苗伸蔓后分别向相反的方向爬行。爬蔓畦位于浇水畦的两侧，畦宽 1.5～1.8 米。定植后，小拱棚覆盖在浇水畦上，一棚扣双行瓜苗。低畦的浇水面大，浇水充足，在地下水位较低、结瓜期干旱少雨及土质偏沙、保水能力差的地方应用效果较好。

二、施肥造墒

1. 施基肥

西瓜双膜覆盖栽培生育期长，需肥量大，因此，应高度重视基肥的施用。施基肥要掌握以下要点。

（1）各种肥料搭配施入。施基肥是西瓜最重要的施肥方式，西瓜整个生育期所需要的肥料大部分以基肥的形式施入瓜田中，因此，用做基肥的肥料品种必须营养全面，长效肥料与速效肥料搭配，化肥中的氮肥、磷肥、钾肥配比合理。下面以中等肥力土壤为例，列举几种基肥配比方式：①优质厩肥 4 000～5 000 千克，饼肥 150～200 千克，过磷酸钙 75 千克，尿素 30 千克，硫酸钾 20 千克；②腐熟鸡粪 2 000～3 000 千克，三元复合肥 50 千克；③饼肥 400～500 千克，氮肥 20～25 千克，磷肥 40～50 千克，钾肥 20～25 千克。

（2）分层施肥。有机肥特别是农家肥的营养释放缓慢，单位时间内的释放量少，要深施，以便在西瓜生长的中后期根系充分扩展后，发挥作用。通常有机肥的 2/3 要施入瓜沟底层，即施入地面下 20～30 厘米的土层内，剩余的 1/3 施于 0～20 厘米耕层内，为西瓜前期的生长提供营养。饼肥用量多时也要像农家肥一样分层施入。化肥多与有机肥混合后施在土壤表层。

（3）根据肥料的特性施肥。化肥中的氮肥肥效快、易流失，应集中施肥，以穴施和沟施较好，以提高利用率。磷肥容易被土壤固定，降低肥效，应和有机肥混合后施入地里。钾肥同氮肥一样，也容易流失，因此，也要集中施肥和浅施肥。饼肥分解快，养分释放也快，肥效高，但易发生流失，以集中施肥效果较好，生产上多采用沟施法。农家肥的施用量大，是西瓜所需营养的主要来源，应普遍施肥，扩大肥料的分布范围，提高肥料的利用率，可以采用撒施后耕翻与集中沟施相结合。各种有机肥在施用前均应充分发酵、腐熟，以杀死部分病菌、虫卵，减少对西瓜根系的危害。

（4）肥料与土壤混匀。有机肥要捣碎后再施入，施肥时必须与土壤混匀，以免粪块烧根，特别是饼肥更需整成细末后再施肥。化肥的用量少，不易施匀，可以将肥料与适量的细土拌匀后再施肥。

2. 造墒

西瓜早熟栽培要求土壤底墒一定要好。因为北方地区早春雨水稀少，而且由于薄膜阻隔，雨水难以直接进入膜下土壤。如果土壤底墒不足，会影响种子萌发和出苗，对育苗移栽者，会严重影响幼苗缓苗。因为移栽时浇水少了，墒情不足；浇水多了，降低地温，二者都会使缓苗期延长。所以，必须浇足底水，这是保证一播全苗和移栽苗成活的关键。浇水时可沿瓜沟或瓜畦温灌。灌水后，等到土不黏时，再用铁耙将瓜畦表土松起整平，即可铺膜备播或定植。南方春季雨水较多，底墒好，但有时因瓜地泥泞难以下地播种，或因播种后土壤阴湿，出苗缓慢，严重的会出现烂种或"僵苗"。因此，应赶在连阴雨天之前整好地，做好畦，把地膜提前铺好，以提温保墒，保证一播全苗和移栽成活。

三、双膜覆盖

1. 地膜覆盖

瓜田在整地造墒后，适时覆盖地膜，以提温保墒。

（1）地膜的种类及选择。地膜的种类主要有无色透明膜、有色膜（其中包括黑色膜、银色反光膜、银灰色膜、乳白色膜、黑白两面膜等），水枕膜（也称储热膜）等。

瓜田地膜的选择，应从西瓜的生育特性和自然条件综合考虑。西瓜是喜温、喜光作物，要求土壤既有充足的水肥供应，又能保持结构疏松通气良好，特别春季有较高的地温和充足的水分。生产上多选用无色透明膜，这种膜主要是增温、保墒好。黑色膜对抑制杂草的滋生有特效；银灰膜具有避蚜、反光作用，能增强作物中下部光照。

（2）地膜覆盖的形式。因各地气候条件、栽培畦式等不同，地膜覆盖的形式也不相同。常见的主要有平覆盖、穴顶盖（亦称改良式覆盖）和空盖。空盖又分为阳畦式和小拱式。

①平覆盖。是最普通的覆盖形式，即将薄膜紧铺在整好的畦面上，两边用土埋好，当幼苗出土后，破膜将苗放出。采用这种覆盖形式，播种不能太早，以在当地终霜前 5~7 天播种为宜。播种过早，幼苗易遭受霜冻危害。

②改良式覆盖（穴顶盖）。即在瓜畦上（垄背或播种畦），按预定株距挖深 5 厘米、长宽各 10 厘米的播种穴，将种子播种在穴内；也可在瓜沟中间开一条宽 10 厘米、深 5 厘米左右的沟，将种子按预定株距均匀播下。播完将地膜平铺在畦面上。采用改良式覆盖，幼苗出土后能在膜下生长一段时间，待幼苗长出 1~2 片真叶时破膜放出，这样播期可比普通覆盖提早 5~7 天。据测定，这种覆盖方式，膜下 10 厘米地温比普通覆盖高 1.7℃，比露地高 5.9℃。

③阳畦式空盖。又称微型日光温室。在锯齿形瓜田中，利用后面的畦埂，将地膜斜盖在瓜畦上，形成北高南低的斜面，呈阳畦状。这种覆盖形式可以吸收较多的光能，白天升温较快，后面因有畦埂阻挡，可以有效抵御北风侵袭，因而具有良好的防寒保温作用。阳畦式覆盖，幼苗可在膜下

生长到 3 ~ 4 片真叶时放出，因而播期可比露地提早 10 ~ 15 天。

④小拱棚式空盖。又称"遮天盖地"，是利用紫穗槐条、细树枝条等，在瓜畦上每隔 60 厘米左右插一高 25 ~ 30 厘米、跨度 60 ~ 70 厘米的小弓条，上面覆盖薄膜，呈小拱棚状。这种覆盖方式，上午升温快，晴天时内部温度可达 40℃以上，下午降温较快，温度日变幅较大。棚内 10 厘米地温比普通覆盖高 2.9℃，比露地高 7.1℃。利用这种覆盖方式，播期可比普通覆盖提早 7 ~ 10 天。幼苗出土后可以在棚内生长 15 ~ 20 天，长至 3 ~ 4 片真叶时，终霜期已过，即可将小弓条撤掉，将苗放出，薄膜平铺于地面。

（3）除草剂和除草地膜的使用。杂草是瓜田的一大灾害，覆盖薄膜虽对杂草有一定的抑制作用，但多数瓜田薄膜覆盖一旦太久，便会有多处伤损破裂，使膜下温度降低，杂草丛生。因此，西瓜幼苗期是各种杂草滋生的一个高峰时期。当西瓜伸蔓之后达 1 米左右时，因不便于中耕除草，所以又会出现第二个杂草高峰期。为了及时消灭杂草，除了人工拔除之外，覆膜前利用除草剂除草是一项省工、高效、成本低的现代化除草措施。现介绍如下。

①常用播前除草剂。播前除草剂一般为广谱性除草剂，这类除草剂对绝大多数杂草均有杀灭作用。生产上常用的有除草醚、抑草生、氟乐灵、杀草净、克草死等。这类除草剂可在西瓜播种后处理土壤，用以消灭西瓜幼苗时期的杂草。

②施用方法。一般在西瓜播种后出苗前或移栽定植前进行地面喷雾。有的施后需与表土相混合，以延长残效期。几种常用除草剂的使用剂量和使用方法如下：

扑草净　以 50% 的扑草净可湿性粉剂 150 ~ 200 克（每 667 平方米用量，下同），稀释 100 倍喷于地面上。如仅喷于瓜沟内，用药量按实际占地面积酌减。

除草醚　以 30% 的除草醚乳油 165 克，稀释 100 倍喷于瓜畦表面；或 25% 的可湿性粉剂 500 ~ 700 克稀释 100 倍喷于地面。

氟乐灵　以 48% 的氟乐灵乳油 75 ~ 120 毫升，稀释 100 倍喷于地面，然后与 5 厘米表土混合，以减轻药剂损耗。

杀草净　以 80% 的杀草净可湿性粉剂 150 ~ 200 克，稀释 100 倍喷于地表。

③除草地膜的应用。随着地膜应用的发展，一种含有除草剂的地膜开

始应用于西瓜生产之中。据山东省农药研究所对含有甲草胺（有效成分为
12.9 克/100 平方米）及含有都尔（有效成分为 9.7 克/100 平方米）的两
种地膜进行试验，结果表明，应用除草地膜防治西瓜杂草，除具有较好的
除草效果外，同时还具有普通地膜的功效，除草的初效与残效均在 90% 以
上，并且分别比覆盖普通地膜和露地栽培增产 15% ~ 17% 和 63% ~ 65%，
比常规使用除草剂更方便、低廉、省工。

（4）覆盖地膜时应注意的问题。地膜覆盖具有显著的增温、保墒、改
良保护土壤结构、减轻杂草和盐渍危害等作用。覆膜质量的好坏直接影响
覆盖的效果。地膜覆盖一般应注意以下几方面的问题：

①整地质量要好。覆膜前要把畦面整细、整平，无明显的粗坷垃，同
时要把秸秆、茬子清除干净，以防扎破薄膜。

②地膜幅宽要适当。一般要求覆盖面不能过窄，但过宽也会造成浪费。
一幅地膜覆盖一行瓜苗时，以地膜幅宽 90 厘米、覆盖畦面 70 厘米为宜；
一幅地膜跨畦同时覆盖 2 行瓜苗时，地膜幅宽应不少于 1.5 米，不跨畦同
时覆盖 2 行瓜苗时，地膜幅宽应不少于 1 米。

③尽量选无风或微风天气覆膜。地膜质轻，易随风飘动，并且耐拉、
耐磨能力较差，有风天覆盖地膜时，不仅不易拉平地膜，地膜因风皱多、
歪斜、覆膜质量差，而且容易拉破或划破地膜。一般根据当地天气情况，
风力超过 3 级时，不要覆盖地膜。

④地膜要拉紧、覆平，四周用土封严。地膜拉不平时，透光量减少，
增温幅度也变小。地膜四边封不严实，地膜下的热量容易散失，增温效果
差，反而有利于杂草生长。为使地膜下形成一个相对封闭的空间，除了地
膜的四边要封严实外，定植穴四周及地膜上破损处也要用土封严。

2. 小拱棚建造

春季西瓜播种或定植前 5 ~ 7 天，扣好小拱棚，使地温升高。

目前，西瓜生产上所用的小拱棚大部分为拱圆棚。拱圆棚结构简单，
建造方便，且透光性好，棚内空间较大，有利于前期瓜蔓的伸展，并可进
行一棚双行种植，增大种植密度，减少薄膜用量。拱圆棚的最大缺点是保
温能力差。据测定，3 月中下旬晴朗无风的夜间，棚内外的最低温度差通
常只有 2℃ 左右。生产应用时一要注意播种或定植不能太早，二要注意
保温。

春季小拱棚田间走向主要有东西向和南北向。东西走向的小拱棚，在

一天中，棚的南部受光量大，光照较好，温度也较高，而棚的北部受光量较小，温度也较低。在东西走向的小拱棚内种植2行西瓜时，往往北边一行生长相对较慢。在采用锯齿畦瓜畦时，因北面有挡风埂，东西向小拱棚背风朝阳，保温性能较好，棚温高，有利于提早定植。因而东西向小拱棚较适合于早春北风较多的地区应用。南北向小拱棚，上午棚的东部受光较多，下午则相反。一天中，棚的东西两侧受光量大致相等，光照较为均匀，温度分布也较为均匀。但是，南北向小拱棚受风面大，保温能力较差，早春棚温低，西瓜定植时间较晚，适于早春北风较少，气温回升较快的地区应用。

建小拱棚用的拱杆生产上大多用细竹竿，也可以用竹片、长紫穗槐条等，拱杆间距60~80厘米，具体间距应根据所用材料的抗风和耐压程度以及当地西瓜栽培期间的风力情况而定。插杆时，要把杆的粗头插在迎风面（多为北面），细头插入背风面，以免大风吹折架杆。拱架支好后，沿棚的走向，在架顶拱杆内侧固定一长杆，使各拱杆连成一体，增强整个棚架的抗风、耐压能力。支好棚架后，即可扣膜。扣膜前仔细检查棚架表面有无枝杈、毛刺等，如有，应先用刀削掉，保持棚架表面光滑，以防扣棚后磨破薄膜。扣膜最好在无风或微风的天气进行。薄膜要拉紧、拉平、拉直，四边用土压紧、压严，以防风吹鼓膜。

四、适期播种与定植

1. 播种与定植期的确定

双膜西瓜直播栽培播种期的确定主要取决于土壤的温度和出苗后的气温。因为双膜覆盖既提高了地温又使小棚内的气温升高。据山东省德州市农业科学研究院测定，自3月20日至4月20日，小棚内5厘米地温较露地提高10.6~12.3℃，气温提高9℃。棚内温度稳定通过15℃的时间较露地提早20~30天。因此，播种期可相应提前。华北地区可在3月中下旬，长江流域可在3月上旬。各地可根据当地的气候条件灵活掌握。只要棚内5厘米平均地温在12℃以上，凌晨棚内最低气温在5℃以上，即为安全播种或定植期。双膜覆盖西瓜多采取育苗移栽，按上述温度指标，适宜定植期，华北地区可在3月下旬，长江流域可相应提前15~20天，定植苗的生理苗龄宜控制在3~4片真叶，日历苗龄不超过40天，按此要求，双膜覆盖西瓜育苗的适宜播种期在2月下旬。

另外，小拱棚的结构和覆盖形式不同，定植期也有一定差异。首先，从小拱棚结构来看，在棚高相同的情况下，宽度越大，棚温也越高；反之，在棚的宽度一定的情况下，棚越高，散热面越大，夜温越低，故宽度较大的低矮棚的棚温比棚体细长的棚温度要高，定植时间要早。其次，就小拱棚的保温措施而言，单膜拱棚的保温效果差，定植宜晚；而双膜另加草苫覆盖的，定植期可适当提前 5~7 天。

2. 定植密度和方法

（1）密度的确定。双膜覆盖西瓜栽培的主要目的是获得较高的早期产量，实现早上市，抢高价，高收益。因此，一般要求种植密度要大，单位面积上瓜数多。但是西瓜是喜光作物，种植密度过大时，往往造成田间郁蔽，通风透光不良，西瓜植株长势差，坐瓜晚且坐果率低，反而会影响西瓜早期产量及总产量。因此，为解决西瓜种植密度过大与田间光照不足的矛盾，生产上一般选用植株长势中庸偏弱、坐瓜早且整齐的早熟或中早熟品种，种植密度控制在每 667 平方米 800~1 200 株，栽培效果较好。

双膜西瓜适宜的栽植密度与品种、土壤肥力、栽培方式、管理水平等因素有关。早熟品种结瓜早、秧蔓长势较弱，单株营养面积小，可适当密植，每 667 平方米可栽植 900~1 200 株；中熟品种坐瓜稍晚，植株长势较强，单株营养面积大，应适当稀植，每 667 平方米可栽植 800~900 株。从整枝方式看，采用单蔓整枝，密度可适当加大；采用双蔓整枝，密度应适中。从土壤肥力看，土壤肥沃的地块，植株生长旺盛，密度宜低；反之，土壤瘠薄的地块，植株生长弱小，密度宜高。另外，技术水平低、管理粗放或采取放任栽培时，密度宜低些。具体确定栽培密度，应根据当地的气候条件和栽培习惯，通过不同品种的密度试验和总结实践经验合理确定。山东省德州市瓜农一般采用行距 1.6~1.8 米、株距 40~45 厘米，每 667 平方米 900 株左右。

（2）定植。定植要根据天气变化情况，及时收听、收看天气预报，选在"冷尾暖头"的晴天突击进行。这样定植后天气晴朗，气温回升快，有利于幼苗缓苗。要防止在"冷头暖尾"进行移栽，否则，赶上降温或阴雨天气，因低温瓜苗迟迟不能缓苗，时间一长会形成"僵苗"，严重的甚至受冻死亡，这对早熟、丰产、优质都有影响。在适宜定植期范围内，如遇阴雨低温天气，宁可晚定植几天，也要选晴暖天气定植，以保证瓜苗尽快缓苗。

定植时，先将拱棚膜一侧揭开，定植方法如下。

①盖膜开穴。定植前一天按预定株距划出定植穴的中心位置，定植当天用特制的打孔器在定植穴的位置打一直径和深度与营养钵大小相当的圆洞。打孔器可以购买，也可自制。自制打孔器时先用薄铁皮制成圆筒形，其下端刀刃处磨利，然后其上端固定在"T"字形的木把上，便于操作，打孔器圆筒的规格应比营养钵的规格（直径和高度）略大一些。定植穴挖好后，将瓜苗从营养钵中脱下，带土坨轻轻放入定植穴内。定植深度应以土坨上面与畦面持平为宜，然后向定植穴内点浇定植水。浇水量大小视土壤墒情而定。如果土壤和营养土坨都很干，则浇水量宜大，每株1千克左右，或在定植完毕后顺瓜畦浇一次小水，如果底墒充足，营养土坨较湿润，则可减少浇水量，每株300~500克。待水渗下后，再用定植穴内挖出的细土将土坨四周的空隙填满，并用手轻轻压实，但切忌按压土坨上面或挤压土坨，以免碎坨伤根，影响缓苗或造成死苗。定植完毕，将地膜开口处用土封严。用这种方法定植，速度较快。有的瓜农育苗前不做营养钵和营养土块，直接将营养土填入苗床，踏平造墒后即可播种。待定植时用打孔器将苗从苗床起出即行定植。此法较为省工，但仅限于定植2~3片真叶的小苗，大苗用此法则伤根较重，缓苗困难。

②揭膜开穴。定植前将地膜从一侧揭开，卷放至另一侧。在瓜畦中央按预定株距开穴，将幼苗从营养钵中脱出后小心放入穴内，点浇定植水使土坨与土壤结合在一起，待水渗下后，缝隙间用土填充，基部用土埋好，将畦面抚平，然后将地膜在幼苗定植处开"十"字或"T"字口，使瓜苗从开口处伸出膜外，最后将地膜铺平，破口处用土封好。这种方法适于定植带大土坨的幼苗（如用营养土块育的苗）。

③裁膜栽苗。将所铺地膜从中间裁成两幅，将外侧一幅揭起，在瓜沟中央沿另一幅的边沿按预定株距开穴栽苗，使幼苗基部贴近地膜的边沿，然后浇水、覆土。定植完毕，再将揭起的一幅膜盖好，盖膜时，在接触幼苗基部处剪一深为5厘米的缺口，使幼苗下胚轴嵌入其中，并使地膜压入另一幅下面，将缺口盖住，并用土在苗基部将膜压紧、封严。这种方法操作比较方便，适于移栽大苗。

定植完成后，盖好拱棚膜，边缘用土压好。如果有条件，在夜间加盖草苫等不透明覆盖物保温，则效果会更佳。

五、缓苗期管理

缓苗期是指瓜苗从定植到长出新叶,幼苗开始恢复正常生长的一段时间。缓苗期的管理主要是温度管理和水分管理。

1. 温度管理

双膜覆盖西瓜缓苗期温度管理的原则与苗床管理一致。由于此期外界气温尚低,设法保持拱棚内较高的气温和地温,促使幼苗尽快缓苗,并保持较快的增长速度,这是缓苗期管理总的目的。在具体管理上,定植后 5 ~ 7 天内,保持较高的温度,白天保持在 28 ~ 30℃,夜间 15℃ 以上,如遇多云、阴天或白天只有短时间内棚内气温达到 35℃ 时,可以不进行通风,以促进幼苗尽快缓苗。幼苗定植后在缓苗期间一般上午 10:00 以后叶片开始萎蔫,下午 16:00 以后开始逐渐恢复。这是因为在移苗过程中有部分根受到损伤,定植后新根没有长出,这样仅靠土坨中的根所吸收水分不能充分供应叶片蒸腾需要所致。因此,这时管理中应减少通风量,并适当补水。一般 5 ~ 7 天后,新根长出,幼苗恢复正常生长,此期白天棚内气温会超过幼苗正常生长所需温度,有时可达 50℃,需要及时进行通风降温。如不及时通风,1 ~ 2 小时就可使幼苗受伤,甚至死亡。所以,通风是一项极为重要而细致的工作。但如果通风不当,若在棚内温度很高时猛然将膜全部揭开或大部揭开,就会使幼苗因温度、湿度骤然降低失水过多而萎蔫,严重时也会造成幼苗死亡。正确的方法是:通风要循序渐进,不可操之过急。通风口要根据风向而定,北风要在棚南侧揭膜,南风则在棚北侧揭膜。如果瓜畦较短时(6 米以下)可在拱棚两端揭膜通风。初次通风要特别小心,注意观察幼苗动态,如果发现叶片变软,有萎蔫现象,应缩小通风口或暂停通风,等到幼苗恢复正常时再慢慢增加通风量,北方地区早春天气多不稳定,常常会出现连阴天和倒春寒,导致小拱棚内的温度下降幅度过大。如果在西瓜缓苗期间出现连阴天或倒春寒,轻者推迟缓苗,严重时会造成瓜苗受冻死亡。如果遇到上述天气,要加强小拱棚的保温措施,可在小拱棚上加盖草苫或纸被、旧薄膜等,也可直接用干麦秸、干草等围盖小拱棚。另外,当温度偏低时还要进行人工加温,人工加温的简单方法有:①用水袋盛热水放入棚内加温。②用水盆盛适量火炭,上面用草灰盖住放入小拱棚内加温。

2. 水分管理

幼苗定植前土壤大多底墒充足，定植时又浇过定植水，在缓苗期间一般不会发生缺水，因此缓苗前尽量避免浇水，以免浇水后降低地温。如果前期墒情不足，确实发生干旱缺水，应采取点浇法补水。具体做法是在瓜苗基部开穴点浇，水渗下后用土封穴，尽量浇 20～30℃ 的温水，浇水时间在 9：00～10：00 为宜。

西瓜缓苗后应及时浇一次缓苗水。缓苗水通常是指瓜苗缓苗的第一水。浇缓苗水的作用主要是为瓜苗伸蔓提供水分，同时可沉实土壤，使根系与土壤紧密接触，有利于植株扎根和吸水。缓苗水的关健是正确掌握浇水量、浇水时间和浇水方法。具体要求：第一，浇水量要足，要能保证整个伸蔓期的水分需要；如果浇水不足，在开花坐果期发生缺水，补浇水后极容易引起落花和落果；但如果浇水太多，土壤长时间保持较高的含水量时，不仅不利于根系的生长，而且也不利于控制土壤含水量，还容易造成瓜蔓旺长。第二，浇水时间应根据土壤的含水情况、瓜苗生长情况以及天气情况等来确定。一般在瓜苗缓苗后，土壤墒情较好，瓜苗生长较快时，浇水宜晚，可以把浇水时间推迟到伸蔓后、现花前的一段时间内，以防过早浇水后引起地温下降，土壤湿度过大，影响瓜苗的正常生长；反之，如果土壤墒情较差，瓜苗生长较慢时，应及早浇水，最好在瓜苗缓苗后立即进行。另外，浇缓苗水应选择在晴天，并且要把浇水时间尽量安排在中午前后 2～3 小时，忌傍晚浇水。第三，浇水方法为开沟暗浇，即在地膜前侧 10 厘米处开宽、深各 20 厘米的小沟，顺沟浇水，最好不要在地膜上大水漫灌。

3. 缓苗期"僵苗"的原因及对策

双膜西瓜瓜苗定植后因天气、管理等原因，常会出现"僵苗"现象。"僵苗"的主要表现为：子叶向内卷曲，长时间不能平展，叶片颜色深而暗淡无光，根系不发新根且有锈色，地上部渐趋瘦小而呈灰绿色，新叶迟迟不发。引起僵苗的主要原因有以下几点。

（1）定植过早，瓜田地温和气温偏低。如定植后棚内 5～10 厘米地温长时间低于 15℃，气温长时间在 5℃ 以下，则极易发生"僵苗"。

（2）瓜田墒情较差或水分过多，瓜苗难发新根。

（3）育苗时苗子不壮，如徒长、老小苗和未经锻炼好的苗子，或者移栽时幼苗伤根过重。

（4）地下害虫为害，如蝼蛄、蛴螬、地老虎、瓜种蝇等为害所致。

为了防止"僵苗"的出现，可针对上述情况采取防范措施。主要是认真根据天气变化情况，十分稳妥地确定播种期或定植期；移苗定植选"冷尾暖头"的晴天进行，定植时小心起苗、运苗、栽苗，避免或减少伤根；定植后注意增温和保温，遇寒流侵袭时及时加盖不透明覆盖物，并采取应急补温措施，同时根据土壤墒情适时补充浇水，及时防治地下害虫等。

4. 缓苗期死苗的原因及对策

在瓜苗定植后缓苗前如果管理不当，也常会出现死苗现象，对西瓜生产造成严重影响。造成西瓜死苗的原因主要有以下几点。

(1) 棚内温度过高或过低导致死苗。棚内气温过高时，容易造成瓜苗失水萎蔫，使茎叶干枯死苗。此外，瓜畦覆盖地膜后，在强光的照射下，地温也往往升得较高，如果严重缺水，也容易因高温伤根而导致死苗。棚内温度偏低时，尤其是定植后遭遇连阴天或强寒流，地温长期偏低或骤然下降，根部极容易受到伤害，而导致死苗。另外，封棚不严或棚膜破裂较多，漏风处也常常会因冷风直吹瓜苗而造成周围瓜苗受冻死亡。

(2) 定植质量差。在定植过程中，瓜苗伤根严重，棚温又较高时，瓜苗容易枯死。定植时底墒不足，定植水又浇得少，也容易在高温期导致瓜苗枯死。土质偏黏，浇水过多，土壤长时间透气不良，容易因沤根而造成死苗。

(3) 施肥不当。施肥浅，粪块较大，栽在粪块上的瓜苗容易因烧根而发生死苗；有机肥施用量大而不均匀，或与土壤未充分混合时，肥料集中的地方也会因烧伤瓜苗的根而造成死苗。

(4) 病虫危害。地下害虫咬断幼苗或咬伤主根，以及瓜苗发病均能导致死苗。

预防和减少死苗，第一要选用壮苗和无病苗进行定植。第二要于定植前对瓜苗进行适应性锻炼，增强瓜苗的耐低温和抗旱能力。第三要提高定植质量，按规定要求起苗、运苗、栽苗和浇水等。第四要提高施肥质量，均匀施肥和适量施肥。第五要加强缓苗期间小拱棚的温度管理，避免棚温过高或过低。第六要加强西瓜苗期病虫害的防治，即结合整地和做畦，撒毒饵诱杀地下害虫，并在定植穴内浇施百菌清或多菌灵、福美双等药液灭菌后再栽苗，减少发病。

六、伸蔓期管理

伸蔓期即西瓜从"团棵"经过"甩龙头"到坐果节位的雌花开放所经历的时间。伸蔓期是西瓜叶面积和庞大根系形成的关键时期。西瓜伸蔓期生长的好坏直接影响到西瓜坐瓜的早晚、产量的高低和品质的优劣。

1. 温度管理

西瓜伸蔓期适宜的温度白天一般在25～28℃，夜间13℃以上，此段时间内如果温度偏高，尤其是夜间温度高于20℃时，瓜秧容易徒长。但此期如果日平均气温长时间低于15℃时，瓜秧生长缓慢，发棵晚。温度再进一步降低时，则停止生长；当温度较长时间低于5℃，瓜苗将受冷害枯死。由于北方地区春季在双膜西瓜的覆盖期间，气温多不稳定，容易发生低温危害，因此，要做好防寒保温工作。伸蔓期的温度管理应掌握以下要领：一是以增温和保温为主，同时要防止高温危害。要尽量延长小拱棚的覆盖时间，增加地温。通常情况下，上午棚内气温达不到30℃时不通风，中午前后高温时间短通风，下午棚温降到25℃时及时关闭通风口。通风时，要从小拱棚的背风面打开通风口，并随棚温的升高逐渐加大通风量，要避免通风口一下开得过大，或在迎风面开口通风，使棚温骤然下降，造成"闪苗"。"二膜一苫"栽培时，要在日落前一个小时左右把草苫盖好。二是在遇连阴天或寒流时，可参照缓苗期的增温和保温措施保持较高的棚温。

2. 水分管理

在底墒充足，又及时浇定植水和缓苗水的情况下，在坐瓜前一般不需要再浇水，以防瓜蔓旺长。但如果种瓜地块土壤质地偏沙、定植水和缓苗水不足，植株出现明显缺水症状时，应在开花坐果前浇一次小水，可在地膜前开沟暗浇，切勿大水漫灌。进入开花坐果期后控制浇水。

3. 整枝压蔓

西瓜双膜覆盖栽培，采用早熟或中早熟品种，种植密度较大，整枝方式以单蔓和双蔓整枝为主；采用中熟品种时，整枝方式以双蔓和三蔓整枝为主。单蔓整枝只留主蔓，双蔓整枝和三蔓整枝除保留主蔓以外，分别在主蔓基部各选留1条和2条侧蔓，将其余侧蔓去掉。整枝工作可结合通风进行。由于小拱棚空间小，所以在栽培密度较大时，应及时打杈。一般当侧蔓长至10～15厘米时打掉最好，打杈不宜过早。当侧蔓长度超过20厘米时，木质化程度增大，打杈时易伤及主蔓。打杈为了减少主蔓损伤，最好用锋利的剪刀把杈子剪下。打杈一般在下午进行。打杈时应结合去掉卷须，防止瓜蔓之间互相缠绕，影响理蔓和压蔓。双膜覆盖栽培初期理蔓只需将瓜蔓引向可以伸展的地方即可，或顺瓜畦方向排列整齐。瓜蔓在小拱棚内生长期间受风的影响较小，可以不必压蔓。

随着外界气温的升高，小拱棚覆盖时间越来越短，直至昼夜不盖，一般时至"立夏"前后（5月上旬）外界气温稳定在20℃时可以撤掉小拱棚，这时应及时把瓜蔓引向前方，并在瓜畦上排列均匀。在引蔓的同时进行压蔓。一般采用明压法，用"Λ"形树杈或棉柴将秧蔓卡住固定即可，防止风吹滚秧。压蔓一般每隔4～6节压一次。

七、结果期管理（果实印字技术）

1. 人工授粉

西瓜是雌雄同株、异花授粉作物，主要靠蜜蜂等昆虫传粉。昆虫的活动受天气的影响很大，昆虫在无风的晴天活动频繁，而在阴雨低温的天气则活动较少。在双膜覆盖栽培中，因西瓜生育期提前，进入开花坐果期时，外界温度尚低，蜜蜂等昆虫尚未活动，或活动较少，而且由于小拱棚阻隔，即使有昆虫活动，也不易入内，因此，早熟西瓜的授粉只有靠人工辅助来进行。否则，早熟西瓜将不能或极少坐果。

人工授粉的最佳时间是每天上午7：00～9：00。如遇低温、阴雨天气可适当延迟。授粉的方法是，如开花授粉期较早，授粉需在小拱棚内进行时，则每天上午摘下当天开放的雄花，去掉花瓣或后翻花瓣使雄蕊露出，然后用雄花的花药在雌花的柱头上轻轻涂抹，使花粉均匀粘在柱头上，每朵雄花可授2朵雌花。如果开花授粉期较晚，小拱棚已揭掉，授粉在露地进行时，最好在授粉的前一天下午选第2天将要开放的肥大、健壮无伤害的雄花用纸帽套住。其目的是防止雄花开放后，花粉被风吹落，无粉可授。因花粉轻而蓬松，只要有小风，即可在短时间内将花粉吹净。在套袋时，需认清第2天要开放的花蕊，其主要特征为：花冠明显膨松而增大，颜色由绿色变为淡黄色。纸袋的做法为：先将废报纸等裁成长10厘米、宽4.5厘米的纸条，然后将纸条缠于一手的食指尖端并拧紧，形成一纸筒，再将纸筒一端边沿曲折牢固，封住端口即可。授粉的方法是取下纸帽，将雄花花粉轻轻涂抹到雌花柱头上。授粉完毕，用纸帽将雌花套上。2～3天后及时将纸帽摘除，以免影响果实膨大。

授粉时要注意花粉量要足，并在雌花柱头上涂抹均匀。如果涂抹不匀，会使无粉一侧不能受精，造成果实发育不良，易形成偏头、歪把等畸形果。西瓜的有效授粉时间，一般只有 5～6 小时，而花的生命力随开放时间延长而逐渐衰弱，使胚珠受精的能力降低。因此，授粉时要抓紧时间，集中人力，最好在上午 9∶00 前，雌花开放后 1～1.5 小时内完成为好。

授粉期间，每天要逐行、逐棵、逐蔓仔细查找，尽量不漏花漏授。首先看主蔓坐瓜节位有无雌花开放，如主蔓因伤残已无雌花，或有雌花而发育不良，不宜再授粉使其坐瓜。可选侧蔓子房丰满、肥大、花柄粗壮的雌花授粉。一般主、侧蔓第 2、第 3 雌花都要授粉。如果授粉期间遇阴雨天气，盖膜期间可及时将薄膜落下；如小拱棚已撤除时，应在雨前将即将开放的雌、雄花全部用纸帽套住，授粉后再套好雌花，防止花蕊被雨水冲淋，影响授粉和受精。

在早熟西瓜生产中，有些植株雌花开放后，虽然经过人工授粉也不能坐瓜，其主要原因如下。

（1）肥水施用不当，营养生长与生殖生长失调。西瓜生育前期肥水不足，植株营养体瘦小，雌花花柄细，子房小，发育不良，坐瓜能力差，即使受精也极易脱落。出现这种情况是植株营养不足所致，应自幼苗期开始加强管理，培育壮苗，定植后要促使瓜秧健壮生长，使器官分化、发育良好。在雌花孕蕾阶段，肥水过多，尤其是速效氮肥过多，引起瓜秧徒长，也容易造成"化瓜"。特别是在雌花开放前 4～5 天，子房发育快，此时如果茎叶徒长得不到控制，则子房瘦小，开花后虽经授粉，终因茎叶争夺养分能力较强而使幼瓜得不到足够的营养，造成"饥饿性流产"。尤其是在坐果节位较低的情况下发生较多。因此，在生产上应采取先促后控的肥水管理措施。一般在雌花开放前 7～10 天内不进行浇水、追肥，以控制茎叶生长，一旦植株发生徒长，可采取局部断根或在雌花节前端的茎上插入小竹签或将茎扭曲捏扁，去掉过多的营养枝，以减少养分的分散和消耗，保证幼瓜获得充足的营养。

（2）环境条件恶劣，授粉不良。开花坐果期间如遇阴雨、低温或干旱、高温，均可使授粉、受精过程受阻。尤其是空气湿度低，会严重降低花粉粒的发芽。试验表明，开花授粉期如果空气湿度从 95% 降到 50% 时，则花粉的萌发率随之从 92% 降至 18.3%。另外，幼瓜在发育过程中，受到低温、雨水、病虫、肥料等的伤害或其他机械损伤、卷须缠绕等，都会造成幼瓜发育障碍而脱落。因此，在开花坐果阶段，若遇恶劣天气，需要采取护花授粉和护果措施，以利于坐果和果实的良好发育。

2. 选瓜留瓜

双膜覆盖西瓜为保证坐果大多在开花坐果期主、侧蔓第1至第3雌花全部授粉。但在生产中，特别是高密度（每667平方米900株以上）栽培条件下，一般每株西瓜只保留一果，余者全部摘除。所以，应认真选瓜留瓜。

选瓜一般在幼果长至红枣大小时进行。选瓜应掌握以下要领。

（1）主蔓留瓜坐瓜节位适当。生产上一般都在主蔓上留瓜，因为主蔓发育较早，生长也较健壮，因而正常情况下，主蔓比侧蔓上结的瓜个大、品质好。只有当主蔓伤残不宜坐瓜时才在侧蔓上留瓜。在早熟栽培中，通常不选留第1雌花所坐的瓜。由于育苗移栽往往影响主蔓第1雌花的发育，加之第1雌花开放时，植株营养体较小，因此，叶片制造的营养物质也少，会使瓜个小、产量低，而且易出现畸形、皮厚、空心等，使品质下降。早熟栽培也不宜留节位过高的瓜。高节位留瓜虽也能长成大果，但成熟期延迟，而且往往因植株营养体生长过旺或徒长，造成"跑秧"，难以坐果。若进入雨季，授粉受精受到影响，易出现偏头、歪把等畸形果，产量低，品质差。试验及生产实践证明，双膜西瓜最适宜的留瓜节位为主蔓第2雌花，如果坐不住或发育不良时，则留主蔓第3雌花或侧蔓第2雌花。

（2）雌花发育良好。留瓜除注意坐瓜节位外，还要注意幼瓜的发育情况。发育好的幼瓜，果柄粗壮，外形周正（符合本品种的形态特征）、颜色鲜明而有光泽，褪毛前茸毛密布。这是幼瓜发育良好的特征。如有多个雌花授粉，则在适宜留瓜节位选择幼瓜发育最优者留下，其余及时摘除。

在生产中也有一株西瓜留多果的栽培形式，如北京郊区和江南某些地区。这种栽培形式密度比较低，一般每667平方米栽植400～500株，每株保留3~4条蔓或放任生长，每株可留2~3个瓜。

3. 肥水管理

结果期是西瓜肥水管理的关键时期。从坐瓜节位雌花开放到幼瓜褪毛这段时间不追肥，严格控制浇水，只有在土壤墒情差，植株出现明显缺水症状并影响到坐瓜时，才可小水暗浇，如浇水量过大，容易引起营养生长过旺，难以坐瓜。

在幼瓜长至鸡蛋大小开始褪毛时，进入膨瓜期，应及时浇膨瓜水。此后当土壤表面早晨潮湿、中午发干时再浇一次水，膨瓜期如不下雨，一般浇 3 ~ 4 次水，每次浇水水量要足，可沿瓜畦在地膜上明浇，果实定个后停止浇水。结合第一次浇水追施膨瓜肥，膨瓜肥以速效化肥为主，每 667 平方米可施尿素 20 ~ 30 千克、硫酸钾 20 ~ 25 千克，或三元素复合肥 30 ~ 40 千克。为了避免伤及根系及茎叶，肥料以随水冲施为宜。果实长至碗口大小时，再追肥一次，每 667 平方米施三元复合肥 20 ~ 25 千克，或西瓜专用冲施肥 30 ~ 40 千克，促进果实成熟并为二茬瓜坐瓜提供营养。

幼瓜坐稳后，还可进行叶面喷肥。叶面喷肥一般 5 ~ 7 天喷一次，连喷 2 ~ 3 次。常用的肥料有：尿素、磷酸二氢钾、硫酸钾等，适宜的浓度范围为 0.1% ~ 0.3%。

4. 护瓜垫瓜

在西瓜开花坐果至果实成熟期间，除了科学的肥水管理外，对果实进行细心的护理也是提高西瓜品质的重要措施。护理措施主要是护瓜、顺瓜和垫瓜。

（1）护瓜。从雌花开放到幼瓜坐稳期间，子房或幼果表皮组织十分娇嫩，虽然表面布满茸毛，能起一定保护作用，但一遇大风仍易被叶片擦伤。同时还易被虫咬及遭受其他机械损伤，轻者局部发育受阻，果皮变黑，成熟后果皮表面留下斑痕，影响果实外观质量；重者发育停滞，直至落果。此期的护理主要是用纸袋、旧塑料膜、大片树叶等物品，将幼瓜遮盖起来，以免受伤害。果实定个后至成熟阶段，已进入夏季高温季节，光照强烈，果实长期受到烈日照射，尤其是深色果皮的瓜或果皮较薄的瓜，果面易出现日烧病斑，重者会发生果肉恶变形成血瓤，失去食用价值。护瓜的措施是在瓜上面盖草，或牵引瓜蔓为果实遮阴，避免果实直接裸露在阳光下。

（2）顺瓜、垫瓜。西瓜开花时，雌花子房均为朝上生长。受精以后，随着子房的膨大，瓜柄逐渐扭转朝下，幼瓜可能落入土块之间或瓜蔓下面，膨大时易受机械压力而长成畸形瓜。如遇大雨排水不良时，果实可能会陷于泥水之中，造成果实停止发育而腐烂。因此应及时进行顺瓜和垫瓜。在南方多雨、土壤湿度大的条件下，可提起瓜蔓，将果实下面的土块打碎整平，垫上稻草或其他秸秆，使幼瓜坐在草上；北方干旱地区，多在幼瓜坐稳后，将瓜下面整细拍平并用土垫高一些，将瓜置于上面。瓜长至碗口大时，有的在瓜下面垫一草圈或细软秸秆等，使果实生长周正，同时也有一定防病作用。

5. 标志坐瓜日期

在西瓜早熟栽培中，能够准确确定西瓜的成熟日期，是一项非常重要的工作，它不单关系到所采瓜的质量，而且直接影响到经济收入。所以，瓜农都十分重视。大部分瓜农采取在雌花授粉时进行标记的方法，标明瓜的发育天数，按照发育天数便可准确判定瓜的生熟程度。标记时可在坐瓜部位的瓜蔓上挂上写明授粉时间的小牌子，也可用枝条、秸秆、小竹竿等物在一端涂上不同颜色作为标记，每2天换一次标记。

6. 果实印字技术

在西瓜果实上贴印"福""禄""寿""禧"等吉祥字或图案，作为馈赠佳品可增添喜庆气氛，在市场上销售可提高果品档次，使西瓜身价倍增。山东省德州市农业科学研究院从1999年开始试验摸索西瓜果实上印字技术，已总结出一套成功经验，现介绍如下。

（1）品种选择。在果实上印字的西瓜，以皮色均匀一致的黑皮瓜、白皮瓜、黄皮瓜、绿网纹瓜品种为好，如开杂十二号、郑抗8号、早抗2号、金冠、黑巨冠、早熟丰一、黑龙宝等。果皮有明显条纹的品种即花皮瓜不适于贴印字。

（2）选纸做字。有两种方法：一是选用"及时贴"纸，这种纸黏合力强，不怕日晒雨淋，能用电脑刻字，方便快捷，字体整齐美观。纸的颜色以黑色、灰色、绿色、紫色为宜。二是将需要印的字或图案用毛笔写在或画在白纸上，然后剪下备用。字体大小以果型和字数为准。大果型品种，果面上只贴一个字的，字体宜大，看上去比较醒目；小果型品种，或贴2个字以上，字体宜小，看上去比较美观、协调和秀雅。

（3）贴字时间和方法。贴字时间应掌握在西瓜膨瓜后期，膨大基本停止时进行，即在果实"定个"前3~5天。早熟品种一般在开花后16~20天，中晚熟品种一般在开花后18~22天。方法是：下午15：00~16：00，在瓜柄较软不宜折断时，把西瓜果实轻轻翻转90°，将阴面翻出侧向朝外，把上面的土擦净，将刻好的字贴在西瓜的阴面上。如果是用毛笔写的字或画的图案，可涂上糨糊，贴在西瓜阴面上，隔一两天再将西瓜继续向同一方向翻转90°，使其阴面朝上。这样阴面果皮颜色会逐步加深，未被贴住的地方呈现本品种特有的皮色，而被字或图案遮盖的地方不会变色（即为浅白色或淡黄色），一周以后，字与图案便会自然形成。待果实采收时将所贴的字或图案揭下即可。

7. 植株调整

西瓜开花坐果前以营养生长为主，开花坐果期是从以营养生长为主向以生殖生长为主的过渡时期，进入膨瓜期由于生长中心已经转为以生殖生长为主，叶蔓的生长已受到抑制，生长势减弱，分枝能力也变弱，长出的侧蔓短小，叶小而少。所以，一般情况下进入膨瓜期后不再整枝打杈。但对于一些生长势过旺的品种和前期营养生长过旺的植株，坐瓜后生长势仍然很强，如不进行人为控制，将同幼瓜争夺养分，影响果实的膨大，同时还会造成叶面积指数过大，田间郁闭，通风透光不良，降低光合效率，并易诱发病害。对这样的瓜田仍需适当整枝打杈，把一些过密枝或弱枝剪掉。为了有效控制营养生长，对一些生长势过旺的品种可进行摘心。摘心一般在坐瓜后，瓜蔓爬到瓜畦前端接近前一行时进行。摘心时，至少要在幼瓜前留 15 片叶子，除主蔓摘心外，侧蔓也要适时摘心。进入膨瓜期后一般不再压蔓。

8. 二茬瓜的选留

双膜覆盖西瓜由于成熟期提早，在第一茬瓜采收时，正值 5 月中下旬或 6 月上旬，此时外界气温较高，光照充足，雨量适中，气候条件非常适合于西瓜的生长发育，只要瓜秧生长正常，可以及时选留二茬瓜。要想使二茬瓜获得较高的产量，必须满足以下几个条件：一是头茬瓜成熟要早。二茬瓜应赶在炎热多雨的季节前成熟，否则二茬瓜产量和品质均会受到影响。二是防止瓜秧茎叶受到损伤或早衰。一方面要加强病虫害的防治工作，另一方面不要造成人为的损伤，在采收头茬瓜时，田间作业一定要小心仔细，尽量少折损叶片及秧蔓。三是加强肥水管理。土壤中的养分和水分供应不足，植株会因脱肥而早衰，如不及时追肥浇水，二茬瓜就不能正常生长。因此，在二茬瓜坐稳后，应追施一次速效化肥。每 667 平方米追施尿素 15～20 千克、硫酸钾 10 千克，或三元复合肥 30 千克，结合浇一次大水。选留二茬瓜的具体方法是：在头茬瓜基本定个时（采收前 7～10 天），在西瓜植株未坐瓜的侧蔓上选留 1 朵雌花坐瓜。若头茬瓜在侧蔓上，那么二茬瓜可在主蔓上选留。若采用三蔓整枝，则可同时在未坐瓜的两条侧蔓上选留二茬瓜，待幼瓜坐稳后，再选定 1 个生长好的幼瓜，及时摘除多余的幼瓜。二茬瓜的坐瓜节位要求不严，只要能坐住，瓜形周正就行。

"病虫防治及适时采收"见"日光温室栽培""大棚栽培"相关部分。

八、西瓜结果期常见问题及对策

1. 西瓜膨大缓慢的原因及对策

西瓜进入膨瓜期后有时出现膨大缓慢甚至停止膨大的现象。产生这种现象的原因主要如下。

（1）土壤干旱缺水。西瓜进入膨瓜期后，需要吸收大量的水分才能满足果实膨大的需要，如果土壤水分不足，幼瓜会因得不到充足的水分而过早地停止发育，形成僵瓜。

（2）低温障碍。低温对西瓜膨大的影响表现在 2 个方面：一方面，低温妨碍幼瓜细胞分裂使果实内细胞的数量减少，幼瓜褪毛前是果实内细胞进行分裂的时期，此时温度过低，会使细胞分裂速度变慢甚至停止，使果实内没有足够的细胞数量。另一方面，低温使细胞的膨大程度不够。幼瓜褪毛以后是果实内细胞膨大的时期，此时如果遭遇低温，会使细胞的膨大速度变慢，膨大程度不够，从而影响果实的膨大速度，进而影响果实的大小。

（3）植株营养生长过旺或过弱。一种情况是品种生长势太强或管理不当而引起植株营养生长过旺时，由于营养生长消耗了过多的养分，使幼瓜得不到足够的营养供应，生长受到抑制，果实虽不至于脱落，但却无法继续膨大，而形成僵瓜。另一种情况是植株营养生长太弱，功能叶片太小，叶片光合作用制造的养分不能满足果实膨大的需要，果实也会因营养供应不足，而生长迟缓。

（4）病虫危害。病虫危害茎叶，会使植株的有效叶面积减少，光合作用削弱，或使根群密度变小，吸收能力减弱，不能为幼瓜的正常膨大提供足够的营养，而影响果实膨大。

（5）机械损伤。幼瓜在膨大过程中，如因外力的作用（如摩擦、冰雹袭击、碰伤、踩伤等）受到损伤，均会影响果实的正常膨大。

为了保证果实正常发育和膨大，首先，要按照果实的生长发育特点和科学的栽培技术规程，加强各项管理，预防上述现象的发生。其次，一旦发现问题时，要及时查明原因对症防治。对因肥水供应不足而导致的幼瓜生长缓慢，要及时追肥浇水；对因瓜秧徒长而造成的幼瓜生长迟缓，要采取摘心、抹杈、伤根、捏茎或叶面喷洒生长抑制剂（如矮壮素、缩节胺、多效唑）等措施，控制瓜秧旺长；对病虫害要加强防治。

2. 西瓜空心的原因及对策

西瓜空心是指西瓜果实发育后期，果肉中部出现较大的空隙，严重影响西瓜的产量及品质。西瓜发生空心的原因较多，常见的有以下几个。

（1）膨瓜期供水不足。膨瓜期是西瓜一生中需水量最大的时期，也是对缺水反应最为敏感的时期。此期发生干旱缺水，果实内细胞因供水不足其膨大速度不如果皮细胞快而形成空心。

（2）结果期温度偏低。低温使瓜的纵向生长速度变慢，而横向生长速度相对较快，瓜瓤生长速度容易因跟不上果实的膨大速度，而发生空心。

（3）植株生长不良。在果实迅速膨大期，如果植株因缺水缺肥或遭受病虫害而发生早衰时，也会使营养不良而使瓜瓤发生空心。

（4）果实采收过晚。果实采收不及时，会因瓜瓤组织的崩溃、解体，而发生空心。早熟品种表现尤为明显。

（5）嫁接西瓜较易发生空心。嫁接西瓜营养生长易过旺而与生殖生长激烈争夺肥水，从而导致西瓜发生空心。

预防西瓜发生空心，一要加强西瓜的肥水管理，保证肥水均衡供应；二要加强瓜田的温度管理，在温度较低时，要及时采取增温、保温措施；三要适时早采，特别对易发生空心的沙瓤品种和早熟品种、嫁接西瓜等均要及时采收。

3. 西瓜倒瓤的原因及对策

西瓜倒瓤（有的称紫瓤或血瓤）是指瓜瓤质地变软、瓤色变暗（一般变成紫色、猪肝色），瓜瓤具有酸败味的现象。

倒瓤主要发生在西瓜成熟期。倒瓤产生的主要原因，是由于瓜瓤中的营养和水分大量流入种子内和流回瓜蔓内，而使果肉组织发生解体所致，此外发生倒瓤时，瓜内种子密集处及种子四周首先出现症状。西瓜倒瓤的时间早晚及严重程度受到以下因素的影响。

（1）品种特性。一般肉质沙性、质地疏松的品种容易倒瓤；而肉质较硬的品种，倒瓤较晚，且倒瓤程度也相对较低。

（2）采收时间。在其他情况相同时，收瓜时间越晚，倒瓤的几率越高，倒瓤的程度也越重。

（3）温度高低。在果实发育后期，遇高温强日照天气，种子成熟快，瓜自身呼吸消耗的养分也较多，往往倒瓤多、倒瓤快而严重；在较低温度下，倒瓤较晚且轻。

（4）田间积水和高温暴晒。暴雨过后田间积水，而后天气骤然转晴，出现高温暴晒时，极易发生倒瓤现象。可能是因为田间积水后引起土壤缺氧，根系呼吸不畅，吸收水分的能力下降，而天气骤然转晴，出现高温后，叶片蒸腾量加大，引起果实内水分大量回流，造成果肉细胞生理活动紊乱而发生倒瓤。

（5）机械损伤和病毒病危害。西瓜在受到机械损伤（如挤压、碰撞等）时，受伤部位的瓜瓤呼吸增强，营养消耗也增多，往往会较早地发生倒瓤。另外，西瓜遭受病毒病严重危害时，也易发生倒瓤。

（6）乙烯利催熟。用乙烯利催熟的西瓜，如果乙烯利使用浓度过大或处理的西瓜存放时间较长，则很容易出现倒瓤。

防止西瓜倒瓤，一要选用倒瓤晚的硬肉西瓜品种。二要适时收瓜，栽培沙质瓜瓤品种时，更要适时早采。三要加强果实保护，尽量不要挤压、磕碰。四要避免在中午高温期收瓜，尽量在温度较低的清晨或傍晚采收。五要下雨后及时排水，防止田间积水。六是用于储存的西瓜，要在自然成熟后采收，不可用乙烯利催熟，并且应在低温条件下储存。七要加强病虫害的防治。

4. 畸形果产生的原因及对策

西瓜常见的畸形果有一头大一头小的葫芦形瓜，纵径比横径小的扁平瓜以及果实两边发育不均、偏向一边生长的歪瓜（又叫偏头瓜）。

（1）葫芦形瓜。葫芦形瓜产生的原因，一是授粉质量低，授粉量不足，涂抹不均匀，瓜的前端种子多，基部种子少，营养供应不均导致前、后部的膨大速度不匀而造成的；二是结瓜初期温度偏低或是土壤干旱缺水，幼瓜生长缓慢，而结瓜中后期又遇高温、高湿条件，西瓜膨大较快，从而形成前大后小的葫芦形瓜。

预防形成葫芦形瓜，一要进行人工辅助授粉，加大授粉量，并使花粉在雌花柱头上涂抹均匀；二要保证肥水均匀供应，防止忽多忽少；三要防止结瓜初期温度偏低。对已发现生长不均衡、有长成葫芦形瓜趋势的果实，应及早采取立瓜措施，即将瓜的大头朝上，竖起放到地面上，可减轻果实上下两端的大小差异程度。

（2）扁平瓜。扁平瓜产生的原因，是结瓜前期的温度偏低，瓜的纵向生长（即伸长生长）受到抑制所致。因为西瓜坐瓜后首先是进行纵向生长，然后再进行横向生长，当前期温度较低时，纵向生长速度减慢，果实长不到应有的长度，在西瓜生长后期温度正常或偏高时，横向生长速度相对较快就会出现扁平瓜。

防止形成扁平瓜，一要合理安排播种或定植期，使结果期处于温度条件较为适宜的季节。二要加强低温期的增温和保温措施，使棚温保持在15℃以上。三要加强肥水管理和病虫害的防治工作，保护好瓜秧。四要选第2、第3雌花留瓜，不要选第1雌花留瓜。

（3）歪瓜。歪瓜产生的原因有以下几个。

①授粉不良。授粉量不足或授粉不均匀时，瓜内的种子容易集中分布于瓜的一侧。通常瓜内种子多的一侧，营养供应较多，生长速度快，外部表现为膨大迅速；而种子少的一侧，则因营养供应不足，膨大较慢，从而导致瓜的两侧膨大不均匀，形成歪瓜。

②瓜面受热不均。一般说来，瓜的朝阳面温度较高，膨大也较快，而瓜的贴地面一侧，则因温度较低，膨大较慢，从而形成上大下小的歪瓜。

③机械损伤。果实在膨大过程中，局部瓜面受到机械损伤（擦伤、碰伤等）时，受损伤的一面往往生长缓慢，而形成歪瓜。

④营养不良。瓜秧生长势弱或遭受病虫危害或瓜秧小而结瓜早，均会因植株有效叶面积小，造成果实营养供应不足，而形成歪瓜。

防止形成歪瓜可采取以下措施。

①人工辅助授粉。通过辅助授粉使花粉量充足而均匀，使果实均衡发育。

②翻瓜。翻瓜可使整个果面受光均匀，避免因受温差异而形成歪瓜。

③不在低节位留瓜。低节位结瓜时，瓜秧营养面积小，易形成歪瓜。

④保护瓜秧。加强肥水管理和病虫害防治，促使瓜秧健壮生长，并保持茎叶完好，延长叶片功能时间。

此外，开花坐果期如果空气湿度太大或柱头上有水时，引起花粉破裂造成受精不良，空气过分干燥时花粉不能发芽也会受精不良均会产生畸形瓜。植株营养生长过旺，消耗养分过多，坐瓜后幼瓜得不到充足的营养供应，以及坐瓜节位过远，果实远离植株根部而引起水分和养分供应不足也会产生畸形瓜。

防止植株营养生长过旺，采取促进坐瓜的措施，尽量不要在高节位留瓜，这样可以减少或避免畸形瓜的发生。

5. 西瓜发生裂瓜的原因及对策

裂瓜是西瓜生产中最常见的现象之一，裂瓜不仅使果实的商品质量下降，而且裂口极易感染病菌，引起烂瓜。

产生裂瓜的原因主要是结瓜期果实的供水量骤然变化，或久旱遇雨或久旱后突浇大水，西瓜吸水后瓜瓤体积增大过快，而果皮的生长速度跟不上瓜瓤的生长而被胀裂。久阴乍晴时由于温度上升太高太快也会引起裂果。另外，某些品种果皮过薄、过脆或遇到碰撞、挤压等伤害时也容易发生裂瓜。

防止裂瓜，一要选用果皮韧性较大的品种。二要合理浇水，要小水勤浇，不可大水漫灌，以免浇水前后的土壤含水量差异过大；高温期要于清晨或傍晚地温较低时浇水，不要在温度较高的中午浇水，以免浇水后根系大量吸收水分，供水太多、太快，而引起裂瓜；雨后要及时排水；西瓜定个后要停止浇水，因定个后果皮已基本停止生长，如果继续浇水，则极易使果实吸水胀裂。三要适时采收，收瓜时尽量在晴天中午或下午果实含水量较少时进行，早晨或傍晚果实含水量较高，在采摘和搬运过程中，容易发生裂瓜。四要在采收和搬运过程中，小心谨慎，采收西瓜宜用刀割断果柄或用剪刀剪下，不要用手硬拽，搬运时轻拿轻放，避免人为磕碰造成裂瓜。

第四章 夏播及秋延迟栽培

第一节 越夏栽培

夏播西瓜是指在夏季小麦收割前后，于5月底6月初播种，8月收获的西瓜。由于夏播西瓜生育期正处于高温多雨季节，病虫害危害严重，栽培难度较大，必须采取相应的技术措施，才能获得优质高产。

一、整地做畦

1. 选地

夏播西瓜栽培期间正值多雨季节，正常年份雨量大而集中，容易造成涝灾，因此，种植夏播西瓜的地块，除要求严格轮作换茬外，一定要选择地势高燥、排灌条件良好、土层深厚、土质肥沃的沙质壤土，不要选用地势低洼、排水困难的地块和土质黏重、容易积水的土壤。

2. 整地施基肥

前茬作物收获后，立即深耕一遍，耕深30厘米左右。再用圆盘耙2遍，使土壤细碎、平整。然后按1.8~2.0米的行距挖好瓜沟，沟内施入基肥，也可以将肥料在种植行撒成50~60厘米的带状，用耘锄深耘两遍，使肥、土混匀翻入土内。夏播西瓜生育期短，而且夏播多雨容易造成肥料的流失和淋溶，因此，基肥要以长效性的有机肥为主，用量要足。一般每667平方米施优质土杂肥5 000千克，或充分腐熟的鸡粪3 000千克，另外加三元素复合肥30~40千克。

夏播西瓜一般采用高畦或小高垄栽培，以利排水防涝。高畦一般宽1.5~1.6米，高15~20厘米，两畦间有一条宽30~40厘米的排水沟，每畦种1行西瓜。也可采用简易高畦，做法是：先把土壤整平，作成平畦，然后在离播种行一侧25厘米处开一条深15厘米、宽25厘米的排灌水沟，西瓜种植在每条排灌水沟的两侧。这样做成的简易高畦宽 2.2～2.4 米，每畦种 2 行西瓜，对沟爬蔓。采用小高垄栽培有单行小垄和双行宽垄之分，单行栽培的，垄背高 15～20 厘米、上宽 15 厘米、底宽 30～50 厘米；双行栽培的，垄背高 15～20 厘米，垄面宽 50 厘米，底宽 60～80 厘米，垄距 3.0～3.6 米，两行西瓜相距 25～30 厘米，双向爬蔓。

3. 覆盖银灰色地膜

夏播西瓜生育期间高温多雨，有利于各种病虫害的发生和传播，尤其是易招致蚜虫危害。蚜虫除可直接吸食西瓜叶片和嫩茎中的汁液，致使叶片卷缩、畸形、植株发育迟缓等，还能传播西瓜病毒病，造成更大的危害。由于蚜虫寄生范围广、繁殖快、发生量大，药剂防治难以奏效。各地试验及生产实践证明，采用银灰色反光地膜覆盖，是驱避蚜虫、减轻病毒病为害的有效途径。此外，覆盖银灰色地膜，还能提高土壤温度，稳定土壤墒情（既抗旱又防涝），防止土壤板结和减轻土壤养分的流失，改善植株光照条件，因此，有利于植株健壮生长。做完畦后，可在播前用幅宽 50～60 厘米的银灰色地膜铺盖在预定的种植行上。膜面要平整、干净，四周用土压实。压入土中的膜边不宜过宽，以 5 厘米左右为宜。为避免被风吹开，可在地膜面上压一些土块，但不要压得太多太大。地膜一般在播前 2～3 天盖好，也可以在播种或定植后覆盖。

二、适时播种定植

1. 选择适宜品种

夏播西瓜生长期间，气候条件对西瓜生长不太有利，温度高、雨水多，空气湿度大，容易遭受病虫侵害。因此，夏播栽培的西瓜对品种的要求比较严格。适宜夏播的西瓜品种必须具备抗病、耐湿、高温节成性好，生长势较强、光合能力强等特点。综合各地的试验结果，选用美冠、华蜜 3 号、台湾黑宝、华蜜 8 号、陕农 8 号等早中熟品种为好。一般从南方多雨地区引入的抗病、丰产、优质的品种，夏播栽培时表现良好。

2. 直播

夏播西瓜一般在 5 月底 6 月初播种，也可在小麦收获后贴茬直播。播前 2～3 天进行浸种催芽，芽长 0.5 厘米左右时采用点播法播种。播前覆盖银灰色地膜的，播种时先将地膜一侧揭起，卷放到另一侧。按 40～50 厘米的株距，用瓜铲把播种处的土壤刨松拍细，挖一深 2～3 厘米的播种穴，每穴浇 1 千克左右的水（视土壤墒情而定，底墒好时可少浇或不浇），待水渗下后，将种子播下。每穴播 2 粒种子，芽尖朝下，然后覆盖 1.5 厘米厚的湿细土。将地膜按播前形式盖好。也可以用移苗器在地膜上播种处打孔，深 3 厘米左右，适量浇水后播入种子，将破口处用细土盖好，厚度 2 厘米左右。播后盖膜的，按预定株距在种植行上用瓜铲挖直径 10 厘米、深 2~3 厘米的播种穴，穴内适量浇水，水渗下后每穴播 2 粒有芽的种子，覆土 1~2 厘米厚，播完后立即覆膜保墒。

夏播西瓜出苗快，播种后 2~3 天，每天要检查出苗情况，子叶出土后要及时破膜放苗，以防高温烧苗。破膜要细心，不要使破口过大，可以用手指捅一直径 2 厘米左右的洞，以将苗放出为限。放苗后应将幼苗茎基部地膜破口处用土封严，防止膜下热气逸出。

3. 育苗移栽

（1）育苗。在地势高燥、通风良好的地方建高畦，采用营养钵育苗。苗床上搭设小拱棚，覆盖薄膜防雨，两边掀起通风。在晴天的 10：00~15：00，在苗床上用黑色遮阳网遮阴，以防强光暴晒。苗期尽量少浇水，防止幼苗徒长。苗期注意及时防蚜，避免幼苗感染病毒病。苗龄不宜过长，日历苗龄 15 天左右，幼苗二叶一心时定植为宜。

（2）定植。按 40~50 厘米的株距挖好定植穴，定植穴深 10 厘米、直径 10 厘米左右，将幼苗带土坨放入穴内，用土稳固，点浇定植水。定植完毕，覆盖银灰色土膜，将地膜在幼苗处开"十"字形口或"T"形口，使瓜苗从破口处伸出膜面，然后用泥土封住膜口。

三、整枝压蔓

1. 整枝

夏播西瓜植株生长迅速，应严格进行整枝。整枝方式一般采用三蔓整枝法，即除保留主蔓外，再在主蔓基部选留 2 条健壮的侧蔓，其余各级侧蔓均随时摘除。另据试验，当主蔓长到 6~8 节时（长度 20 厘米左右）摘心，促进基部侧蔓生长，选留其 1~3 节的侧蔓，齐头并进加以培养，植株生长健壮，发育一致，也容易坐果。

在雌花开放阶段，如植株徒长，不易坐果，可在雌花前 3~5 片把瓜蔓扭伤。坐住果后，营养生长过旺时，可把结果蔓在瓜前留 5~6 片叶打顶。

2. 压蔓

西瓜夏播栽培因雨水多，田间湿度大，采用暗压法压蔓时易造成伤口，感染病害，因此，最好采用明压法压蔓。开花坐果期如果植株生长过旺，为保证坐果，可在雌花前 3~5 节用暗压法压一刀，或者扪尖（把秧蔓顶端埋起来）。夏播西瓜一般压蔓 4~5 次，幼瓜坐稳后即不再压蔓。

四、肥水控制

1. 追肥

夏播西瓜在高温高湿条件下，植株生长迅速，生育期较短。在肥水管理上与春播西瓜具有不同之处。

（1）时期。在施足基肥的基础上，植株在开花坐果之前应控制肥水用量，一般不施追肥。幼瓜坐住之后，根据植株长势及缺肥情况，适时适量追施速效化肥。结果后期为防止茎叶早衰，可采用叶面喷肥。

（2）用量及方法。幼苗期植株生长不整齐时，可对个别弱苗增施"偏心肥"，每株施用尿素 20~25 克，或磷酸二铵 15~25 克。施肥方法是在幼苗一侧 15 厘米处开穴施入，或在幼苗一侧 10 厘米处打一深 20 厘米左右的洞，将肥料用水溶化后施入，施后用土盖穴或封洞。坐果后，追肥量要适当大一些，并注意增施磷、钾肥。每 667 平方米可施用三元素复合肥 25~30 千克，或尿素 10~15 千克、硫酸钾 10 千克。施肥方法，垄栽的在两株间开穴施入，高畦栽培的在离植株 20 厘米处开一条深 5~8 厘米、宽 10 厘米的追肥沟，施入肥料，埋土封沟。结果后期可叶面喷施 0.3% 的尿素水和 0.2%~0.3% 的磷酸二氢钾溶液，每隔 5~7 天喷一次。

2. 浇水排涝

（1）排涝。西瓜根系极不耐涝，遭水淹后，很容易使根系缺氧而导致植株死亡，所以，夏播西瓜除应采取高畦或高垄栽培外，夏季雨后适时排水防涝也至关重要。每次大雨后要及时到田间检查，如有积水及时排除，使瓜地积水时间不超过 8 小时。

（2）浇水。夏播西瓜处在高温季节，水分蒸发量大，如果长时间不下雨，就会造成干旱，加上北方部分地区或个别年份易出现"伏旱"现象，因而往往因缺水使植株生长不良，并易遭受蚜虫、红蜘蛛和病毒病为害。因此，若遇干旱，须及时浇水，以满足西瓜生长发育的需要。浇水宜少量多次，采用沟灌法，即顺西瓜垄沟浇水，洇湿瓜垄瓜根；当浇水洇湿瓜垄后，应及时将垄沟中多余的水排除掉。浇水最好在清晨和傍晚土温和水温都较低时进行，尽量不要在午间高温时浇水。

另外，在夏日中午下过一阵雨后，除及时排水外，如果有条件最好用清凉的井水（地下水）浇一遍（俗称"涝浇园"），可以增加土壤氧气和缓和地温。

五、保花护瓜

1. 保花授粉

夏播西瓜开花坐果期正处在多雨季节，西瓜授粉较为困难。一方面，阴雨天气蜜蜂等传粉昆虫很少出来活动；另一方面，雨水多，极易冲去雌花柱头上的花粉或使花粉破裂失去发芽能力，难以完成受精过程。因此，夏播西瓜采取护花保胎措施十分必要。具体做法：根据天气预报和当地的天气情况，在降雨之前的下午或傍晚将翌日开放的雌花和雄花用纸帽套住，或用塑料薄膜盖住，第二天早晨开花时取下纸帽进行人工授粉，授粉完毕，仍将雌花用纸帽或塑料薄膜盖上。盖纸帽者，3 天后应及时摘除，以免影响果实膨大。在开花授粉时，若遇短时阵雨，可在雨后 2 小时选用较干燥的花粉授在无积水的雌花柱头上。一般在授粉后 3 小时下雨，对坐果影响不大。若授粉后不足 3 小时遇雨，应补授一次。

在阴雨天气，也可以将快要开放的雄花摘下，放在室内任其自然开放，在第二天早晨授粉时，轻轻抖掉雌花上的雨水，取室内开放的雄花进行授粉。但在这种情况下，有时虽能完成授粉过程，若持续阴雨，也会由于光照不足，使坐果率下降，应注意做好授粉后的套袋或盖膜保护工作。

2. 铺草护瓜

夏播西瓜果实发育期正值高温多雨，日照强烈，易发生日烧病和烂果，因此，必须采取护瓜措施。

（1）铺草垫瓜。当幼瓜长到拳头大小时，应结合压蔓，在幼瓜生长部位，用瓜铲将土面拍成前高后低有一定斜度的平滑土台，使幼瓜在土台上生长。这样既可以避免因地面不平而影响幼瓜的果形，又能够在雨后及时排水，防止幼瓜因降雨过多而被浸泡。

西瓜果实接触地面部位容易感染疫病和褐色腐败病，并易遭受黄守瓜幼虫危害，因此，在果实碗口大小时（开花后 15 天左右），可在幼瓜下铺一层麦秸或稻草，厚度 5 厘米左右，也可垫一直径 10～15 厘米、高 4～6

厘米的草圈，不使果实直接接触土壤。

（2）盖草遮阴。为了防止烈日晒瓜，在膨瓜后期至果实成熟阶段，可在瓜上盖草或用树叶遮阴，也可以用瓜蔓盘于瓜顶上将瓜盖住，防晒护瓜。

六、栽培技术关键

夏播西瓜栽培期间往往是高温多雨，也有个别年份会出现高温干旱，是病虫多发季节，栽培难度较大。要保证夏播西瓜栽培成功，必须把握好以下技术关键。

1. 高畦（垄）栽培，覆盖银灰膜

采用高畦或高垄栽培，可便于排水防涝，防止瓜田积水。覆盖银灰色地膜可以有效地驱避蚜虫，减轻或预防病毒病危害，并能稳定墒情，防止土壤板结和养分流失。

2. 集中施肥，护花保瓜

夏播西瓜植株生长快，生育期短，为了保证充足的养分供应，应在做畦前施足基肥，一般后期少施或不施追肥。坐瓜是夏播西瓜栽培的中心环节，应当高度重视，必须采取严格的护花、授粉、护瓜等措施，保证坐果和果实的良好发育。

3. 预防为主，防病治虫

夏播西瓜生育期间，病虫害发生较为普遍，在选用抗病品种的基础上，自西瓜出苗或定植后，就应加强对病虫害的防治。生产上重点防治蚜虫、红蜘蛛，并预防病毒病的发生。对于炭疽病、疫病等叶部病害也应及早预防，零星发现后及时喷药防治。

第二节　北方大棚秋延迟栽培

大棚西瓜秋季延迟栽培是指利用拱圆形大棚在 7 月、8 月播种，通过西瓜生长后期的覆盖保护，使西瓜在 10～11 月收获上市的一种栽培形式。这种栽培形式西瓜上市期正值西瓜供应淡季，而且稍加储藏，可延至元旦供应，效益十分可观。各大中城市远郊及周边西瓜集中产区可因地制宜，适当发展。

一、选用良种

大棚秋延迟西瓜生育期较短，北方地区前期适逢"伏旱"或雨涝，不利因素较多。因此，栽培时对于品种的早熟性、抗逆性、耐储性及品质等要求严格。西瓜秋延迟栽培宜选用优质、耐高温高湿、雌花着生密、果皮较韧、较耐储藏和抗病性较强的早熟品种。综合各地的试验结果及实践经验，黄小玉 H、红小玉、金福、小天使、黑美人、金童、礼品四号以及无籽西瓜品种小玉红无籽等小型西瓜和大部分普通西瓜早熟品种均适于进行秋延迟栽培。

二、适期播种，培育壮苗

1. 播种期的确定

西瓜秋延迟栽培生育后期随着温度的下降，其生长发育的速度渐缓，产量也随之降低。因此，在播种期上应根据西瓜对温度的要求和西瓜上市供应的时间来综合考虑。西瓜果实生长的最适温度为 18～32℃，低于 15℃则生长停滞，此间较大的昼夜温差和充足的光照有利于果实膨大和内部糖分的积累。华北地区 9 月、10 月天气以晴为主，日照充足，昼夜温差大，温度在 10～30℃，大棚覆盖薄膜后，棚内气温可达 20～35℃，最低温度在 15℃以上，可以满足西瓜膨瓜期的需要。另外，从市场销售情况看，国庆、仲秋、元旦三大节日需求量大，价格高。因此，在播期安排上，尽量使西瓜的果实发育期处在 9 月、10 月这段气候条件良好的季节。据试验，小型西瓜秋栽需要积温 1 600～1 800℃。因此，综合考虑上述因素，大棚西瓜秋延迟栽培，华北地区以 7 月下旬（7 月 20～25 日）播种为宜，而江南地区可在 8 月上中旬播种。播种过早，开花坐果期遇高温多雨，难以坐果，且易受病虫为害；播种过晚，果实在初霜来临之前不能正常膨大，成熟度差，影响产量及品质。

2. 苗床准备

秋延迟西瓜育苗期正处于高温、强光照和多雨季节，有时出现高温干旱天气，病虫害较重，特别是易遭受蚜虫和病毒病危害，育苗技术较难掌握。据试验，采用小高畦营养钵育苗，覆盖遮阳网或尼龙纱网，育苗效果较好。

播种前 5～7 天整地做苗畦。育苗畦应建在地势高燥、排灌方便、通风透光良好的地方，最好离种植大棚地近些。一般畦长 8 ~ 10 米、宽 1.2 ~ 1.5 米。建苗床时，先筑一高 15 厘米、宽 1.5 ~ 1.8 米的小高畦，在其上排放营养钵。营养土的配法各地略有不同，北方多用 6 份未种过西瓜的大田熟土，4 份腐熟骡马粪，在每立方米床土中再加入硫酸钾复合肥 1 千克；南方一般用堆沤发酵 3 ~ 4 个月的厩肥，与质地疏松、未种过西瓜的肥沃壤土按 1：1 的比例配制而加，每立方米床土再加入 3 ~ 5 千克过磷酸钙，充分混匀。为了杀死床土中的病菌和虫卵，装钵前，每立方米床土加 1.5% 的辛硫磷颗粒剂 0.5 千克、50% 多菌灵可湿性粉剂 100 克（或 75% 百菌清可湿性粉剂 80 克），充分混合。装入 10 厘米 × 10 厘米规格的塑料营养钵或纸钵中，整齐排放在苗床上。装土时，营养钵内不要装的太满，顶部应空出 1 厘米左右。排完钵后，苗床内浇透水，待水渗下后播种。

3. 种子处理

为了减少种子带菌，播前应进行种子处理。播种前 3 天将种子在阳光下暴晒 1 天，用 50% 的多菌灵可湿性粉剂 800 倍液浸种消毒 10 ~ 15 分钟，或 50% 福尔马林 100 倍液浸种 30 分钟。也可采用温汤浸种，即用 55 ~ 60℃ 的热水烫种并不断搅拌，10 分钟后加水冷却。采用小型西瓜品种时，因其种子小、种皮薄，没有一定经验者，尽量不用此法。种子经消毒处理后，在 30℃ 左右的水中浸泡 4 ~ 6 小时，浸种期间用纱布、毛巾等反复搓洗瓜种，洗净种子表面黏液，然后捞出放入瓷碗等容器中催芽，经 24 ~ 36 小时，大部分种子可以出芽。另据报道，用 10% 的磷酸三钠溶液浸种 20 分钟，可预防病毒病。

4. 播种

80% 以上的种子"露白"后播种，每钵播 1 粒有芽的种子，尚未出芽的种子每钵可播 2 ~ 3 粒，播后覆盖细土，厚度为 1 ~ 1.5 厘米。播完种后，插好拱架，覆盖黑色遮阳网或银灰色尼龙纱网。

5. 苗期管理

苗期管理主要包括防雨、防晒、防虫及除草、定苗等。播后为防止苗床表土干裂并利于幼苗出土，中午前后在苗畦上搭花荫，防止强光暴晒并降低畦内温度。当有 1/3 瓜种顶土出苗时，揭除遮阳网或尼龙纱网，将其盖在防雨膜上，继续起到抑光降温的作用。天气持续干旱无雨、苗床干裂缺水时，可用喷壶于早晨适当洒水，水量不宜太大。苗床周围的杂草要清除干净，零星发现蚜虫活动时，及时用 10% 吡虫啉可湿性粉剂 1 500 倍液喷雾。如遇长时间阴雨，苗床内湿度过大，幼苗受立枯病为害时，可用 70% 甲基托布津可湿性粉剂 700 倍液喷雾防治，同时在苗床内撒一层干草木灰降湿。幼苗出土后，苗床内会有部分杂草相伴而生，应及时拔除，防止其与幼苗争夺养分。幼苗长至 2 片真叶时，每钵播 2~3 粒种子者，如均能出苗，只保留一株健壮幼苗，其余去掉。

三、高畦栽培，适期定植

1. 做畦

秋延迟西瓜生育前期一般只在大棚拱架上覆盖遮阳网或尼龙纱网，而不覆盖塑料薄膜。由于 8—9 月雨水偏多，为了防止雨涝，除注意选择地势高燥、土质肥沃、排灌方便的地块外，还必须采用起垄或高畦栽培。栽培畦式主要有以下两种。

（1）小高垄。适于单行栽培，一般垄高 15~20 厘米，垄底宽 50 厘米，垄面宽 30 厘米，垄沟宽 50 厘米。

（2）高畦。适于大小行栽培。畦高 15~20 厘米，底宽 90 厘米，上宽 80 厘米，每畦种二行西瓜，小行距 55~60 厘米，大行距 1.3 米。

2. 土壤消毒

秋延迟栽培的西瓜适逢各种病虫害的多发期，如枯萎病、炭疽病、疫病、病毒病等极易发生和流行。其中枯萎病为土壤传播的病害，一旦发病，地上部防治很难奏效，最简便、有效的办法是进行土壤消毒。土壤消毒在定植前进行，也可结合土壤耕翻进行。前茬为大棚作物的，在前茬收获后，进行浅耕，灌水闷棚 7~10 天，利用太阳能消毒杀死虫卵和病菌。为了减少盖膜或揭膜的麻烦，生产中利用药物消毒效果更好。土壤消毒常用的药剂有 50% 的福美双可湿性粉剂，每 667 平方米瓜田撒施 1 千克左右（可掺入草木灰或干细土，以撒施均匀）；50% 多菌灵可湿性粉剂 400~600 倍液或 70% 甲基托布津 600 倍液喷洒瓜田土壤，也可以重点喷洒垄沟、种植行等。

3. 施基肥

秋延迟栽培的西瓜前期生长快，生育期较短，对肥料要求集中，因此应施足基肥，且基肥以速效肥料为主，氮磷钾适当配合，足量供应。具体施肥数量为：每亩施腐熟的鸡粪 1 000 千克、硫酸钾复合肥 40~50 千克，或腐熟饼肥 150 千克、过磷酸钙 40~50 千克、硫酸钾 30 千克（或磷酸二铵 40 千克）。施肥方法为：做畦前将种植行表土深翻一锹（深 20 厘米左右），将肥料集中施入，回填表土，将肥、土混匀，然后整成高垄或高畦。

4. 覆膜定植

夏季育苗，幼苗生长快，定植适宜苗龄为日历苗龄 16 ~ 20 天，生理苗龄二叶一心或三叶一心时为宜。北方地区定植时间一般在 8 月中下旬。这段时间北方地区天气多变，总的趋势是雨量大，阴雨天多，有时则会出现雨后骤晴、强光暴晒的天气。定植过早，幼苗易遭受病虫为害，同时也易高温徒长，难以坐果和取得高产；定植过晚，苗子大，移栽时伤根重，缓苗期长，加之后期温度渐低，生育速度减缓，果实往往成熟不好，品质差。

8 月份雨水较多，容易造成土壤养分的大量流失，形成土壤表层板结、通透性不良，同时也会导致各种病虫害的严重发生，对西瓜的生长发育极为不利。因此，秋延迟西瓜在定植后，要及时覆盖地膜进行保护。瓜苗移栽定植时，株距为 50 厘米，定植后随即浇足定植水，并用土封严定植穴，然后覆盖银灰色地膜。覆膜时在瓜苗上方用刀片划破薄膜取出瓜苗，将瓜苗四周及瓜畦（垄）两侧用土压实，使地膜紧贴畦面，以免烫苗。

为了减弱光强，适当降温和预防蚜虫为害，定植当天应马上在大棚拱架上覆以黑色遮阳网，也可用银灰色或白色的尼龙纱网。

四、合理肥水，控制徒长

1. 追肥

秋延迟西瓜需肥量较小，加之秋延迟栽培时生育期较短，在施足基肥的基础上，后期追肥较少，一般只在膨瓜期轻追硫酸钾和尿素或三元素复合肥，结果后期采用叶面喷肥的方式补充养分。具体做法是：在幼果坐稳后长至鸡蛋大小时，视植株长势情况，每 667 平方米施硫酸钾 10 ~ 15 千克、尿素 10 ~ 15 千克，或三元素复合肥 15 ~ 20 千克。此后每隔 5 ~ 7 天叶面喷肥一次，可喷叶面宝、福乐定等专用叶面肥，也可喷 0.2% ~ 0.3% 的磷酸二氢钾以提高品质，促进早熟。

2. 浇水

秋延迟西瓜生长期间常遇高温干旱，而植株蒸腾量大，为减少高温干旱的影响，应注意及时灌溉，特别是在雌花开放前后和果实膨大期，对水分反应十分敏感，如果缺水，则秧蔓先端嫩叶变细，叶色变为灰绿色，在中午观察时，植株叶片萎蔫下垂。开花坐果期缺水，则果实发育受阻、产量低，品质差。因此，应根据天气情况和植株长相，适时补充浇水，保证植株健壮生长。前期温度较高时，浇水宜在早晨和傍晚进行，浇水量以离垄（畦）面 5~8 厘米为宜，浇后多余的水立即排除，以保持畦面干燥，切忌大水漫灌。进入果实膨大期后气温渐低，浇水宜在 9：00~11：00 进行，水量不宜过大，可以顺垄沟小水勤浇。

8 月、9 月除有干旱外，有时会骤降大雨，造成雨涝，因前期大棚尚未扣薄膜，因此，雨后应及时排水防涝，使田间积水时间不超过 8 小时，下过热雨后，如果有条件，可马上用清凉的地下水进行"涝浇园"，以降低地温并为植株根际补充氧气。

3. 控制徒长

秋延迟西瓜生育前期容易徒长，在植株开花坐果前应适当控制肥水，如果已发生徒长，在主蔓生长点 5~8 厘米处用手挤伤瓜蔓或把瓜蔓围绕一圈，以延缓瓜蔓的生长速度，促使雌花发育，提高坐瓜率。

五、整枝吊蔓，授粉留瓜

1. 整枝

秋延迟西瓜一般采用双蔓或三蔓整枝。北方地区秋延迟栽培因后期降温快，有效生育时间短，为保证果实正常成熟，一般采用双蔓整枝，单株留单果，长江以南地区，秋季有效生育时间较长，可充分利用季节，提高产量，一般采用三蔓整枝，每株留 2 个果。

双蔓整枝时，只保留主蔓和主蔓基部一健壮侧蔓，其余侧蔓全部去掉；三蔓整枝时，可保留主蔓和主蔓基部 2 条健壮侧蔓。秋延迟西瓜植株生长前期，正处在高温高湿的条件下，植株茎叶生长旺盛，易发生徒长，侧枝大量萌生，因此，应严格整枝，将主蔓和所保留的侧蔓叶腋内萌发的枝杈及时打掉，保持适宜的群体营养面积，以控制植株营养生长，保证坐果。秋延迟栽培后期，也就是幼瓜坐住到果实成熟期，气温开始下降，昼夜温差加大，光照减弱，植株徒长的可能性很小，但管理不当，容易出现早衰现象，此期应尽量保持较大的营养面积，坐果后一般不再整枝，保留叶腋内长出的所有枝杈，为防止茎叶过分阴蔽和与果实争夺养分，新长的侧枝可待长出 3~5 片叶时打顶。这样既可以减少各种病虫害的发生，又能防止植株早衰，提高光合生产率，使养分集中向果实运输，促进果实膨大。

2. 吊蔓

主蔓长至 30 厘米以上时开始吊蔓。在大棚拱架上沿种植行纵向拉一道 8 号铁丝，每隔 2~3 米用 14 号铁丝在拱杆上固定一下。在每棵瓜苗上方，根据留蔓数量系 2~3 条聚丙烯带垂至地面，下端拴在瓜秧基部，随着瓜秧生长依次向上缠绕，每隔 20~30 厘米，用细麻绳或窄聚丙烯条带横向系"8"字扣，以固定秧蔓，防止其下垂。

3. 人工辅助授粉

秋延迟栽培的西瓜雌花分化较晚，节位较高且间隔较大，不易坐果。如遇不利天气，则会推迟坐果时间，影响产量。要想在理想的节位上坐住果，必须进行人工辅助授粉并采取护花措施。具体做法：根据天气预报和当地的天气情况，在降雨之前的下午或傍晚将翌日开放的雌花和雄花用纸帽套住，第二天早晨开花时取下纸帽，在 7：00~10：00 进行人工授粉，授粉完毕，仍将雌花用纸帽盖上。3 天后注意及时摘除纸帽，以免影响果实膨大。在开花授粉时，如遇短时阵雨，可在雨后 2 小时选用较干燥的花粉授在无积水的雌花柱头上，一般在授粉后 3 小时下雨，对坐果影响不大。若授粉后不足 3 小时遇雨应补授一次。在连续阴雨天气，也可以将快要开放的雄花摘下，放在室内任其开放，在第 2 天早晨授粉时，轻轻抖掉雌花上的雨水，取室内开放的雄花进行授粉。在这种情况下，有时虽能完成授粉过程，若连续阴雨，也会由于光照不足，结实力下降，应注意做好授粉后的套袋保护工作。

授完粉后，在果柄或幼瓜附近茎上挂牌，标明授粉日期，以便确定瓜的成熟度和采收日期。

4. 留瓜护瓜

秋延迟西瓜开花后为保证坐果，一般从第 2 雌花开始，主、侧蔓雌花全部授粉。当幼瓜直径 2~3 厘米（红枣大小）时，可进行选瓜与留瓜，单株留单果者，一般选取主蔓第 2 雌花留瓜；每株留二果者，一般在主蔓和较健壮的一条侧蔓上留第 2 雌花所坐的瓜，将其余的幼瓜全部摘除。

幼瓜留好后要注意保护，田间整枝、绑蔓等作业时尽量避免机械损伤或碰掉幼瓜，同时及时防治各种病虫害，尤其是防止害虫咬食幼瓜。

六、覆盖薄膜，增温促熟

秋延迟西瓜进入结果期后，气温逐渐下降，华北地区一般 9 月下旬外界气温降至20℃以下，不利于西瓜果实的膨大和内部糖分的积累。此时大棚应及时扣膜增温。覆盖前期，晴天上午外界气温升至25℃以上时，将大棚两肩部通风口扒天进行通风，下午16：00左右关闭通风口。随着外界气温下降，后期只在晴天中午短时小通风，直至昼夜不通风，保持较高的温度，促进果实成熟。

七、预防为主，防病治虫

秋延迟栽培的西瓜正处在非常不良的气候条件下，最容易遭受各种病虫为害。前期如遇高温干旱极易感染病毒病，植株茎叶生长畸形，失去坐果能力；而在高湿高湿的情况下则易感染真菌性的病害，如白粉病、霜霉病等，降低叶片的光合功能；多雨、阵风天气容易感染炭疽病、叶枯病及绵腐病，同时也容易发生蚜虫、红蜘蛛等害虫。现将秋季生产中常见的病毒病、叶枯病、白粉病、霜霉病等的发生特点及防治方法介绍如下。其他病害和虫害的防治参见本书"日光温室栽培"中的相关部分。

1. 病毒病

西瓜病毒病是一种严重的普遍发生的传染性病害。近年来有发展的趋势。在西瓜坐果前发病，可使瓜秧生长停滞，植株不能正常开花结果，造成绝产；坐果后发病，可使果实停止发育，使产量和品质显著下降，造成生产效益的严重损失。

（1）发病症状。西瓜病毒病有两种类型，一种是花叶病毒病，多在北方发生，表现叶片黄、绿镶嵌的花斑，叶片瘦小卷曲上冲，不展开；另一种是蕨叶病毒病，多在江淮地区发生，表现新叶狭长皱缩扭曲，呈蕨叶状。病毒病在茎上表现节间缩短，幼蔓细小顶端上翘；花器官发育差，生长慢；果实个小，表面有黄、绿相间斑迹，凹凸不平。

（2）病原。西瓜病毒病主要是由甜瓜花叶病毒引起的。另外，还有西瓜花叶病毒和黄瓜花叶病毒。传毒媒介主要是蚜虫。种子也能带病。田间操作也是传病的途径之一。该病毒在55~60℃的温度下10分钟致死。

（3）侵染规律。气温高、光照强有利于发病。天气干旱，蚜虫多生，极易传播。甜瓜、西葫芦发病较西瓜早，因此靠近甜瓜、西葫芦地块的瓜田易发生病毒病。

（4）防治方法。
①建立无病繁种田，收留无病种子。

②进行种子消毒，方法见前面有关章节种子处理部分。

③西瓜田不要靠近甜瓜和西葫芦田，以减少病毒来源，及时消灭传毒媒介蚜虫。

④发现病株及时拔除并烧毁，防止因整枝等操作形成接触传染。

⑤坐果后结合防蚜加入 20% 病毒 A 可湿性粉剂 600 倍液、抗毒剂 1 号 400 倍液、抗病威粉剂 1 500 倍液喷洒叶片，可起到较好的预防作用。

⑥发病初期喷洒 0.2% 磷酸二氢钾加 0.2% 硝酸钙加 0.1% 的尿素水溶液，或 0.2% 磷酸二氢钾加 0.2% 硫酸锌加 0.1% 尿素水溶液，以促进植株健壮生长，增强抵抗力，减轻危害程度。另外，也可用⑤中所用的药剂连喷 2～3 次，每次间隔 4～5 天，但发病后再喷药效果不理想。

2. 叶枯病

多在西瓜的中后期发生，常造成大量叶片枯死，严重影响产量，近年来有加重的趋势。

（1）发病症状。病发初期，叶片出现褐色小斑，四周有黄色晕圈，多在叶脉间或叶缘出现，病斑近圆形，直径在 0.1～0.5 厘米，有轮纹。病斑很快发展，连合在一起形成大片，叶片枯死。

（2）病原。由链格孢属真菌侵染引起。该菌分生孢子梗深褐色，单枝、有分隔，顶端串生分生孢子。分生孢子淡褐色，棒形或椭圆形，有纵横分隔，顶端有较短喙状细胞。

（3）侵染规律。病菌以菌丝体或分生孢子在土壤或病株残体上、种子上越冬，成为翌年初次侵染的菌源，分生孢子借风传播形成再侵染。病菌孢子在 10～35℃ 时都能萌发繁殖。当西瓜开花坐果及膨瓜期，如遇连阴天气，病害可大发生，严重时可使大片瓜田叶片枯死，使产量遭受严重损失。

（4）防治方法

①西瓜或前茬作物收后及时消除田间病株残体，并翻晒土地，减少菌源。

②不在有病瓜园繁种、留种。对种子进行灭菌，使用无菌良种。

③药剂防治。在病发初期或降大雨之前，喷药防治。5～7 天一次，连喷 2～3 次。可选用下列药物：77% 瑞扑 800～1 000 倍液，75% 百菌清可湿性粉剂 500～600 倍液，70% 代森锰锌可湿性粉剂 400～500 倍液，60% 百菌通 400～500 倍液。

3. 白粉病

白粉病多在西瓜生育中后期发生，主要侵染叶片。

（1）发病症状。初发期叶片上出现白色近圆形小粉斑，以后向四周扩展成边缘不明显的连片白粉，严重时整个叶片布满白粉，叶片枯萎卷缩。叶片上白色粉状物为病原菌的无性阶段分生孢子。发病后期，白色粉斑因菌丝老熟变为灰色，并长出许多黑色小点，是病原菌的闭囊壳。

（2）病原。由单丝壳属中的单丝壳菌侵染引起。其无性阶段可形成分生孢子，分生孢子串生，为长圆形或椭圆形的无色单孢。有性阶段产生闭囊壳，闭囊壳球形，黑褐色，无孔口，表面有菌丝状的附属丝。壳内有一个子囊，无色倒梨形，子囊内含有 8 个子囊孢子，子囊孢子椭圆形，单孢。

（3）侵染规律。病菌菌丝体不侵入寄主组织的细胞内，而是在寄主组织的表面生长繁殖，形成吸器，穿入表皮细胞中，吸取养分，因此，被害叶片较长时间不呈现坏死。在低温干燥地区，病原菌以有性世代的闭囊壳于病株残体上在地面越冬；在较温暖地区，病原菌的菌丝体可在温室、大棚内寄主上越冬。越冬的闭囊壳一般在翌年 5—6 月，当气温达 20～25℃ 时，释放出孢子囊。由于菌丝体产生分生孢子，在适宜条件下侵染寄主，形成初次侵染，主要靠风及雨水传播。白粉病病原菌的分生孢子萌发所适应的湿度范围较大，即使大气相对湿度低于 25% 也能萌发。但叶片上有水滴时，反而不利于其萌发。分生孢子在 10～30℃ 温度范围内都能萌发，而以 20～25℃ 最为适宜。当田间湿度大、温度在 16～24℃ 时发病严重。在高温干燥条件下，病情受到抑制。在温室、大棚内等空气不流通的条件下，常较露地栽培发病早而且严重。管理粗放，浇水不当，偏施氮肥，群体过大，通风不良，光照不足等均有利此病发生。

（4）防治方法

①合理密植，使西瓜群体大小适中。及时整枝打杈，防止田间过分郁闭。增施磷钾肥，提高植株抗性。大棚内注意通风排湿。

②发病初期，及时将病叶摘除带出棚外埋掉或烧毁。采收后清洁瓜田，将病株残体清理干净。

③药剂防治。发病期可喷洒下列药物：45% 代森铵 1 000 倍液；25% 粉锈宁 2 000～3 000 倍液；60% 百菌通 400 倍液；75% 百菌清 500～800 倍液；40% 多硫悬浮剂 800～1 000 倍液；50% 加瑞农可湿性粉剂 1 000 倍液；2% 抗霉菌素水剂 200 倍液。每 7～10 天喷 1 次，连喷 2～3 次。

④在温室或大棚中可采用熏蒸灭菌法。每 100 立方米空间用硫磺 250 克，加锯末 500 克混合后，分放 4～6 处，将温室或大棚密闭后点燃，待 24 小时后通风。

4. 霜霉病

霜霉病俗称跑马干、黑毛病，是甜瓜和黄瓜的毁灭性病害，近年来在西瓜上也多有发生，一般在多雨季节及田间湿度大的地块病势扩展很快，常引起叶面早枯，使果实不能正常成熟。

（1）发病症状。本病主要危害叶片。发病初期叶片上先出现水渍状斑点，病斑扩大后，受叶脉限制呈黄褐色不规则多角形病斑。在潮湿环境下，在病斑背面长有灰黑色霉层（即孢囊梗和孢子囊）。严重时病情迅速蔓延，病斑连片，全叶迅速干枯，易破碎，病田植株一片枯黄，似火烧一样，瓜瘦小，含糖量降低。

（2）病原。瓜类霜霉病菌属鞭毛菌亚门霜霉目，假霜霉菌属。菌丝体无色，无隔膜，在寄主细胞间生长发育，以卵形或指状分枝的吸器伸入寄主细胞内吸收养分，无性繁殖产生孢囊梗和孢子囊。

（3）侵染规律。病菌以卵孢子在土壤中的病残体上越冬，也以菌丝体和孢子囊在温室、大棚受害植株上越冬。孢子囊通过气流、雨水和昆虫传播。孢子囊萌发后，自寄主气孔或直接穿透寄主表皮侵入。田间病残体上的卵孢子萌发后产生大型孢子囊，在适宜条件下释放出游动孢子进行初侵染，发病后不断产生孢子囊，从而造成病害的发生和流行。

霜霉病的发生和流行与温、湿度关系最大，特别是湿度。湿度越高，孢子囊形成越快，数量也越多。因此，大雨或灌溉后，病菌侵入扩展很快，易造成病害发生和流行。病菌对温度适应性广。孢子囊在 5～30℃ 时均可萌发，侵入温度范围为 10～25℃，病害流行的适宜气温在 15～24℃。多雨潮湿温暖的天气，最有利于霜霉病的流行。气温在 15～22℃，降雨次数多，或大雾重露，病害蔓延迅速。所以，秋延迟西瓜生育中后期易感霜霉病。

（4）防治方法

①选用抗病品种。

②栽培防病。选择地势高，土质肥沃的沙壤地块栽种，施足基肥，增施磷、钾肥。在生长前期适当控水。坐瓜后严禁大水漫灌，并注意排除田间积水，及时整枝打杈，保持株间通风良好。

③大棚高温闷棚方法。选择晴天（处理前要求棚内土壤要潮湿，必要

时可在前一天灌一次水）密闭大棚，使棚内温度上升至 44~46℃（以瓜秧顶端部温度为准，切忌温度过高，当温度达到 48℃，植株易受损伤），连续维持 2 小时后，开始放风。处理后应及时追肥、灌水。

④生态防治。大棚栽培时调控好温度与湿度，晚间前半夜温度保持 15~20℃，子夜以后棚内湿度渐增至 90% 左右，温度应控制在 10~13℃，通过低温控制病菌侵染。上午日出后，棚内温度升至 30℃，放风半小时左右，闭棚，让温度回升至 25~30℃，湿度不超过 75%。

⑤营养防治。对长势较差的瓜秧，可进行根外追肥，即用 0.15 千克尿素加 0.5 千克红糖或白糖，对水 50 千克早上喷于叶面和叶背，每 5 天 1 次，共 3~4 次。

⑥药剂防治　霜霉病通过气流传播，发展迅速，易流行。喷药必须及时、周到和均匀。另外，必须以预防为主，在发病前即开始喷药保护，发现中心病株后结合摘除病叶并喷药重点防治。常用药剂有：25% 瑞毒霉可湿性粉剂或 25% 甲霜灵可湿性粉剂 500 倍液、75% 百菌清可湿性粉剂 600 倍液、60% 百菌通可湿性粉剂 300~500 倍液、90% 疫霜灵可湿性粉剂 500 倍液。粉尘施药可用 5% 百菌清粉尘和 7% 防霉灵粉尘，每次每 667 平方米 1 千克。喷粉器可用丰收 5 型或 10 型。大棚内熏烟施药可用 45% 百菌清烟熏剂或 21% 杀菌烟熏剂，每次每 667 平方米用量为 250 克，熏蒸 8~10 小时，然后放风排出。

八、收获与储藏

秋延迟栽培的小型西瓜到达商品成熟时，应及时收获。在正常的气候条件和管理水平下，一般定植后 45~50 天即可收获，根据播种时间的早晚，大体在 10 月上中旬。采收时间的早晚和采收时的成熟度根据销售情况而定，即时销售的，以果实九成熟以上时采收为宜；如需储藏时，可选择八成熟的西瓜，带 20 厘米左右的秧蔓，置于阴凉通风处堆放，高度以 2~3 层为宜，一般在 5℃ 左右时能储存 20~30 天，天气转凉时注意保温，储藏期间要经常检查是否烂瓜，发现后要及时处理。

第三节　南方返秋立架栽培

小型西瓜在北方地区多采用日光温室和大棚进行早熟栽培或秋延迟栽

培，很少进行露地栽培。而在长江以南地区，由于地处暖温带及其以南，温度条件较好，加之当地的生产方式及经济条件等因素，各地积极探索小型西瓜早春覆盖栽培、春露地爬栽培、越夏栽培以及返秋立架栽培等多种栽培形式。据湖北省洪湖市农业局、荆州市金穗种子有限公司、浙江省平湖市农业局等单位试验，在多种栽培形式中，以返秋立架栽培方式投资少、风险小、产量高、效益好。生产实践表明，返秋立架栽培有以下几大优势：一是充分利用了当地秋季良好的气候条件，特别是江汉平原地区秋季属旱季，日照充足、雨日少，昼夜温差大，特别适合西瓜的生长，提高了西瓜的品质和商品性；二是单位面积密度增加，西瓜产量较露地地爬栽培提高1～2倍；三是西瓜上市时间为9月中旬至10月初，正值全国西瓜市场的淡季，而此时南方地区白天气温依然较高，市场对西瓜的需求量依然很大，加之中秋、国庆双节对礼品瓜需求的刺激，使得返秋小西瓜往往能获得比春栽西瓜高出几倍的效益；四是小型西瓜返秋栽培生育期短，一般全生育期60～70天，雌花开放到果实成熟20～25天，茬口非常丰富，适合作为多种作物的前茬。因此，这种栽培方式在南方气候相似地区有较大的推广价值。现将返秋立架栽培的技术要点介绍如下。

一、适时播种，培育壮苗

南方返秋立架栽培应选择长势中庸、早熟性好、耐湿抗病、品质优良的小西瓜品种。据试验，黄小玉H、拿比特、黑美人等品种表现较好。

适宜的播种期应根据当地的气候条件和西瓜品种秋播全生育期来确定，尽量把西瓜采收期安排在9月中下旬，以此来推断不同品种的适宜播期。以黄小玉H为例，适宜的播期为7月上旬至7月15日，最迟不宜晚于7月17日。7月上旬播种，9月上中旬收瓜，管理得当可留二茬瓜；7月中旬播种，9月下旬收获，应狠抓西瓜质量，提高商品性，力求节日市场卖出好价钱。

夏秋栽培，为了方便管理，提高成苗率，宜采取育苗移栽。一般每667平方米备种40～50克。播种技术与春季基本相同，不同之处在于夏季气温高，播种后须在拱棚膜上加盖遮阳网进行阴障育苗，待幼苗出齐后揭除棚膜与遮阳网。注意及时收听收看天气预报，有暴风雨来临时，提前盖膜护苗，防止暴雨冲刷苗床，同时要加强通风，防止高温高湿产生"高脚苗"。如育苗期遇到35℃以上的高温，晴天上午11：00左右盖上遮阳网，下午

14：00 左右揭除，以防止高温烫苗。由于夏季温度高，水分蒸发量大，要及时检查苗床墒情，适时补充水分，防止干旱死苗。

二、整地作畦，施足基肥

返秋立架栽培的西瓜密度大，根系分布密集，因此，要选择土层深厚的沙壤土种植。定植前 7～10 天，将大田深翻 1～2 次，暴晒 2～3 天，然后包沟 2 米做畦，畦面宽 1.6～1.7 米，畦沟深 0.3 米以上。畦面距畦边 0.3 米为两定植行（图 16），基肥开沟深施于定植行内。每 667 平方米施充分腐熟的猪牛粪 2 500～3 000 千克、饼肥 100 千克、硫酸钾型复合肥 40～50 千克，最好分层施入，肥料与土壤混匀后耕平整细，畦面成龟背形。盖膜前检查土壤湿度，如墒情不够，可顺畦内小沟串沟造底墒，次日畦面稍干后用地膜覆盖压实，地膜选用银灰色防蚜地膜，采取畦面畦沟全覆盖法，既利于保墒，又可防止秋雨浸渍畦面造成土壤板结。

图 16　小型西瓜立架栽培畦式

三、适期移栽，小苗定植

夏季 7 月、8 月气温高，日照强，大苗移栽幼苗叶片多，蒸腾失水量大，缓苗时间长，所以应采取小苗移栽。一般瓜苗一叶一心至 2 片真叶，日历苗龄两周左右时及时定植。先在定植行按 0.4 米的株距用开穴器开穴，将幼苗从苗床移出后带坨栽入穴内，随手用细土封膜，栽后用 0.3% 的复合肥液灌株，促进缓苗。定植时要边开穴、边移栽、边浇定植水，以减少幼苗失水时间，确保幼苗成活。每 667 平方米栽苗 1 300～1 500 株。

四、搭架引蔓，授粉留瓜

瓜苗移栽成活后开始搭架，即在畦两端中央各埋 1 根直径 10 厘米、高 2.0～2.2 米的木桩，用 8 号铁丝经过桩顶端拉直，然后斜拉固定于地面，再用细竹竿间隔 0.4～0.5 米，插绑成"人"字形。"人"字架两侧竹竿上用塑料绳横向拉绕 3～4 根，构成网络状，便于瓜蔓缠绕。主蔓长到 30～40 厘米时，将顶端牵引上架布蔓。

主蔓基部叶腑内侧蔓长到 15 ～ 20 厘米时及时整枝，以减少养分消耗。整枝一般采取三蔓整枝，即保留主蔓，选留 2 条生长健壮的侧蔓，其余全部打掉。3 条蔓中 2 条为结果蔓，1 条为营养蔓。将 3 条蔓牵引上架，间距 10 ～ 20 厘米，相互不交叉，生长点尽量整齐一致。一般选主蔓第 2、第 3 雌花坐瓜，不同株的坐瓜节位要相近，便于管理和统一收获。返秋立架栽培的小西瓜由于植株密度大，加之夏秋季节雨水偏多，防病治虫喷药频繁，昆虫授粉不充分，需要进行人工辅助授粉，授完粉后及时做好标记，标明授粉日期，以有利于适时采收。

由于小型西瓜有连续坐果且对营养生长影响不大的特性，每条结果蔓可留瓜 1 ～ 2 个，每株留瓜 2 ～ 4 个，以 3 个最好，既可保证单瓜重，又能提高产量。生长健壮的子蔓坐双果，长势旺的田块可在头茬瓜定个后选留二茬瓜。

五、合理肥水，防病治虫

小型西瓜在基肥充足的情况下，后期很少追肥。一般为了提高西瓜品质，多在膨瓜期视苗情轻施少量钾肥或硫酸钾型复合肥。后期为防止植株早衰，可采取叶面喷肥的方式补充营养。留二茬瓜的田块则须在头茬瓜收获后，二茬瓜膨大期，在株间打洞追施硫酸钾型复合肥，每 667 平方米 30 ～ 40 千克。返秋西瓜浇水视天气情况而定，一般坐瓜前不浇水，坐瓜后如果天气干旱，可顺瓜沟浇水补墒，整个生育期一般浇两次水即可。

返秋立架栽培的小西瓜病害一般较轻。育苗期间注意防蚜，以预防病毒病的发生。虫害相对较重，主要害虫有蚜虫、菜青虫、瓜野螟等，要特别注重综合防治，尽量选用对口高效低毒农药防治，如 10% 大功臣、6% 杀虫素、BT 杀虫剂、48% 乐斯本、5% 锐劲特等，防效都很好。一般 5 ～ 7 天喷药一次，西瓜采收前一周停止用药。

第五章　特种栽培技术

第一节　扦插栽培

一、扦插栽培的意义

1. 扦插生根的原理

瓜类有在茎节处产生不定根的特性。例如，在西瓜栽培中采用暗压法压蔓时，压蔓处茎节可以产生大量的不定根，能够起到扩大根系吸收面积和固定秧蔓的作用。但在自然生长条件下，这种不定根发生数量较少，而且生长较短。当西瓜茎节被切断时，在其伤口附近就会形成创伤导管分子细胞。这些细胞具有很强的分化再生能力，同时也诱导了细胞内生长素浓度的提高。浓度较高的生长素又可以诱导已解除分化的愈伤组织细胞的分化，加之生长素与细胞激动素的协同作用，可导致愈伤组织的细胞向植物体所需器官的再分化。

众所周知，生长素对器官建成的作用最明显的例子就是诱导生根。诱导生根的过程大致可分为导致根原基发生、根原基形成和根的生长三个阶段。其中前两个阶段与生长素密切相关，后一阶段与维生素类关系较大。生长素在前两个阶段中使茎蔓细胞 DNA（脱氧核糖核酸）模板活性增加，促进了对发根所必需的 RNA（核糖核酸）及蛋白质的合成。

当诱导的新根长 1 毫米左右时，细胞开始纵向伸长生长；幼根 1.6～2 毫米时，伸长生长急剧加速；根长 5～6 毫米时，从表皮组织分化出根毛，从中柱细胞分化出侧根原基。

根据上述机理，西瓜茎蔓切断扦插，配合使用生根液，可以进行西瓜无性繁殖（即不用种子，而通过营养器官再生）栽培生产。

2. 西瓜扦插栽培的意义

经各地多年试验及生产实践证明，利用西瓜茎蔓切段扦插繁殖所结的西瓜，与利用同一品种种子繁殖所结的西瓜进行比较，其果实大小和品质均无明显差异。扦插栽培还具有下列优点。

（1）节约种子。西瓜直播栽培每 667 平方米用种 150～200 克，育苗移栽用种量为 75～100 克。而采用扦插繁殖，只要开始有一棵苗，切取茎蔓就可以大量繁殖，如果田间利用早熟栽培（日光温室、大棚栽培）西瓜整枝时剪下的多余分枝进行扦插，则完全可以不用种子，从而大大节约了用种量。对于价格昂贵的无籽西瓜种子、进口种子及对新引进的珍贵品种的加速繁殖均有很大意义。

（2）繁殖系数高。西瓜的分枝性很强，在生长过程中能够不断地发生分枝，放任生长时，最多可分生出 4～5 次侧枝，而每一侧枝又可产生许多节。在普通栽培中，大多保留 2～3 条蔓，其余侧枝通过整枝全部摘除。因为扦插繁殖每根插蔓只需 2～3 节即可，所以每株西瓜一生中能提供插条 1 200 根左右，繁殖系数很高。

（3）简便易行，成本低。西瓜插蔓繁殖方法比较简单，只要预先准备好扦插所用瓜蔓（如春露地栽培可用日光温室或大棚栽培整枝时剪下的瓜蔓，秋延迟栽培可用春露地栽培西瓜的瓜蔓）和扦插床即可。4—5 月可在大棚内扦插，6—7 月可在露地做畦扦插，适当用遮阴网遮阴，生产成本很低，每 667 平方米只需 8～10 元（不含人工费），比用种子栽培少投入 30～80 元。如果种植无籽西瓜，则节省种子投入更多。

（4）保存种质资源。通过插蔓繁殖的西瓜即所谓的无性繁殖，具有原母本品种相对稳定的植物学特征和生物学特性，而且这种稳定性在以后的继代插蔓繁殖后代中，仍能保存下来，使用来自同一株瓜蔓的各世后代形成了无性繁殖系，并使亲代的特性特征能够稳定地遗传下去。因此，西瓜插蔓繁殖可作为保存种质资源的一种特殊方法用于某些珍贵稀有品质种质资源的保存。

二、插蔓繁殖方法

西瓜插蔓繁殖，可以根据栽培需要（栽培时间的早晚）和瓜蔓来源确定设采蔓圃或不设采蔓圃。需要设采蔓圃时，应当利用温室、火炕或电热温床提前育苗，采用大棚或双膜覆盖栽培培育出健壮母株，具体技术措施除不整枝外，其他与早熟栽培管理相同。在实际生产中应用扦插栽培时，一般不单设采蔓圃，而是结合西瓜的保护地栽培，利用整枝时剪下的分枝截段扦插即可。扦插育苗的方法和程序如下。

1. 扦插畦的准备

扦插畦可以建在日光温室或大棚内，做成平畦，具体规格为：畦宽1.2～1.5米、长10～15米、深20～25厘米，畦内填充营养土或排放营养钵。营养土的配法是：用6份沙质壤土（从未种过西瓜的大田中取用）、加4份充分腐熟的骡马粪或牛粪掺匀，另外每立方米床土再加入1千克三元素复合肥，充分混合均匀。土和厩肥要整细过筛。营养土配好后可装入高10厘米、直径8～10厘米的塑料营养钵或营养纸袋中，在畦内紧密排放，缝隙间用细土填充。也可将营养土直接填入畦内，踏实整平，厚度在10厘米以上，然后浇透水，待水渗下后，用刀将营养土切成10厘米×10厘米的方块。扦插前2～3天，将畦内浇透水，造足底墒，并插好小拱棚，覆盖塑料薄膜提温。

2. 采蔓

采蔓前备好锋利的剪子或刀片（可用剃须刀片），并将剪子或刀片用75%酒精消毒，然后从采蔓圃或田间采取整条瓜蔓，立即装入干净的塑料袋中，防止失水萎蔫。

3. 扦插

将采集的西瓜蔓用保险刀片（用75%酒精消毒）切成每根带有2～3片叶的小段，并将每段基部的一个叶连同叶柄一齐切去（如有苞叶、卷须、花蕾等也应切去），但要保留茎节，以利产生不定根，下切口削成马蹄形，然后用生根液浸泡。可以诱导西瓜茎蔓生根的激素及生长调节剂有多种，如IAA（吲哚乙酸）、IBA（吲哚丁酸）、KT（激动素）、ABT生根粉等。常用药剂及适宜用量为：每升水加100毫克IAA或100毫克IBA速蘸3～5秒钟；每升水加300毫克KT浸泡10秒钟。但IAA、IBA、KT等药剂在广大农村地区难以买到。生产上可使用较常见的专用ABT生根粉进行处理，具体用量、浓度、浸泡时间等可参照产品说明。茎蔓切段浸生根液后，应立即进行扦插。扦插时瓜蔓与畦面呈45°倾角，深度为3～4厘米。采蔓、浸泡、扦插操作应连续进行，插完后应马上盖膜提温。

4. 盖膜

每畦扦插完后，将塑料薄膜盖好，以保温、保湿和防风。拱棚的一侧用土压实，另一侧暂不封死，以便于管理。

三、扦插栽培管理要点

1. 提高插苗成活率

提高扦插成活率是扦插栽培管理的重点环节。西瓜扦插苗的成活率与秧蔓新鲜程度、取蔓部位、分枝级次、叶片多少以及扦插床的环境等有较大关系。根据多年试验发现，扦插苗成活的规律是：秧蔓取下后马上切段扦插成活率较高，放置时间越长成活率越低；同一条分枝不同节位的瓜蔓，基部切段的成活率大于中部切段，中部切段的成活率大于顶部切段；不同分枝相同节位的瓜蔓，母蔓切段的成活率大于子蔓，子蔓切段的成活率大于孙蔓；同一条瓜蔓上，顶部切段以具有 5 片叶，中部切段以具有 2 片叶，基部切段以具有 1 片叶，其扦插成活率最高。

生根液对提高扦插成活率有显著作用，一般可比对照提高成活率1.9 ~ 2.7 倍。同时，生根液对嫩枝或同一分枝顶端切段的作用更为明显。

除上述因素外，扦插床的管理对扦插苗的成活率影响也很大，生产上应把握好以下技术要点。

（1）遮阴。插后 3 天以内要在塑料拱棚上加盖草帘遮阴，防止阳光直射。第 4 天至第 6 天，只在中午前后进行遮阴。7 天以后则不需再遮阴。

（2）保温调湿。插蔓后畦内表土下 2 厘米处地温最好保持在白天 28 ~ 32℃，夜间 20 ~ 22℃，以利生根。当畦内表土下 2 厘米地温在 15℃ 以下时，不能插蔓，插后也不会生根。所以扦插时间一般安排在气候比较温暖的季节，扦插时间较早时（4月下旬以前），扦插床应设置在日光温室内或采用电热温床、火炕等加温苗床，确保秧蔓扦插后苗床内能保持适宜的温度。扦插床内温度较高时，应适当通风降温，一般掌握床内温度不超过 35℃。温度调节可通过塑料薄膜和草帘揭盖时间的长短来进行。一般在扦插后 5 ~ 7 天以内不通风，保持较高的温度，以促进生根。此后，根据天气情况适当通风，晴天上午扦插床内温度升到 30℃ 左右时，将薄膜背风一侧先揭开小口通风，随着温度的升高，通风口逐渐加大。通风要循序渐进，由小到大，切忌猛揭猛盖，防止因床内外温差过大使秧蔓失水萎蔫。扦插苗长出新叶后，逐渐加大通风量，直至塑料薄膜和草帘昼夜不盖，使秧蔓健壮生长并适应外界环境，以利定植后缓苗。

（3）湿度调节。扦插苗对湿度要求严格，插蔓后 1 ~ 3 天，畦内相对湿度应保持在 95% ~ 99%，4 ~ 6 天降为 90% ~ 95%，7 ~ 10 天降为 85% ~ 90%，10 天以后再降为 80% ~ 85%，以后即保持这一湿度。扦插床内的湿度通过浇水和通风来调节。湿度小时应及时补充浇水，可用喷壶或喷雾器喷水；湿度较大时，可通过揭膜通风来排湿，通风方法与温度调节时相同。

（4）浇生根液。为促使扦插苗尽快生根，插蔓后 1 ~ 7 天内，每隔 1 ~ 2 天在插蔓基部喷洒一次生根液，每次每株浇 10 毫升左右。

（5）叶面喷肥。插蔓后 3 天内，可结合补水在叶面上每天上午和下午喷一次 0.3% 尿素和磷酸二氢钾，以供给叶片光合作用所必需的水分及矿物质。

2. 移栽定植

插蔓后 15 ~ 20 天，插条基部就能发生许多不定根，这时即可进行大田的移栽定植，定植前瓜田施足基肥，整好瓜畦，盖好地膜；扦插床提前 2 ~ 3 天浇一水，便于起苗。起苗时要轻拿轻放，防止散坨伤根。定植时按预定株距在瓜畦上开定植穴，直径 10 厘米以上，深 10 厘米左右，将扦插苗带坨小心放入定植穴内，边缘缝隙用细土填充，每株浇定植水 1 ~ 2 千克。定植后可暂不封穴，2 ~ 3 天后结合浇一次缓苗水，用细土将扦插苗基部埋好。

3. 田间管理

扦插栽培的田间管理措施与普通栽培基本相同。生产上一般均采用三蔓式整枝，主蔓第 2、第 3 雌花留瓜，每株只留 1 个瓜。压蔓尽量采用暗压法，以促发不定根，扩大根系吸收面积。幼瓜坐住后鸡蛋大小时和膨瓜中期各追肥一次，每次每 667 平方米可施三元素复合肥 20 ~ 30 千克。

4. 防病治虫

扦插栽培的植株生长前期根量少，根系不发达，植株长势较弱，对病虫害的抵抗力较弱，因此，自定植起，对各种病虫害就应采取预防措施，防止病虫害的发生蔓延。具体防治方法参见"早熟特早熟栽培"的有关章节。

第二节　温室无土栽培

无土栽培即不用土壤，而将西瓜栽于沙砾、蛭石等基质中，定时定量供应营养液，以保证植株正常生长的一种栽培方式。无土栽培所创造的生根环境，不仅能够满足西瓜对矿物质营养、水分和气体条件的需要，而且还能根据西瓜不同生育时期和植株形态的需肥特点，调节各种营养元素，满足其需要，发挥增产潜力，提高果实品质。

一、普通型无土栽培

1. 栽培形式

无土栽培最初是从水栽法开始的，后来又发展出营养膜法、喷雾栽培法等。从栽培容器来看，有盆栽和槽栽等。目前，在日光温室西瓜生产中，最经济实用和易于掌握的无土栽培形式是沙砾槽栽水培法，即在栽培槽中，用沙或砾石作栽培基质（也可用蛭石做基质），定时定量地供应营养液。

沙砾槽栽法，其装置由栽培床、贮液池、电泵和输液管道等部分组成。栽培床多为铁制或硬质塑料做成的三角槽，槽体长 5~6 米，呈倒三角形，高与上宽各 20 厘米，槽中部放一垫萢，铺棕皮等作衬垫，然后在其上填基质一层，厚 10 厘米，基质以下空间供根生长及营养液流动，槽两端设供液槽头及排液槽头。如图 17 所示。也可采用土制槽，即在温室内南北向做高 40 厘米、长 5~6 米、宽 80 厘米的高畦，在中间开挖深及上宽均为 30 厘米的倒三角形槽，将槽面拍实、整平，槽内铺一层厚 0.1 毫米的聚乙烯农膜，另加垫萢及棕皮衬垫和进、排液槽头即成。营养液由电泵从贮液池中泵出，贮液池用砖与高标号水泥砌成，一般设在温室中部，每立方米容积可供 80~100 平方米栽培面积使用，一栋 667 平方米的日光温室，需贮液池的容积 8 立方米左右。营养液经供液管输入栽培槽，经栽培床的营养液，从排液槽头底部的排液出口又流入贮液池，再由电泵打入注入口，循环使用。电泵多用 TWB-20 型单相电泵或农用潜水泵，时间控制器为 VK-3 型，每天定时供液 4~5 次。整个栽培设施系统见图 17。

2. 基质的选用与消毒

（1）基质选用。西瓜无土栽培可用的基质较多，如草炭、蛭石、珍珠岩、岩棉、沙、砾石、陶粒、锯末、树皮、刨花、稻壳、蔗渣等，上述基质既可以单独使用，也可与其他基质混合使用。各地可因地制宜，就地取材。

（2）基质消毒。日光温室西瓜无土栽培如无前茬，所选用的新鲜的基质可不用消毒。基质经栽培一前茬作物后，如果没有病害或病害很轻，则这种基质一般还可继续用于西瓜种植，以降低生产成本。但在实际生产中，

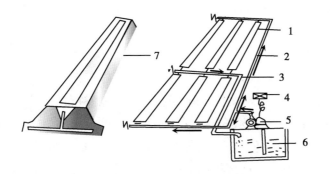

图 17　栽培槽设置及结构

1. 栽培槽　2. 供液管　3. 排液管　4. 时间控制器
5. 电泵　6. 贮液池　7. 栽培槽结构图

为安全起见，基质在使用前一般都要进行消毒。常用的基质消毒方法，主要有蒸汽消毒、药剂消毒及太阳能消毒。

蒸汽消毒　基质数量较少时，有条件的地方，可将基质装入消毒箱消毒。生产面积较大时，基质可以堆成 20 厘米高，长度、宽度根据地形和数量而定，全部用防水防高温布盖严，通入蒸汽后，在 70 ~ 90℃温度下，消毒 1 小时，可以杀死所有病菌，效果良好，而且比较安全，缺点是成本较高。

药剂消毒　常用的消毒药剂为甲醛（福尔马林）和氯化苦。甲醛是良好的消毒剂，一般将 40% 的原液稀释 50 倍，用喷雾器将基质均匀喷湿，覆盖塑料薄膜，经 24 ~ 26 小时后揭膜，再风干 2 周后使用。氯化苦熏蒸时的适宜温度为 15 ~ 20℃。消毒前先把基质堆放成高 30 厘米，长度和宽度根据具体情况而定。在基质上每隔 30 厘米打一个深为 10 ~ 15 厘米的孔，每孔注入氯化苦 5 毫升，随即将孔堵住，第一层打孔放药后，再在其上部打第二层孔放药，然后盖上塑料薄膜，熏蒸 7 ~ 10 天，去掉薄膜后，晾 7 ~ 8 天后即可使用。

太阳能消毒　蒸汽消毒比较安全，但成本较高。药剂消毒成本较低，但安全性较差，并且会污染周围环境。太阳能是近年来在温室栽培中应用较普遍的一种廉价、安全、简单实用的土壤消毒方法，同样也可以用来进行无土栽培基质的消毒。具体方法是，夏季高温季节在温室中，把基质堆成 20 ~ 25 厘米高的堆（长、宽视具体情况而定），用水喷湿基质，使其含水量超过 80%，然后用塑料薄膜盖好，同时密闭温室，暴晒 10 ~ 15 天，消毒效果良好。经消毒后的基质，可于栽培前 5～7 天填入栽培床，厚度 10 厘米左右。

3. 营养液的配制

在无土栽培中，营养液的使用是最重要、最困难的问题。要正确地使用营养液，保证植株正常生长，就要选择适宜的肥料和配方。

（1）原料准备。作物需要的营养元素，主要包括两部分：一是大量元素，如氮、磷、钾、钙、镁、硫等；二是微量元素，如铁、铜、锰、锌、硼等。营养元素通常呈化合物形态存在，配制营养液时，应选择适宜的化合物。在西瓜无土栽培中，一般可供选择的氮源有：硝酸钙、硝酸钾、硝酸铵、硫酸铵等；常用的钾素化合物有：磷酸二氢钾、硫酸钾、硝酸钾等；可供选用的磷化物有：磷酸二氢钾、过磷酸钙等；可供选用的镁化合物多为硫酸镁；铁素可选用硫酸铁，或柠檬酸铁等有机铁化物。微量元素中，可选用的化合物有：硫酸锌、硫酸铜、硼砂（或硼酸）、硫酸锰等。

（2）营养液配方。配制西瓜无土栽培所用的营养液是根据西瓜生长最适宜的土壤溶液的浓度及组成、西瓜植株中各种营养元素的含量范围，西瓜健壮生长所吸收的营养成分等各方面的材料，通过大量的测定分析，并在此基础上确定营养液的配方，使其满足西瓜正常生长发育对各种营养成分的需要。下边列出三例适于西瓜无土栽培的配方，供参考。

配方一：日本山崎肯哉配方。氮 172 毫克/升、钾 240 毫克/升、磷 50 毫克/升、钙 160 毫克/升、镁 47 毫克/升、铁 0.6 毫克/升、锰 0.5 毫克/升、硼 0.2 毫克/升、铜 0.3 毫克/升、钼 0.05 毫克/升、电导度 1.6 毫西，效果良好。

配方二：山东农业大学园艺系温室西瓜无土栽培配方。按每升水计算：硝酸钙 1.0 克、磷酸二氢钾 0.25 克、硫酸镁 0.25 克、硫酸钾 0.12 克、硝酸钾 0.25 克、三氯化铁 0.025 克、硼砂 0.25 毫克、硫酸锌、硫酸铜、硫酸锰各 0.1 毫克。

配方三：斯泰奈配方，在国际上应用较为广泛，其营养液组成见表 2。

（3）配制母液。由于营养液经常使用，但是每次所用的肥料和微量元素却很少。如果每次都现用现配，则需多次称量肥料，费工费时，所以使用时一般是先按照配方要求，分别配成 100 倍的浓缩液，在每次使用时再按照原来的浓缩比例进行稀释。用于配制营养液的盐类，应存放在玻璃或陶瓷容器内，而不得存放在金属容器内，以免金属容器与盐类发生作用，改变盐类的化学成分和造成容器腐蚀。配制母液应使用蒸馏水或凉开水，忌用井水配制，但稀释母液配制营养液时可用井水。

表 2　斯泰奈营养液配方

大量元素	每 1 000 升水中 加入量（克）	微量元素	每 1 000 升水中 加入量（克）
磷酸二氢钾	135	EDTA 铁钠	400 毫升
硫酸钾	251	硫酸锰	2
硫酸镁	497	硼酸	2.7
硝酸钙	1 059	硫酸锌	0.5
硝酸钾	292	硫酸铜	0.08
氢氧化钾	22.9	钼酸钠	0.13

制备母液时，应先按照所选用配方的配比及浓缩的倍数，计算出各种肥料的用量，然后准确地进行称量。称取大量元素肥料时，可用粗天平或小盘称；称取微量元素肥料时，应当用分析天平或粗天平，而不得使用小盘称。对于难以溶解的化学肥料，应先单独用热水融化，待全部溶解后再进行配制。营养液一次配制不可过多，应根据栽培面积的用量及不同生育期的实际需要随配随用，以便及时调整营养液的成分。

取用母液时，应充分搅拌均匀后再吸取，以免上下的浓度不同。稀释后的营养液在使用前应将溶液的 pH 值调整到 5.5~6.5 的范围内。pH 值过高，可用稀硫酸或盐酸进行校正；pH 值过低，可用氢氯化钠进行校正。在校正 pH 值时，酸、碱的用量一次不可过多，应分次逐渐加入。

4. 栽培管理要点

日光温室西瓜无土栽培，栽培季节与普通栽培相同，多在早春进行。播种时间可比普通栽培适当延后 7~10 天，定植时间在 2 月中下旬为宜，定植时幼苗不可过大，以三叶一心为好，生长期间的植株管理，如绑蔓、整枝打杈、授粉吊瓜等与普通栽培基本相同。其特殊的管理主要如下。

（1）调整营养液。营养液配方在使用过程中，要根据西瓜的不同生育期、季节、植株表现等，适时、酌情进行调整。西瓜苗期以营养生长为中心，以氮素的需要量较大，而且比较严格，因此，应适当增加营养液中的氮量（N：P_2P_5：K_2O = 3.8：1：2.76）。结果期以生殖生长为中心，磷钾成分应适当增加（N：P_2O_5：K_2O = 3.48：1：4.6）。2—3 月日照较短，太阳光质也较弱，温室无土栽培西瓜易发生徒长，在氮素使用上应以硝态氮为主，少用或不用铵态氮。而在日照较长的4—5月，可适当增加铵态氮用量。西瓜缺氮、缺铁等元素，都会发生叶色失绿变黄现象。缺氮时往往是叶黄而形小，全株发育不良；如果缺铁，则表现为叶脉间失绿比较明显。在西瓜无土栽培中，由于缺铁而造成叶片变黄等，较为少见。其原因往往是由于营养液的pH值较高，而使铁化物发生沉淀，不能为植株吸收而表现为铁素缺乏。解决办法是，可通过加入硫酸等使pH值降低，并适量补铁。

（2）提高供液温度。无土栽培无论哪一种形式，营养液温度都直接影响西瓜根系的生长和对水分、矿质营养的吸收。西瓜根系的生长适温为18~25℃，如果营养液温度长期高于28℃或低于13℃，均对根系生长不利。春季温室西瓜无土栽培极易发生温度过低的问题，可采取营养液加温措施（如用电热水器加温、温水配制营养液等），以使液温符合根系要求。采用盆栽或槽栽方法，应尽量把栽培容器设置在地面以上，温室内保持适宜的温度，以提高根系的温度。

（3）补充CO_2。温室内进行西瓜无土栽培，西瓜吸收CO_2速度很快。由于营养液栽培方式土壤中不施用有机肥料，因而CO_2含量较少。因此CO_2不足是西瓜生产的重要限制因子。现在在国外CO_2追肥已成为无土栽培中必不可少的一项措施。日光温室内补充CO_2的具体办法有：第一，通风换气。上午10：00以后，在不影响室温的前提下，开棚顶天窗通气，以大气中的CO_2补充温室内的不足。第二，室内堆放鲜马粪等有机肥料。有机肥在发酵时释放出大量的CO_2，可以补充不足。第三，施用干冰或压缩CO_2。两者均为酒精厂副产品，有条件者可以定时定量施用。第四，采用温室、大棚专用CO_2气肥发生器补充CO_2。

（4）其他管理。西瓜无土栽培如采用沙砾盆栽法，一般每天供液2~3次，上午和下午各一次，晴朗、高温的中午增加一次，每次单株用液量0.5~1千克，苗期量小一些，后期量大一些。采用沙砾槽栽法，每天供液3~4次，每6~7小时一次，开花坐果后增加1~2次，每4~5小时供液一次。西瓜无土栽培采用一主一副双蔓整枝，主蔓第2或第3雌花留瓜，及时进行人工授粉，保证坐果，幼瓜长至直径5厘米以上时适时吊瓜。第一瓜收获后，根据植株长势，注意选留二茬瓜。

二、有机生态型无土栽培

有机生态型无土栽培是指不用天然土壤而使用基质，不用传统的营养液灌溉植物根系，而使用有机固态肥，并直接用清水灌溉作物的一种无土栽培技术。这是一项世界范围内全新的栽培技术，有着广阔的发展前景。有机生态型无土栽培除具有一般无土栽培的优点外，还具有如下特点。

第一，用有机固态肥取代传统的营养液。传统的无土栽培是以各种无机化肥配制成一定浓度的营养液，以供作物吸收利用。有机生态型无土栽培则是以各种有机肥或无机肥的固体形态直接混施于基质中，作为供应栽培作物所需营养的基础，在作物的整个生长期中，可隔几天分若干次将固态肥直接追施于基质表面上，以保持养分的供应强度。

第二，操作管理简单。传统无土栽培的营养液需要维持各种营养元素的一定浓度及各种元素间的平衡，尤其是要注意微量元素的有效性。有机生态型无土栽培因采用基质栽培及施用有机肥，不仅各种营养元素齐全，其中微量元素更是供应有余。因此，在管理上主要着重考虑氮、磷、钾三要素的供应总量及其平衡状态，大大简化了操作管理过程。

第三，无土栽培设施系统一次性投资大幅下降。由于有机生态型无土栽培不使用营养液，从而可全部取消配制营养液所需的仪器设备、测试系统、定时器、循环泵等设施。

第四，节省大量生产费用。有机生态型无土栽培主要施用消毒的有机肥，与使用营养液相比，其肥料成本降低 $60\% \sim 80\%$。

第五，对环境无污染。在营养液无土栽培的条件下，灌溉过程中 20% 左右的水或营养液排到系统外是正常现象，但排出液中盐浓度过高，则会污染环境。有机生态型无土栽培系统排出液中硝酸盐的含量只有 $1 \sim 4$ 毫克/升，而岩棉栽培系统排出液中硝酸盐的含量高达 212 毫克/升，对地下水有严重污染。由此可见，应用有机生态型无土栽培方法生产瓜菜，不但产品洁净卫生，而且对环境也无污染。

第六，产品质优可达绿色食品标准。有机生态型无土栽培从栽培基质到所使用的肥料，均以有机物质为主，所用有机肥经过一定加工处理（如利用高温和嫌氧发酵等）后，在其分解释放养分过程中，不会出现过多的有害无机盐，使用的少量无机化肥，不包括硝态氮肥，在栽培过程中也不会产生其他有害化学物质的污染，从而可使产品达到 A 级或 AA 级"绿色食品"标准。

综上所述，有机生态型无土栽培具有投资少、成本低、用工少、易操作和产品优质高产的显著特点。它把有机农业导入无土栽培，是一种有机农业与无机农业相结合的高效益、低成本的简易无土栽培技术，是生产真正有机绿色食品的新途径和必然选择，非常适合我国目前的国情。自从该技术推出以来，深受广大生产者的青睐。目前，已在北京、广东、海南、新疆、甘肃等地得到较大面积的应用，起到了良好的示范作用，取得较好的经济效益、社会效益和生态效益。西瓜有机生态型无土栽培具体操作程序如下。

1. 栽培基质选择及配比

有机生态基质的原料资源丰富易得，处理加工简便，农产有机肥可就地取材，如玉米、向日葵秸秆，农产品加工后的废弃物如椰壳、蔗渣、酒糟，木材加工的副产品如锯末、树皮、刨花等，都可按一定比例混合后使用。

为了调整基质的物理性能，可加入一定量的无机物质，如蛭石、珍珠岩、炉渣、沙等，加入量依调整需要而定。有机物与无机物之比按体积计可自 2 : 8 至 8 : 2，混配后的基质容重约为 0.30 ~ 0.65 克/立方厘米，每立方米基质可供净栽培面积 6 ~ 9 平方米所用（栽培基质厚度为 11 ~ 16 厘米）。

西瓜有机生态型无土栽培，常用的混合基质有：4 份草炭比 6 份炉渣、5 份沙比 5 份椰子壳、7 份草炭比 3 份珍珠岩、5 份葵花秆比 2 份炉渣比 3 份锯末等。基质的养分水平因所用有机物质原料不同，可有较大差异，以氮、磷、钾三要素为主要指标，一般每立方米基质内含有全氮（N）0.6 ~ 1.8 千克、全磷（P_2O_5）0.4 ~ 0.6 千克、全钾（K_2O）0.8 ~ 1.6 千克。

另据广东省珠海市农业科学研究中心提供的资料，以椰糠与河沙为基质，按体积比 1 : 1 混合，河沙粒径 0.2 ~ 0.4 厘米为好。如用海沙，必须用清水多次冲洗方可使用。在上述基质中每立方米加入 12 千克鸡粪商品有机肥（含有机质 20%、全氮 8.8%、全磷 3.5%、全钾 7.2%，各种微量元素含量大于 1%），混匀后使用效果良好。

有机生态型无土栽培基质的更新年限因栽培作物不同约为 3 ~ 5 年。其中含有葵花秆、锯末、玉米秆的混合基质，由于在作物栽培过程中基质本身的分解速度较快，所以每种植一茬作物，均应补充一些新的混合基质，以弥补基质量的不足。

2. 有机生态型无土栽培设施系统

（1）栽培槽。有机生态型无土栽培系统采用基质槽培的形式（图18），在温室内南北向建槽。槽的形式主要有两种：

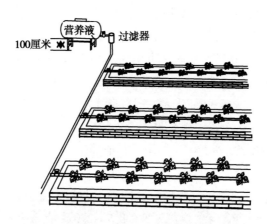

图18　有机生态型无土栽培设施构造示意图

①简易栽培槽。用砖砌成，槽边高18～20厘米，槽内宽90厘米，可供种植2行西瓜，槽间走道90厘米。槽长依温室跨度而定，一般为温室南边空出1米，北至后立柱。槽框建好后，在槽底铺一层厚度0.1毫米的聚乙烯塑料薄膜，与地面土壤隔离，以防土壤病虫传染。

②水培槽的利用。有机生态型无土栽培技术与水培相比相对容易一些，尤其是肥料的管理技术难度相对较小。因此，可直接利用水培的栽培槽进行有机基质栽培，只需把基质填入栽培槽，并铺上滴灌带即可。水培槽的建造方法参见无土栽培部分。

（2）供水系统。在有充足水源供应的条件下，按每个棚室建成独立的供水系统，加压水泵，使每条滴灌带出水口出水均匀，并安装过滤装置，以防出水口堵塞。除管道用镀锌钢管外（也可用硬质PVC管），其他器材均可用塑料制品，以节省资金。在每个栽培槽底部平行铺上2条滴灌带，间距50厘米，滴灌带直径为1.5厘米。出水口间隔50厘米，出水口大多为一个孔，也可有2～3个孔。

3. 特定的栽培管理技术规程

（1）栽培管理技术。温室西瓜有机生态型无土栽培应选择外观漂亮、口感好、有特色、糖分含量高、生育期短的小果型品种，如金美人、黑美人、小天使、金福等，嫁接育苗，育苗时基质配方与栽培基质相同，但肥料用量为每立方米8千克。种子经药剂处理（或温汤浸种）、浸种、催芽后待播。普通育苗盘播种间距为10厘米×10厘米，如选用穴盘育苗，则直径以6～8厘米为宜。播种与定植时间根据温室的温度性能而定，与传统无土栽培相同。定植时每个栽培槽种2行，小行距45～50厘米，株距50厘米（尽量种在滴灌带出水口附近，距离一般不超过3厘米），两行西瓜亦交错种植。当瓜蔓长至10节左右时，可用尼龙绳或塑料绳固定西瓜主蔓，引蔓向上生长。授粉留瓜应选择在主蔓第16～25节雌花上进行。整枝以双蔓整枝比较合适，即植株高30厘米左右时，除主蔓外，选留一健壮侧蔓，其余去掉，只在主蔓留一个瓜，侧蔓作为营养枝。在主蔓结瓜节位以上，留4～5片叶摘心。结果期可进行CO_2施肥。其他如温度、湿度、光照管理及日常管理，可参照营养液无土栽培。

（2）营养管理。肥料供应量以氮磷钾三要素为主要指标，每立方米基质所施用的肥料内应含有：全氮（N）1.5～2.0千克、全磷（P_2O_5）0.5～0.8千克、全钾0.8～2.4千克。这一供肥水平，足够一茬西瓜单产3 000～4 000千克的养分需要量。为了在西瓜整个生育期内均处于最佳供肥状态，通常将肥料分期施入。在向栽培槽填入基质之前，先在基质中混入一定量的肥料（如每立方米基质混入12～15千克消毒鸡粪、2千克磷酸二铵、3千克硫酸钾）作基肥。这样西瓜苗定植后20天内不必追肥，只需浇清水。定植20天后，每立方米基质加花生饼（含全氮6.32%全磷1.17%、全钾1.34%。）4千克。以后可根据瓜苗生长情况少量追施速效肥。另外，由于商品有机肥与花生饼中均含有钙、镁、硫、铁、铜、锌、钼、硼等微量元素，因此，不必补充上述元素的肥料。幼果鸡蛋大小时，应追肥一次，每立方米基质追施硫酸钾复合肥300克，同时结合防病可喷施0.1%尿素和0.2%磷酸二氢钾混合液，每隔5～7天喷1次，连喷3次。

（3）水分管理。西瓜是需水较多的作物，应依据生长期中基质含水状况、植株长相及天气情况调整供水量。定植前一天，灌水量以达到基质饱和含水量为度，即应把基质浇透。定植后生长前期，植株较小，温室内气温偏低，可每2～3天浇一次清水；随植株生长和气温升高，逐渐增加供水次数，植株整枝后至开花坐果前，每天供水2～3次，保持基质含水量达到60%～85%（按干基质计）即可。坐果后，每天供水次数适当增加1～2次。供水量根据天气变化及植株生长状况进行调整，阴雨天停止灌溉。气温较高时，每天注意通风散湿，以防病害发生。果实采收前 3~5 天停止浇水，否则会降低果实糖分，影响品质。

（4）病虫害防治。病害主要有病毒病、炭疽病、角斑病。病毒病可选用病毒 A 600 倍液喷洒或灌根，炭疽病可用普菌克 1 000 倍液喷洒，角斑病用冠菌铜 600 倍液等喷洒或灌根。虫害主要有红蜘蛛、瓜蚜、美洲斑潜蝇等。红蜘蛛、美洲斑潜蝇可用三蛾净或阿维必虫清 800 倍液，瓜蚜可用克蚜宝 600 倍液防治。果实采收前 7 天停止用药。

4. 轮作与基质的消毒

有机基质种植一茬作物后均应消毒后再种下一茬。在种植安排上，种一茬西瓜后，最好改种其他蔬菜，隔年再种西瓜。基质消毒方法用太阳能杀菌与化学药剂消毒相结合，效果较好。具体方法是：7—8 月，当季作物收获后，把基质翻松，用喷壶喷洒浓度 500 毫克/千克的甲醛溶液，盖上塑料薄膜，2 天后揭膜。把基质全部翻出，薄薄地铺在槽间走道或槽外，经太阳光暴晒 5~7 天，同时用 0.1% 的高锰酸钾溶液或 800 毫克/千克甲醛溶液淋洒栽培槽内，对栽培槽进行充分消毒。

第三节　无籽西瓜栽培

一、无籽西瓜的特性特征

无籽西瓜是指以四倍体少籽西瓜作母本，普通二倍体西瓜作父本，经杂交后，所产种子种下后的西瓜果实中不含硬粒种子的特殊西瓜杂交种。

无籽西瓜的形态特征在许多方面与二倍体普通西瓜相似，但由于它是多倍体杂种一代，所以既有多倍体的特征特性，又有杂种一代的优势。

1. 种子大，种壳厚而坚硬

无籽西瓜的种子宽大而扁平，裂纹较深，种皮较厚，特别是种脐部（胚根伸出的地方及周围）厚而硬，不易吸水，萌芽难以冲破种壳，造成发芽困难。因此，浸种或催芽前必须进行破壳处理。无籽西瓜种子大多种胚发育不良，胚重仅占种子重量的 38.5%（普通西瓜为 50%），同时约有 70% 的畸形胚，如大小胚和折叠胚等，还有少量空壳（即种子无胚），所以种子发芽率低，一般只有 60%~70%。因此，发芽要求的温度高（30~35℃）、时间短（24~48 小时）。

2. 子叶多畸形、成苗率低

三倍体无籽西瓜因种胚不充实，畸形胚较多，因此，种子储藏的营养少，出苗要求的温度较高，加之种壳较硬，幼苗出土后，种壳不易自行脱落，常常卡住子叶，使成苗率降低。

3. 植株长势前慢后快

无籽西瓜幼苗 2～3 片真叶前生长非常缓慢，因此，苗期应保持较高的温度，促其早发。伸蔓后，随着植株的生长充分显示出杂种一代的优势，表现为茎叶生长旺盛，若不适当控制，易造成营养生长过旺，使坐果率下降。所以，开花坐果期应控制肥水，防止植株徒长，以利坐瓜。

4. 自花授粉不能结实

无籽西瓜植株雄花花粉多为畸形，完全花粉极少，畸形花粉不能发芽，更不能完成受精作用，故自花授粉不能产生激素刺激雌花子房膨大，即用无籽西瓜植株上的雄花授粉不能结果。所以，种植无籽西瓜，必须间种二倍体普通西瓜作为授粉品种，并辅助以人工授粉。

二、露地及地膜覆盖栽培

1. 品种选择

无籽西瓜露地和地膜覆盖栽培一般多选用植株长势强健、易坐果、抗病性强、含糖量高的中晚熟、大果型品种。如黑蜜 5 号、郑抗无籽一号、菊城无籽 1 号、豫艺甘甜无籽、新优 22 号等。

2. 整地施肥

无籽西瓜对土壤的要求条件比普通西瓜要高，宜选择疏松肥沃的沙壤土或中壤土，忌选重茬地，轮作年限要求在 6～8 年以上。

土壤冬前深翻，按预定行距挖好瓜沟，然后施足基肥。无籽西瓜植株中后期生长势强，需肥量大，因此，基肥用量宜大，一般每 667 平方米施优质土杂肥 4 000～5 000 千克，三元素复合肥 50～60 千克，肥土混匀，整平做成瓜畦。一般整成锯齿畦或龟背畦。

3. 播种育苗

无籽西瓜因种子发芽率和成苗率较低，苗期对温度要求较高且比较严格，早春露地直播难以满足其发芽及出苗对温、湿度等条件的要求，加上无籽西瓜种子价格昂贵，为降低生产成本，所以生产上种植无籽西瓜多采用育苗移栽。

无籽西瓜幼苗期较长，一般经 40~45 天，育苗期约为 35 天，因此，育苗的播种期应在定植前 35 天左右。春露地栽培（采用地膜覆盖）适宜定植期，华北地区在 4 月上旬，由此可以推断出适宜的播种期一般在 2 月下旬至 3 月上旬。

播前精选种子，然后消毒、浸种、"破壳"催芽（具体方法是：种子浸泡 8~10 小时，捞出后用干布擦净种子表面水液及黏质物，然后用牙齿轻轻嗑一下种脐。嗑时将种面垂直，立着嗑种子嘴，使其略开一个小口，占种脐长度的 1/3 左右即可。嗑种时一定要轻，种皮开口要小，不要伤及种仁。也可以用克丝钳轻轻将种子嘴夹开，或用小刀斜削种脐两边，进行"破壳"）。催芽时可将种子用湿布包好，置于 33℃ 左右的温度下催芽。

无籽西瓜发芽及苗期要求的温度较高，一般比普通二倍体西瓜平均约高 3~5℃，因此，除利用温床或日光温室加电热线育苗外，还应加强苗床的保温工作，保持较高的温度，促使幼苗健壮生长。无籽西瓜出土后，常常发生"戴帽"现象（即子叶带壳出土），如不及时摘除易使子叶生长畸形并影响其光合作用，因此必须及时进行摘帽工作。"摘帽"时应先喷些水，使种皮软化后再慢慢摘除，切忌干皮硬掰。

在无籽西瓜育苗的同时，按无籽西瓜与普通西瓜（3~4）：1 的比例，培育适量的普通二倍体西瓜苗，以作为授粉品种。授粉品种与无籽西瓜品种在皮色、果型上应有明显差异，以便后期识别。比如无籽西瓜为黑皮品种，普通西瓜应选花皮品种。

4. 移栽定植

无籽西瓜幼苗生长发育要求较高的温度，不耐低温，尤其不抗霜冻，因此，春季露地或地膜覆盖栽培必须在终霜后定植。

无籽西瓜是四倍体西瓜与普通二倍体西瓜的杂交种，具有杂种优势，植株在生育中后期生长旺盛，茎叶繁茂，而且结瓜节位偏高，成熟偏晚，所以应适当稀植。行株距一般为 1.8 米 ×（0.5~0.6）米，每 667 平方米 600~700 株。

定植前瓜田提前 5~7 天造足底墒，待瓜畦表土稍干后划起整平、整细，盖好地膜提温。定植前按预定株距开穴，将幼苗带坨放入穴内，点浇定植水，封土按实。定植无籽西瓜时，每隔 3~4 行预留一行间种普通西瓜。若当地无籽西瓜面积较大或蜂源丰富时，可适当减少普通西瓜比例。

5. 整枝压蔓

无籽西瓜多采用双蔓或三蔓整枝。双蔓整枝即保留主蔓，并在主蔓基部选留一健壮侧蔓，其余侧蔓全部去掉。三蔓整枝有两种方式：一种是保留主蔓和在主蔓基部选择 2 条健壮侧蔓；另一种是主蔓长至 20～30 厘米时摘心，在基部同时选留 3 条侧蔓，其余侧蔓均及时打掉。一般在植株坐果前整枝较严，坐果后不再整枝。

无籽西瓜压蔓多采用明压法，即每隔 2～3 节用土块压一下或用树枝等固定。在春季多风的地区，为了防止风吹滚秧，在明压的基础上，每隔 5～6 节暗压一次，即每隔 50～60 厘米，用瓜铲开沟，将瓜蔓埋入土中 5～6 厘米，在坐瓜节位前一般重压一刀，以适当控制植株营养生长，促进坐果。

6. 授粉留瓜

无籽西瓜留瓜节位较高。无籽西瓜坐瓜节位低时，不仅果实小，果形不正，而且种壳多，并有着色的硬种壳，易空心和裂果。适宜坐果节位的果实则个头较大，果形周正，果皮较薄，秕子少，不易空心和裂果。生产上一般多选留主蔓上第 3 雌花（第 20 节左右）授粉留瓜。目的节位雌花开放后，及时取授粉品种的雄花为其授粉，并做好标记。

7. 追肥浇水

无籽西瓜伸蔓后，根系发达，茎叶生长旺盛，因而需肥数量比普通西瓜多。一般基肥和追肥的数量均比普通西瓜增加 20%～30%。

无籽西瓜苗期生长缓慢，伸蔓之后生长加快，到开花坐果期生长势更加旺盛，此时如果肥水供应不当，很容易造成徒长跑秧，难以坐果。因此，幼苗"甩龙头"后到目的节位雌花开放前应适当控制肥水。浇水以小水暗浇为宜。幼果坐稳后加大肥水供应量。一般在坐果后 5～7 天，每 667 平方米施三元素复合肥 20～30 千克，随水冲施，也可在植株一侧 20 厘米处开沟或在两株中间开穴施入，结合进行浇水。在果实"定个"前后，每 667 平方米施尿素 15～20 千克、硫酸钾 10 千克，结合浇水冲施。

无籽西瓜从定植到果实成熟，一般需浇水 5～6 次，前期浇水宜少而小，坐果后加大浇水量，果实采收前 4～5 天停止浇水。

8. 成熟采收

无籽西瓜果实发育期比普通西瓜略长一些，因品种不同，一般在授粉后 32～35 天采收。无籽西瓜比普通西瓜果皮厚，难以用敲弹法判断生熟，果蒂或脐部收缩凹陷不明显，可根据果面色泽、卷须枯黄来判断。最好是在授粉时做好标记，根据品种果实发育天数适时采收。采收时，就近销售的西瓜成熟度九成熟以上为宜；需要远销（出口）或贮藏的，以八成熟为宜，并且注意选择无病虫害和无破损的果实，连同果柄采摘，注意轻摘轻放，并按要求进行整理和包装等。

三、保护地栽培

1. 选用良种

采用日光温室或大棚种植无籽西瓜，应当选用较耐低温弱光、耐湿性强、生长势中等、易坐果、抗病丰产、适于密植的无籽西瓜品种，如广西三号、洞庭3号、津蜜4号、无籽京欣、红辉无籽、花蜜等。有特殊性状和特殊价值的无籽西瓜，如黄皮、黄瓤无籽西瓜以及小型无籽西瓜等也可以在温室、大棚等保护地内种植。

2. 精细整地，施足基肥

选择肥沃的沙壤土或中壤土，顺棚向按预定行距挖好瓜沟。种植大果型无籽西瓜，采用支架（吊蔓）栽培，行距一般为1.2米，地爬栽培，行距一般为2米；种植小果型无籽西瓜采用吊蔓栽培，行距一般为0.8米。由于大棚等保护地种植无籽西瓜，植株生育时间长，可多次结果，因此，应施足基肥。一般每667平方米施用有机肥（优质厩肥、腐熟鸡粪）5 000千克、磷酸二铵70～80千克、硫酸钾50千克、豆饼（堆沤发酵后施用）70～100千克，或有机肥加三元素复合肥100～120千克。有机肥全面撒施，化肥集中施入瓜沟内，肥、土混匀，然后整地做成龟背畦或高背垄，造墒备植。

3. 培育壮苗，适期定植

无籽西瓜保护地栽培适宜的定植期，因栽培方式和地域不同而异。在华北地区，采用日光温室加三膜一苫（即棚膜、小拱棚膜、地膜和草苫）方式，一般可在2月上旬，大棚加三膜一苫则多在2月中下旬；长江流域地区可相应提前5～10天，不加草苫则应延迟7～10天。无籽西瓜按日历苗龄35～40天，生理苗龄四叶一心，在12月下旬至1月上旬播种为宜。如果采用嫁接育苗，播期适当提前5～7天。

无籽西瓜幼苗期生长缓慢，长势较弱，应比普通西瓜早播种育苗。保护地栽培的无籽西瓜播种期正处在一年中最寒冷的12月至翌年1月，所以必须采用工厂化育苗或小型温床育苗。在育苗期间应保持较高的温度和适宜的湿度，不要蹲苗。播种后，白天温度以 30～32℃ 为宜，夜间不低于 20℃，使幼苗尽快出土，减少种胚养分消耗。出苗后白天保持 25～30℃，夜间 15～17℃。根据苗床墒情及时喷水，并注意喷药防治苗期病害。

定植时，选晴好天气，按预定株距（大果型品种 50～60 厘米，小型西瓜品种 35～40 厘米）开穴栽苗。具体定植方法与普通西瓜相同。并按 (3～4)：1 的比例定植授粉品种。也可将授粉品种集中栽植于温室或大棚一头。

4. 加强管理，促瓜丰产

(1) 调节棚温。无籽西瓜生长发育要求的温度比普通西瓜要高，在保护栽培环境下，可根据其不同发育阶段对温度的要求适时予以调节。缓苗期，定植后 7～10 天一般不能风，保持较高温度，白天气温保持在 28～32℃，夜间不低于 15℃，若气温超过 35℃，可用卓苫遮花阴，使幼苗尽快缓苗。伸蔓期，白天气温控制在 25～28℃，夜间不低于 15℃。开花坐果期，白天保持 28～32℃，夜间维持在 17℃ 以上。膨瓜至成熟期棚温保持 35℃。

(2) 肥水齐攻。无籽西瓜生长势前弱后强，特别是伸蔓后植株生长旺盛，因此，应根据其生长发育特点，合理施肥浇水。无籽西瓜定植前期生长缓慢，一般不浇水，不追肥。缓苗期间根据土壤墒情和幼苗长相可适当轻浇缓苗水。伸蔓后生长转旺，可通过调控肥水，以适当控制其营养生长，生产上一般控水蹲苗，促进坐瓜。幼瓜坐稳后，长至鸡蛋大小时，浇第一水，并结合浇水每 667 平方米施二铵 30～40 千克。此后肥水齐攻，小水勤浇，每 5～6 天浇一水，保持畦面湿润，结合每次浇水追施三元素复合肥 10～15 千克。无籽西瓜结果期生长旺盛，需肥量大，总施肥量应比普通西瓜增加 20%～30%。头茬瓜收获后，肥水促秧，实现多次结果。保护地栽培条件下，环境温度高、湿度大，易诱发各种病害，因此，每次浇水后应注意及时通风排湿，并密切观察植株生长情况，零星发现病害，及时喷药防治。

(3) 整枝留瓜。无籽西瓜温室或大棚栽培，在支架栽培条件下多采用双蔓整枝，每株留 1 个瓜，主蔓第 3 雌花留瓜；地爬栽培时采取三蔓整枝，每株留 2 个瓜，一般选主蔓第 3 雌花和一侧蔓第 2 雌花留瓜。除选留的侧蔓外，在坐果前其余侧枝全部打掉。支架栽培时，蔓长 50 厘米左右时开始绑蔓，每隔 20～30 厘米绑一道；地爬栽培时，瓜蔓每生长 30～40 厘米压蔓一次，使其分布均匀。目的节位雌花开放后，取授粉品种雄花为其授粉，并做好标记。

5. 多次结果，适时收获

无籽西瓜生育中后期长势旺盛，加之在保护地栽培条件下，第一茬瓜收获较早，一般在 4 月下旬至 5 月上旬采收，此时光、温条件十分优越，植株群体大，生长发育良好，如果加强管理，可以结二次果，甚至三四次果。因此，头茬瓜收获后，应适时追肥浇水，并选留果形周正、发育良好的幼瓜留瓜，及时防治各种病虫害，促使果实正常发育和成熟。

无籽西瓜因品种不同，一般授粉后 32~35 天采收。保护地栽培的西瓜，头茬瓜一般发育时间略长，为保证适熟采收，最好根据授粉时间和授粉时所做标记，先剖开几个瓜观察成熟情况，达到九成熟以上时按批次集中采收。二三次果发育期间因温度渐高，成熟期缩短，应适当早采。

四、南方无籽西瓜秋季栽培

长江中下游地区无籽西瓜露地栽培一般在 7 月中旬上市。为了延长无籽西瓜的上市供应期，湖北省武汉市农科所多年来开展了无籽西瓜秋季延后栽培技术研究。针对长江中下游地区夏秋之交常出现伏秋连旱、暴雨频繁、高温多湿、秋寒及虫害严重等不利因素，采取了趋利避害的综合技术措施并取得成功，使无籽西瓜的上市期延迟到 10 月，填补了市场空缺，提高了瓜农收入。现将关键技术措施介绍如下。

1. 品种选择

无籽西瓜秋季栽培生育期较春季短，全生育期只需 75~80 天，但前期正逢优旱，后期气温逐渐下降，适于西瓜生长发育的时间也明显缩短，所以生产上应选择品质优、丰产性好、抗病、抗逆性强、耐高温、高湿、适合秋季生长、适销对路的优良品种。综合南方各地的试验结果，洞庭 1 号、洞庭 3 号、黑蜜 5 号、广西 5 号、红宝石等表现较好，授粉品种可选用中果型品种，如超级京欣、华蜜 3 号、郑抗 7 号等。

2. 选地整畦

为了预防秋季干旱和暴雨的影响，选择地势较高、土地平整、排灌方便的沙质壤土为宜，忌选重茬地。如有条件，选择地势较高、排水方便的水稻田最佳，前作最好在 7 月中旬以前倒茬。选好地块后，前作收获后立即清园，提早耕翻晒土，喷洒除草剂消灭萌生杂草。定植前 7~10 天再次翻耕耙平，开通三沟，整理畦面并施足基肥。

做畦一般采用二种方式：一种是单行整地方式，4.0～4.5 米开厢（包沟），中间开沟形成两块单行一面坡的高畦，沟宽 0.4 米、深 0.25 米，低沟坡面高 0.15 米、宽 0.3 米，畦边各栽 1 行瓜苗；另一种是双行整地方式，3.5 米开厢（包沟），厢两边各栽 1 行瓜苗或厢中间栽植 2 行。

基肥以腐熟的有机肥为主，适量增施速效化肥。一般每 667 平方米施农家肥 2 500 千克、腐熟饼肥 50 千克、磷酸二铵 20 千克，或饼肥 75～100 千克、三元素复合肥 25～30 千克、尿素 10～15 千克，充分调匀施入瓜行中，盖土覆膜，起垄备栽。

3. 培育壮苗

（1）播种适期。适宜的播种期是秋季无籽西瓜能否成功的关键。长江中下游地区的寒露风一般出现在 9 月下旬的秋分节前后，结合无籽西瓜开花授粉应避开高温、果实膨大成熟期应避免低温的生长特点，为减少生产的风险性，以 6 月下旬至 7 月上旬播种为宜。

（2）播前准备。主要包括营养土准备与制钵、苗床建造及处理等。选择通风、排水良好、阳光充足、便于管理的地方建苗床。苗床高于地面 10 厘米左右、宽 1～1.2 米、长度根据育苗多少而定，一般每 667 平方米瓜田需要苗床面积 6～7 平方米。苗床营养土用 70% 的稻田表土或经风化的塘泥、20% 烧制 6 个月以上的火土灰、10% 腐熟的畜粪渣或堆肥，加 0.2% 三元素复合肥，先混合堆放，然后摊晒，过筛待用。选用 8 厘米×10 厘米的营养钵（袋），每 667 平方米 800 个左右。将调好整细的营养土装入钵内压实，土面离钵面 1.5 厘米左右为宜，装好钵后，将营养钵在苗床上逐行摆放，缝隙间用细土填充。为防鼠、虫为害，苗床在播前应先行用药灭鼠灭虫。

（3）种子处理及播种。播前 2 天精选种子并晒种 4～5 小时，先用温水浸种 4 小时，然后用 30% 石灰水浸种 8 分钟，不断搅动。最后用清水洗净、擦干，用牙齿逐粒轻轻将种脐部嗑开一小口。将嗑好的种子用湿毛巾包好。放到 30～32℃ 条件下催芽。经 24～30 小时种子"露白"时播种。

播种前先将营养钵用 800～1 000 倍甲基托布津液消毒，逐行逐个淋透。然后用小木棍在钵中心营养土上插出与种芽等深的小孔，将种芽向下、种壳平放在钵中央，每钵播 1 粒有芽种子。播后盖土厚度 1 厘米左右。授粉品种的种子不用嗑种，催芽后同时播下。

（4）苗期管理。秋西瓜育苗期间可能遇上梅雨或高温天气，因此，苗床管理要注意防烈日、暴雨和降温控湿。育苗时，要备好农膜和遮阳网。出苗后，如遇高温强光照，应在 10：00～16：00 覆盖遮阳网，以防强光直射灼伤瓜苗；遇大雨时加盖拱棚膜。拱棚膜、遮阳网不要贴到厢面上，每边留空 20 厘米，以利通风降温。为保证出苗齐全和培育壮苗，管理上还应落实好以下措施：

一要及时灭鼠。播种后，在苗床四周再施灭鼠药一次。二要及时摘帽。因无籽西瓜种皮较厚，不易脱落，所以应在出苗期的早晨趁露水未干时轻轻摘除种壳。三是水分管理。秋西瓜育苗期间温度较高，易导致瓜苗下胚轴伸长，形成高脚苗，在育苗期间应掌握"宁干勿湿"的原则，若天气长时间干旱无雨，钵土较为干燥时，可在下午 17：00 以后轻浇小水。四是喷施多效唑。幼苗 2 片子叶平展期，于下午 17：00 后，喷施 50～100 毫克/千克的多效唑液，使子叶湿润而不滴水。五是防病治虫。苗期病虫害主要有猝倒病、立枯病、疫病以及瓜蚜、黄守瓜、瓜绢螟、蓟马等。每隔 5～7 天用 600 倍液的百菌清或 1 000 倍的代森锰锌及万灵的混合液防治 2～3 次，做到瓜苗带药移栽。

4. 合理密植，覆草保墒

秋季气温高，育苗期短，一般苗龄 15 天左右，幼苗二叶一心时抢晴天下午 17：00 后移栽定植。每 667 平方米定植 600 株，并按（5～6）：1 配栽授粉品种。窄畦单行定植的株距 0.3 米左右，宽畦双行定植的株距 0.43 米。定植后点浇 0.3% 的复合肥水，覆盖银灰色地膜，并将破口处用土封严。栽植行除盖地膜外，还可盖一层麦草或稻草以降低地膜下土温，减轻水分蒸发、抑制杂草生长，预防暴雨淋溶土层，保持土壤通气性，也可免去压蔓工序，减少劳动。

5. 整枝压蔓，人工授粉

无籽西瓜秋季栽培由于全生育期短，引蔓工作宜早不宜迟。当瓜蔓长 50～60 厘米时，及时整枝引蔓，使茎蔓在田间均匀分布，通风透光，便于授粉。整枝方式多采用双蔓整枝，即保留主蔓和主蔓基部 1 条生长健壮的侧蔓，其余侧蔓和预定坐果节位以下的腑芽全部抹掉。授粉品种一般放任生长，不需整枝，以增加其雄花的数量。

秋季西瓜定植后 20 天左右即进入开花期，由于温度高，雌花的节位提高，雌花的数量较少；同时由于开花的时间早，雄花散粉的时间短，花粉的生活力降低，给受精坐果带来一定难度，所以必须高度重视。一般选主蔓第2、第3雌花或侧蔓第2雌花坐果，每株留1果，为保险起见，适宜坐果节位的雌花开放后全部授粉，待幼瓜坐稳后选留一生长最佳者留瓜，其余及时摘除。授粉时间和方法：在开花授粉阶段，一般于清晨5：30下田，集中人力先将有籽西瓜（授粉品种）当日将开的雄花一次性全部摘取，放入容器中，用湿毛巾或湿布覆盖保鲜。待无籽西瓜雌花开放时，将雄花花瓣反转，花柄不折断，露出花药，将花粉轻轻均匀地涂在雌花柱头上，1朵雄花一般授2~3朵雌花，操作时注意动作要轻，勿伤雌花柱头，勿用手触及雌花的子房。

6. 肥水管理

秋西瓜的生育期短，且容易早衰，因而要求肥料集中而速效。苗期如果生长较差，应及时浇施0.3%的尿素或0.5%的复合肥液。也可施用15%的腐熟人粪尿；伸蔓期视苗情追施复合肥或饼肥。幼瓜鸡蛋大时，每667平方米穴施硫酸钾型复合肥15千克加尿素10千克，或粪水20担加尿素20千克。5~7天后再追施1次。果实膨瓜后期，根据瓜苗长势，可适当叶面喷施磷酸二氢钾、喷施室、尿素等，宜在下午16：00以后或阴天进行。

秋西瓜整个生育期浇水宜少，切忌大水温灌，防止诱发病害。如遇天气干旱，旱情严重，瓜苗表现缺水，应及时于下午16：00后浇小水，灌水深度只占厢沟深度的一半，灌后立即排水，以保持厢面干燥。雌花开放期对水分十分敏感，尽量不浇水，即使干旱时，也应分次小量浇水为宜。果实膨大期是需水高峰期，要及时灌水。由于果实生长中后期气温渐低，灌水宜在中午前后进行，且宜小水勤浇。遇暴雨袭击时，雨后注意及时排出瓜田渍水。

7. 果实管理

幼瓜坐瓜后7~10天长至碗口大小时，用干稻草将果实垫起。坐瓜后20天左右，将坐果节位前后的卷须掐去，轻轻将瓜树起，每隔3~4节顺一个方向转动一下，于采摘前5~7天结束。可使果皮颜色一致，满足消费者对外观及品质的要求。同时，若遇持续高温强光照天气应在瓜上盖草，防止烈日灼瓜。

8. 病虫害防治

秋西瓜病害相对较轻，但高温干旱易导致病毒病，高温高湿易诱发白粉病和霜霉病，阴雨天气易导致炭疽病和绵腐病。应在综合防治的前提下，对症下药。如防治病毒病，应立足于防蚜，并在发病前及时喷病毒 A；防治真菌性病害可用甲基托布津、百菌清、代森锰锌等，每隔 5～7 天喷施 1 次。

秋季虫害猖獗，是发展秋季无籽西瓜的制约因素之一。为害较重的虫害有瓜绢螟、黄守瓜、蚜虫、红蜘蛛、潜叶蝇等。特别是瓜绢螟可使瓜田轻则减产，重则绝收，因此必须严查、严防、严治。在秋西瓜生育不同时期防虫重点不同。苗期首先应注意防治黄守瓜，一般每隔 4～5 天，用 90% 晶体敌百虫 1 000 倍液或 20% 杀灭菊酯乳油 3 000 倍液喷雾 1 次。及时用大功臣或吡虫啉 10 毫升对水 15 千克，喷雾防治蚜虫。在红蜘蛛初发期，可用螨全杀 75 毫升对水 60 千克喷雾，效果较好。7～9 月瓜绢螟危害最重，必须彻底防治，虫少时及时摘除卷叶，捏死幼虫。发生严重时，用米满每包对水 15 千克喷雾，还可用安打 10 毫升对水 15 千克防治。果实成熟前 5～7 天停止用药。

9. 成熟与采收

秋季无籽西瓜采收时因天气逐渐转凉，西瓜后熟较慢，因此，采收适时与否，直接关系着秋瓜的商品价值。方法是根据算、看、听等进行综合判定。一般秋栽无籽西瓜果实发育期 30 天左右，果皮鲜艳有光泽，着地部分呈黄色，瓜后节间卷须黄枯，瓜前叶节间卷须变黄，果柄茸毛大部分脱落，果柄处凹陷，用手弹咚咚响为熟瓜。

因无籽西瓜延后栽培主要供应"中秋""国庆"双节市场，果实采摘熟度好，售价高，效益好。因此，若就近销售，要求采收九成熟以上的瓜；若外运或贮藏，宜采收八九成熟的瓜，并注意在露水干后进行。

第四节　无公害栽培

随着人们生活水平的提高，对食品的食用安全性要求越来越高。无污染、高质量、高营养的无公害产品日益受到消费者的青睐。特别是无籽西瓜和小型西瓜果形美、品质优，是送礼馈赠之佳品，如果通过无公害技术措施生产出绿色安全营养性产品，势必更受消费者欢迎，生产者也将获得更多的市场回报。生产无公害西瓜必须按照特定的操作规程，特别是在整地播种、施肥、浇水、喷药及收获 5 个生产环节严格遵守各项规定，从生态学、环境保护学和经济学观点出发，综合运用农业的、生物的、物理的等无公害技术措施，尽量减少化学物质的投入，使西瓜产品中农药残留量、硝酸盐和重金属含量不超过国家规定的标准（表3、表4）。现将西瓜无公害关键技术措施介绍如下。

表3　环境空气质量标准

项目	标准（毫克/立方米）		
	年平均	月平均	1小时平均
二氧化硫	0.02	0.05	0.15
氮氢化物	0.05	0.10	0.15
总悬浮颗粒物	0.08	0.12	
氟		0.007	0.02

注：①详见中华人民共和国国家标准 GB 3095—1996；

　　②采样时间1天3次，7：00～8：00（晨），14：00～15：00（午），17：00～18：00（夕），连续采样3天

表4　农田灌溉水质量标准

项目	标准（毫克/升）	项目	标准（毫克/升）
pH值	（5.5～8.5）	铬（6价）	≤0.1
总汞	≤0.001	氯化物	250
总镉	≤0.005	氟化物	2.0
总砷	≤0.05	氰化物	0.5
总铅	≤0.1		

注：详见中华人民共和国国家标准 GB 5084—2005

一、严格选地

产地必须选择在生态环境良好，产地区域及灌溉上游没有或不受工业"三废"、城镇生活和医疗废弃物污染。必须避开公路主干线，土壤重金属背景值高的地区。与土壤、水源有关的地方病高发区，不能作为无公害西瓜生产地。此外，要求产地土壤疏松肥沃、土层深厚、有机质含量高、排灌条件良好。产地的大气质量、灌溉水质量、土壤质量等经检测、化验符合国家有关标准。现将中国绿色食品发展中心关于蔬菜产地生产绿色食品必需的大气、灌溉水、土壤等的技术标准介绍如下，供参考。

土壤质量标准为在20～40厘米土层内，经多点取样检测，要求瓜地土

壤重金属含量不高于下列指标：汞 0.21 毫克/千克，镉 0.18 毫克/千克，铅 56 毫克/千克，砷 32 毫克/千克，铬 108 毫克/千克。

二、选用优质抗病品种

生产无公害产品的西瓜品种应当适应当地的土壤、气候条件和栽培条件，对病虫草害有较强的抵抗力。品质优良，可溶性固形物含量在 11% 以上，肉质细嫩，口感好。一般生长势强的品种抗逆性较好，生产中可选用黄小玉 H、金福、阳春、金童、礼品一号、黑龄童、秀丽及小玉红无籽等小型西瓜，或黑蜜五号、无籽京欣、津蜜 4 号、郑抗无籽一号等无籽西瓜品种。

三、合理施肥，增施有机肥

1. 施肥原则

在西瓜生产中，肥料对西瓜造成污染有两种途径：一是肥料中所含有的有毒物质如病菌、寄生虫卵、毒气、重金属等；二是氮素肥料的大量施用造成硝酸盐在西瓜植株及果实体内积累。因此，生产无公害西瓜施用肥料应坚持以下原则：以有机肥为主，其他肥料为辅；以基肥为主，追肥为辅；以多元素复合肥为主，单元素肥料为辅。

2. 施肥种类

（1）有机肥。有机肥是生产无公害绿色产品的首选肥料，具有肥效长、供肥稳、肥害小等其他肥料不可替代的优点，常用的有机肥有堆肥、厩肥、沼气肥、饼肥、绿肥、泥肥、作物秸秆等。

（2）化肥。生产无公害绿色产品原则上应当限制使用化肥，考虑到化肥具有肥效快、易吸收等特点，为满足西瓜生长对养分的需要，提高西瓜产量，可以有选择地使用部分化肥。可用于无公害绿色产品生产的化肥有尿素、磷酸二铵、硫酸钾、钙镁磷肥、矿物钾、过磷酸钙、三元素复合肥等。

（3）生物菌肥。生物菌肥既具有有机肥的长效性，又具有化肥的速效性，并能减少作物中硝酸盐的含量，改善西瓜品质，改良土壤性状，因此，生产无公害西瓜应积极推广应用生物肥，如根瘤菌肥、磷细菌肥、活性钾肥、固氮菌肥、硅酸盐细菌肥、复合微生物以及腐殖酸类肥等。据山东省德州市农业科学研究院 1999—2001 年试验，每 667 平方米西瓜田施用

200～300 千克复合生物肥，可比常规施肥增产 15%～20%，西瓜品质明显改善，可溶性固形物含量增加 0.8～1.2 个百分点，并且使土壤团粒结构增加，保水保肥力增强，后效应十分明显。

（4）无机矿质肥料。如矿质钾肥、矿质磷肥等。

（5）微量元素肥料。以铜、锌、锰、硼、钼、硒、铁等微量元素为主配制的肥料。在西瓜上应重视锌、锰、硼等微量元素的使用。

3. 施肥措施

（1）重施有机肥，少施化肥。充足的有机肥，能不断供给西瓜整个生育期对养分的需求，有利于西瓜品质的提高。畜禽粪便和农作物秸秆都是生产有机肥的上好原料。畜禽粪便施肥前应经过堆积发酵，使其充分腐熟，以杀死其中的病菌和虫卵。农作物秸秆加入速腐剂可直接还田，但将其粉碎后，堆腐发酵效果更好。堆腐的方法是每 100 千克粉碎的秸秆加入速腐剂 1～2 千克，堆垛后，表面用泥封严，一般 20 天左右成熟。在西瓜生产中，常用的有机肥主要有发酵的鸡粪、腐熟的饼肥等，用量一般为每 667 平方米施鸡粪 3～4 立方米，或饼肥 200～250 千克。

（2）重施基肥，少施追肥。实践证明，在相同基肥条件下，追肥用量越大，西瓜中硝酸盐积累越多，因此，生产无公害绿色产品要施足基肥，控制追肥。一般基肥用量占总施肥量的 80%～90%，其中氮肥 2/3 做基肥，1/3 做追肥，深施。

（3）科学施用化肥。一是禁止施用硝态氮肥。二是控制化肥用量。一般每 667 平方米施氮量应控制在纯氮 15 千克以内。三是氮肥要深施、早施。一般氨态氮肥施于 6 厘米以下土层，尿素施于 10 厘米以下土层。早施有利于西瓜早发快长，延长肥效，减少硝酸盐积累。实践证明，尿素施用前经过一定处理，可在短期内迅速提高肥效，减少污染。处理方法：取 1 份尿素，8～10 份干湿适中的田土，混拌均匀后堆放于干爽的室内，下铺上盖塑料薄膜，堆闷 7～10 天可做穴施追肥。四是要与有机肥、微生物肥配合施用。

（4）施肥因地、因苗、因季节而异。不同的地力，不同的苗情，不同的季节施肥种类、施肥方法要有所不同。土壤肥力较低的瓜田，可增施氮肥和有机肥以培肥地力。西瓜苗期至伸蔓期轻施氮肥有利于其早发快长。夏秋季节气温高，硝酸盐还原酶活性高，不利于硝酸盐的积累，因此，西瓜秋延迟栽培时可适量施用氮肥。

（5）施肥新法。

①喷施红糖（白糖）液。喷施 0.2% ~ 0.3% 的红糖液，可使叶片增大，叶绿素含量增加，植株抗病能力增强，一般增产 10% 左右。注意糖液浓度不要过高，每隔 5 ~ 7 天喷施 1 次，一般喷 2 ~ 3 次。

②叶面喷醋。在定植后 3 ~ 5 天开始使用，每隔 5 ~ 7 天喷 1 次 400 倍米醋溶液，连喷 3 ~ 5 次，可增产 10% ~ 15%。喷醋时，一般在下午进行，每667 平方米需醋液 40 ~ 50 千克。

四、加强病虫害综合防治

西瓜的主要病害有：猝倒病、炭疽病、蔓枯病、枯萎病、病毒病、疫病等；虫害主要有：瓜蚜、叶螨（红蜘蛛）、瓜种蝇、美洲斑潜蝇等。主要防治措施如下。

1. 农业技术措施

（1）合理轮作。与大田作物或非瓜类作物实行 4 ~ 6 年轮作，可减轻枯萎病等土传病害的发生。

（2）选用抗病品种。参见前述（本部分二）所列品种。

（3）培育无病壮苗。①种子消毒。防治枯萎病可用 0.1% ~ 0.2% 高锰酸钾或福尔马林 150 倍液，或用 50% 复方多菌灵胶悬剂 500 倍液浸种 0.5 ~ 1 小时，用清水洗净后催芽育苗。防治炭疽病和蔓枯病可用 55℃ 温水浸种15 分钟。预防病毒病，可用 10% 磷酸三钠溶液浸种 10 分钟，用水洗后，再催芽播种。②苗床土壤处理。每立方米床土用 80 ~ 120 克多菌灵混匀做育苗土或每平方米床面用甲霜灵、福美双等 8 ~ 10 克对细土 8 ~ 10 千克制成药土，上盖下垫（药土 2/3 在上，1/3 在下），可预防苗期猝倒病、立枯病及炭疽病的发生。③嫁接育苗。用葫芦、全能铁甲或超丰 F1、青砧一号等作砧木进行嫁接，可有效地控制枯萎病，并早熟高产。

（4）加强田间管理。及时清除西瓜前茬田间的残株落叶，减少病虫源基数；早春日光温室、大棚栽培要注意保温降湿，减轻病害的发生；田间整枝、绑蔓、施肥等作业时，尽量避免在植株基部造成伤口，减少病菌侵染的机会。

2. 利用物理技术

应用黄板、黑光灯诱虫；秋延迟栽培时应用遮阳网、瓜田覆盖银灰色地膜拒避蚜虫等。

3. 优先应用生物技术

采用各种生物农药如 Bt 制剂及混配剂鱼藤精、鱼藤酮、烟碱、农抗 120、增产菌等防病治虫。如用生物农药克毒克（2% 宁南霉素）200～250 倍液，于病毒病发病前或发病初期喷雾防治；用 0.9% 虫螨克 3 000 倍液喷雾可防治蚜虫；用 200～300 倍液农抗 120 溶液喷雾可防治炭疽病、疫病，于发病前灌根可预防枯萎病等。

4. 科学合理应用化学农药

（1）化学防治安全用药标准。生产无公害西瓜，在西瓜病虫害防治中，应首先采取农业措施、物理措施、生物措施，其次使用化学农药。并做到以下几点。

①严格按照表 5 中所列的安全间隔期、浓度、施药方法用药。

②要避开采摘时间喷药，采收前 7 天禁止使用化学杀虫剂。

③交替轮换用药，要尽量交替使用不同类型的农药防治病虫害。

表 5　西瓜农药安全使用标准

农药		主要防治对象	用药量或稀释倍数	施药方法	每季最多使用次数（次）	安全间隔期（天）
名称	含量及剂型					
多菌灵	50% 可湿性粉剂	枯萎病	500 克	药土盖种	1	10
	50% 可湿性粉剂	枯萎病	2 000 克	毒土撒穴	1	10
	50% 可湿性粉剂	枯萎病、蔓枯病	500 倍	灌根	1	10
	25% 可湿性粉剂	枯萎病	8 克/平方米	土壤处理	1	10
	50% 悬浮剂	枯萎病、蔓枯病	10 克/平方米	土壤处理	1	10
福美双	75% 可湿性粉剂	猝倒病	8～10 克/平方米	药土盖种	1	
甲霜灵	25% 可湿性粉剂	猝倒病	8～10 克/平方米	药土盖种	1	
普力克	66.5% 水剂	猝倒病	1 000～1 500 倍	喷雾	3	7
杀毒矾米 8	64% 水剂	猝倒病、蔓枯病	400～500 克	喷雾	3	3
甲基托布津	70% 可湿性粉剂	蔓枯病、枯萎病、炭疽病	800 倍	喷雾	3	10
	70% 可湿性粉剂		1500 倍	灌根	3	10
	70% 可湿性粉剂	炭疽病	500 倍	喷雾	3	10
菌克毒克	2% 水剂	病毒病	200～250 倍	喷雾	2～3	2
植病灵	1.5% 乳剂	病毒病	1 000 倍	喷雾	2～3	2
病毒 A	20% 可湿性粉剂	病毒病	600 倍	喷雾	2～3	2

（续表）

农药		主要防治对象	用药量或稀释倍数	施药方法	每季最多使用次数（次）	安全间隔期（天）
名称	含量及剂型					
炭疽福美	80%可湿性粉剂	炭疽病	800倍	喷雾	1～2	3
施保功	50%可湿性粉剂	炭疽病	400～500倍	喷雾	2	5
多福合剂	50%乳剂	炭疽病	500～600倍	喷雾	2	5
避蚜雾	50%可湿性粉剂	蚜虫	5 000倍	喷雾	3	7～10
虫螨克	0.9%可溶性水剂	螨类、瓜种蝇	3 000～4 000倍	喷雾	1	7
	0.9%可溶性水剂	美洲斑潜蝇、蚜虫	3 000倍	喷雾	1	7
敌敌畏	80%乳油	蚜虫	150～200倍	熏蒸	5	5
吡虫啉	20%乳油	蚜虫	1 500倍	喷雾	1～2	5
辛硫磷	50%乳油	小地老虎、瓜种蝇	1 000倍	灌根	1	10
敌百虫	2.5%粉剂	小地老虎	2 000倍	毒土撒心	2	7

注：详见中华人民共和国国家标准 GB 4285—1989

（2）常见病虫害的用药时期和方法。

①西瓜出苗后发生猝倒病，可喷洒66.5%普力克水剂1 000～1 500倍液，或64%杀毒矾 M－8 可湿性粉剂400～500倍液，或杀毒矾200倍干细土药土撒于瓜苗基部，也可减轻伸蔓期蔓枯病的发生。

②防治枯萎病，定植时用50%多菌灵可湿性粉剂2千克，拌细土100千克，施入定植穴内，也可用50%多菌灵可湿性粉剂500倍液，或70%甲基托布津1 000倍液灌根一次，每穴药液250毫升，也预防炭疽病的发生。枯萎病发病初期，发现枯萎病株后，立即以病株根际为中心，挖深8～10厘米，半径10厘米的圆形坑，使主根部分裸露，用50%多菌灵可湿性粉剂500倍液或70%甲基托布津1 000倍液灌根，每穴药液500毫升。可兼治蔓枯病。

③蔓枯病发生为主的地块可喷洒70%甲基托布津800倍液，或64%杀毒矾 M－8 可湿性粉剂500倍液。

④防治病毒病　病毒病主要是蚜虫传播，应治蚜防病。蚜虫发生高峰前，可喷20%吡虫啉1 500倍液防治。保护地可用熏蒸法，用1.5%虱蚜克烟剂每667平方米300克，在棚内多点均匀分布，傍晚时将大棚密闭，依

次点燃，闭棚 12 小时后放风；也可用 80% 敌敌畏每 667 平方米 150～200 克熏蒸，在大棚内均匀布点，每点先堆放小堆锯末，点燃后倒上敌敌畏熏蒸，此法一般在白天中午前后、棚内温度达到 30℃ 左右时进行，熏 2 小时后通风。发现病毒病株，可喷 20% 病毒威可湿性粉剂 500～600 倍液，或 6% 病毒克可湿性粉剂 600～800 倍液，或 20% 病毒 A 600 倍液，每 7 天喷一次，连续 2～3 次。

⑤炭疽病发病初期，喷洒 80% 炭疽福美 800 倍液，或 70% 甲基托布津可湿性粉剂 500 倍液，或 50% 施保功可湿性粉剂 400～600 倍液。保护地可采用烟雾熏蒸法，用 45% 百菌清烟剂每 667 平方米 200～250 克，8～10 天熏 1 次，同时可兼治疫病。

五、应用清洁水源合理灌溉

生产用水质量要有保证，灌溉所用的地表水和地下水清洁、无污染，符合表 4 所列的水质标准。浇水次数及浇水量与普通栽培相同，收获前 5 天停止浇水。

六、及时采收，适熟上市

无公害西瓜应当是正常成熟，适熟采收，严防生瓜上市，严禁使用乙烯利等药品催熟，确保果实品质。具体采收时间根据品种特性和果实发育积温及销售地情况而定。当地销售的西瓜九成半熟至十成熟采收；外销西瓜以种子变色，即八成半熟至九成熟时采收为宜。

生产无公害西瓜应在产品收获后，将样品送往省级无公害产品认定机构指定的检测机构或其他法定检验机构进行农药残留检测，经检测合格的申报无公害产品标志。一般各省、市、自治区的农业厅主管无公害产品的认证工作。

第五节　有机西瓜栽培

近年来，食品安全问题引起人们的广泛关注。国内"毒西瓜"事件屡屡发生，对西瓜产业的发展产生了不良的影响。而有机西瓜作为食品安全金字塔顶的"放心食品"，越来越受到消费者的青睐。所谓有机西瓜是指根据国际国内有机农业的生产技术标准生产出来的、经独立的有机食品认证机构认证允许使用有机食品标志的西瓜。自 2009 年起，德州市农业科学研究院以德州传统历史名产"德州西瓜"为突破点，进行了有机西瓜地膜覆盖栽培的研究开发工作。严格按照国内有机产品的相关技术规程和要求，综合运用现代生产经营理念，引进应用国内外优质抗病西瓜品种，优化集成先进栽培技术，实行有机化、标准化、规模化生产，经过 5 年刻苦攻关，在德州市德城区黄河涯庆丰西瓜种植专业合作社取得成功，获得国家中安有机产品认证中心认证和国家原产地地理标志产品。产品价格是普通西瓜的 3~5 倍，深受消费者欢迎。有关配套技术已成熟定型并形成《有机食品西瓜生产技术操作规程》。

一、有机产品相关国家标准

生产有机食品西瓜必须严格执行国家标准委发布的相关技术标准，主要包括：

GB/T 3095 环境空气质量标准

GB/T 5084 农田灌溉水质标准

GB/T 6715.3 瓜菜作物种子

GB/T 9137 保护农作物的大气污染物最高准许浓度

GB/T 15618 土壤环境质量标准

GB/T 19630 有机产品

二、产地要求

生产有机西瓜必须按照有关标准要求选择适宜的产地环境，并请国内正规的有机产品认证机构现场勘验、检测，取样留存相关样本，测定得出相关数据，基本符合有机转换产品生产环境要求后，再安排组织生产。

1. 周边环境

有机西瓜生产基地应在没有发生过规定疫病区（没有严重影响西瓜生产的重大病害、虫害及检疫对象）内进行，远离城区、工矿区、交通主干线、工业、生活及医疗垃圾场等污染源。

有机西瓜种植区与常规农田之间应有 500 米以上的河流、防护林等作为缓冲带，保证有机西瓜种植区不受污染，防止临近大田禁用物质的漂移。

2. 土壤条件

种植有机西瓜的土壤要求上层深厚、排水条件良好的壤土或沙壤土，有机质含量 1.5% 以上，土壤 pH 值在 7.0 左右，经取样检验，没有重金属及农药残留污染，土壤环境质量符合 GB/T 15618 二级标准。

3. 水源条件

生产基地灌溉所用的地表水及地下水水源清洁，水质优良，符合国家 GB/T 5084 V 类水标准。

4. 空气质量

生产基地周边最好为一般农田，并有河流、树林等作为缓冲带，空气清新，1 000 米以内没有工业烟尘、粉尘以及其他污染源，环境空气质量符合 GB/T 3095 二级标准和 GB/T 9137。

三、选用良种及种子处理

1. 选用良种

选择有机西瓜栽培品种时，首先要考虑其抗病虫性和抗逆性，其次是优质、高产，同时兼顾有机西瓜产品上市的时期及品种花色多样性的要求。根据德州等地的成功经验，主栽品种可选用抗病性强、易坐果、品质优良、产量潜力较大的特大郑抗 3 号、重茬先锋以及特色品种黄怡人一号、郑抗无籽 8 号、金太阳无籽等品种。要求品种纯度不低于 99%，净度不低于 98%，发芽率为 90% 以上，含水量不高于 12%。

2. 种子处理

播前 3 天左右将种子取出在阳光下暴晒，并精选种子剔除少量秕籽及破损籽，保证所选种子整齐、饱满。

晒种后把种子放入 55℃温水中浸烫 15 分钟，并不断搅动，捞出立即放凉水中急速降温，然后温水浸泡 8 小时，然后投洗干净捞出，放在纱布上包好置于 28～32℃的条件下催芽，约 30 小时左右，种子"露白"后即可准备播种。

四、整地施肥

1. 整地

播前精细整地，在冬前深翻（深耕）25 厘米以上的基础上，播前半月左右按行距 1.6～1.8 米，开挖宽 40 厘米、深 30 厘米的瓜沟，并进行晾晒。

2. 施基肥

按照国家 GB/T 19630 关于肥料的要求，每 667 平方米施腐熟豆饼 200 千克，或经无害化处理（堆沤发酵）的优质农家肥料（牛粪、马粪、羊粪等）4～5 吨，集中施入瓜沟内，另加符合国家标准的生物有机肥 200 千克。

施肥后回填少许阳土，使肥、土混匀，然后将瓜沟填平，整成标准的瓜畦。播前 3～5 天浇水造墒。

五、覆膜及播种

1. 适宜播期

地膜覆盖栽培适宜的播期为日平均气温稳定通过 15℃ 以上时播种，山东各地及黄淮海地区以 4 月上中旬为宜。

2. 播种覆膜

播种方法为：在整平并造足底墒的瓜畦上，按 45 厘米株距开深 5 厘米左右的播种穴，每穴播 2 粒有芽种子，播后覆细土，厚度 2 厘米左右。播后用幅宽 100 厘米、厚度 0.07 毫米的地膜作小拱棚式覆盖。

六、苗期管理

1. 通风降温

播种后 3～5 天及时检查出苗情况，发现出苗植株及时在上午 9：00 前和下午 16：00 后捅孔放风。

2. 定苗

幼苗 3 片真叶时及时间苗和定苗，保留一株健壮幼苗。幼苗长至 5 片、6 片真叶开始"甩龙头"时，及时把植株放出膜外，畦内人工清除杂草后，把地膜平铺在瓜畦上。

七、整枝打杈

植株开始伸蔓后，及时进行整枝打杈，采用双蔓整枝法，即保留主蔓和一条健壮侧蔓，其余侧枝全部打掉，主蔓坐瓜后，在瓜前留 10 片叶掐尖打顶，主蔓和所留侧蔓叶腋内萌发的枝芽要及时打掉，坐瓜后用明压法（用树枝、竹条等）及时压蔓，防止风吹滚秧。

八、授粉留瓜

1. 授粉

采用蜜蜂授粉，每 667 平方米用一箱蜜蜂，自发现有雌、雄花开放之日起，连续放蜂 15 天。

2. 选瓜留瓜

一般在主蔓第 2 雌花留瓜，如果发现一株上有多个雌花同时坐住瓜时，每株选留 1 个果形周正、发育良好的幼果留下，其余全部摘除。随着幼瓜的生长，及时垫瓜、翻瓜，保证瓜形端正和皮色美观。

九、肥水管理

1. 浇水

植株伸蔓后，使用清洁水源浇一水，坐瓜后 5 天至采收前 3 ~ 5 天，根据天气情况，除自然降水外，一般浇水 2 ~ 3 次，以保持瓜畦湿润为宜。

2. 追肥

植株开花坐果前（主蔓长 80 厘米左右时）在前侧开沟，每 667 平方米追施发酵芝麻酱 150 千克，坐瓜后 10 天、20 天分别冲施发酵大豆面 15 千克。为改善西瓜风味，坐瓜后 5 天、15 天、25 天分 3 次，每喷雾器水（15 千克）加发酵牛奶 3 千克叶面喷施。

十、病虫草害防治

在生产有机西瓜的生茬地，常见的西瓜病害主要有炭疽病、细菌性角斑病、疫病和危害较轻的蝼蛄、地老虎虫害，个别年份有蚜虫危害。

病虫草害防治坚持"预防为主，综合防治"的原则，综合运用各种防治措施，创造不利于病虫草害滋生和有利于各类天敌繁衍的环境条件。优先采用农业措施，提高选用抗病抗虫品种、非化学药剂种子处理，加强栽培管理（土壤深翻晒垡、嫁接育苗、植株调整）、轮作换茬等措施防病治虫的作用。适时配合物理措施、生物措施以及机械和人工措施，防治病虫草害。

主要措施包括，生产基地每 2 ~ 3 公顷安装一台频振式杀虫灯，每 667 平方米摆放 40 ~ 50 片黄色及蓝色诱虫板，及时摘除植株下部的老叶病叶，人工及机械清除田间杂草。如以上措施不能有效控制病虫害时，应使用符合 GB/T 19630 要求的物质，例如每 5 ~ 7 天喷一次葱蒜混合液或大蒜、草木灰浸出液，预防各种病虫害的发生。

十一、成熟与采收

1. 果实成熟标志

西瓜早熟品种坐瓜后 25 ~ 30 天，中熟品种坐瓜后 30 ~ 35 天果实即可成熟。果实成熟时表现为皮色鲜艳，花纹清晰，瓜面发亮，瓜柄附近茸毛脱落，与果实同节的卷须顶部干枯，瓜面用手弹时发出空浊音，此时应适时采收上市。西瓜就近销售时要求果实九成半熟以上，而远销外地并在 3 ~ 5 日内销售时以九成熟为宜，杜绝生瓜上市，确保西瓜品质。

2. 产品及包装要求

作为有机西瓜销售的产品，要求果实形态完整，果形周正，符合该品种的表面特征，无擦伤，无开裂，无污染，无病虫害疤痕。外销时九成熟采收，留瓜柄长 10 厘米，带 1 片叶。

商品瓜用专用包装袋或纸质包装箱包装。包装上标明品名、规格、毛重、净重、产地、生产者、采摘时期、包装时期等，或直接用二维码或条形码包含所有相关信息。在醒目的位置粘贴有机食品标志。

3. 贮藏运输

果实采收后在低温库房内低温预贮 2 ~ 5 天，贮藏温度 5 ~ 7℃，空气相对湿度 70% ~ 80%，库内堆放应保持气流均匀畅通。产品外销时应采用低温保温车冷链物流。

需要特别说明的是，有机西瓜生产对土壤、水源、大气等环境条件和生产过程中的投入品及产品要求十分严格，不是所有的地区都适合进行有机西瓜栽培，而且有机产品认证要求十分苛刻，必须在计划建设有机西瓜基地前，首先请国内正规的有机产品认证机构现场检测，确认符合生产有机产品转换条件后，经过 24 ~ 36 个月的转换期，且每年检测均合格后，才能颁发有机产品证书。对于西瓜生产基地或种植户来讲，每年必须按照有机西瓜生产的相关技术规程，由专人负责建立详尽的田间技术档案，对整个生产过程进行全面记载，并妥善保存，以备查阅。

根据笔者从事有机西瓜研究及开发工作的经验，生产有机西瓜应做到"五个严格"，即严格选择生产区域，土壤、大气、水源完全符合国家相关标准，严格制定并执行生产技术规程；严格投入品使用和管理，不仅要求认证机构及时检测，作为技术支撑单位和生产者自己也要不定期检测和现场抽查，杜绝肥料、农药、激素等其中不符合要求的投入品在生产上应用；严格产前、产中、产后检测，对土壤、空气、水源、投入品及产品进行不间断监测，确保生产基地的产地和生产环境符合有机西瓜持续生产的要求；严格有机产品标识及品牌管理，严格使用范围和种类，绝不允许冒牌、贴牌，严禁其他企业和农户使用自己的有机产品标识；严格执行有机蔬菜种类认证范围，杜绝超范围使用有机标识。要做到"五个严格"，要求做到企业和农户自律，认证和管理部门监管，技术支撑部门监督。只有这样才能保证有机西瓜品牌的"含金量"，保持有机西瓜生产的健康发展。

第六节　异形西瓜栽培

异形西瓜栽培即利用特制的模具配合适宜的技术措施使西瓜长成正方体、长方体或三角体等的特殊栽培方式，生产上多以方形西瓜为主。由于方形西瓜外形独特，既可食用，又可作为工艺品观赏，便于包装和长途运输，因而深受高档宾馆、饭店和外商青睐，价格高出普通西瓜 8～10 倍。据安徽省无籽西瓜研究所调查，1 个 3～4 千克重的方形无籽西瓜，在超市和大酒店售价为 40～50 元，早春定价 100 元，大酒店 1 个雕花方形冰糖银耳无籽西瓜盅一般定价 100～200 元，高级酒店 1 000～2 000 元不等，由于生产量极小，市场上供不应求，十分紧俏。据试验，生产上利用优质的无籽西瓜品种栽培方形西瓜，效益十分可观。无籽西瓜在稀植情况下，每 667 平方米栽 250 株，每株结瓜 4～5 个，成瓜 1 000 个左右，可选为做方形瓜的 600～700 个，以 80% 正品计算，每 667 平方米可生产 500 个左右的方形瓜，收入可达 20 000 多元，第一年栽培时西瓜每个生产和销售成本约为 10 元（模具每个 20 元左右，可用 8～10 年），每 667 平方米纯利润 10 000 元以上。早春至初夏每隔 20 天播种一批，即可周年生产，四季供应市场。现将方形西瓜的栽培技术简介如下。

一、品种选择

用于制作方形西瓜的品种应具有外观美观绚丽（如条纹艳丽的花皮品种或色泽鲜明的黄皮品种，用于雕刻的方形西瓜可选用黑皮品种）、果皮硬度适中，易于变形但不易裂果、果实可溶性固形物含量 11% 以上，口感松脆、清爽、品质上乘，抗病虫能力强，适于进行无公害生产，生产上多采用无籽西瓜品种。据安徽省无籽西瓜研究所试验，适于制作方形西瓜的无籽西瓜品种有：花皮黄瓤的金宝 1 号、黄皮红瓤、黄皮黄瓤的金蜜 1 号、金蜜 2 号、金帅 1 号和黑皮黄瓤的金晖 1 号等；作为外皮雕刻的方形瓜，可选用黑皮红瓤的中田 1 号、兴科 2 号、兴科 3 号等；作为大棚早熟栽培、越夏栽培、延秋栽培，可选用丰田 2 号、兴科 4 号、兴科 6 号等。

二、栽培方式

方形西瓜生产适用于大棚吊蔓栽培、露地支架栽培和地爬栽培等多种生产方式。现以最为简便易行的地爬栽培为例予以介绍，其他生产方式以此为基础结合其栽培特点稍加改进即可。地爬栽培可根据计划上市期，分别应用在大棚、双膜及地膜覆盖等栽培方式中，具体播种育苗期，与常规栽培方式相同。方形西瓜生产均采用嫁接育苗，每 667 平方米栽植 220 ~ 250 株，行距为 3.5 ~ 4 米，株距为 1 ~ 1.5 米，不整枝，不打杈，每株保留全部枝蔓 20 ~ 30 条，瓜蔓总长度约 100 ~ 150 米，叶片数 1 000 ~ 1 500 片，定向打顶；每株授粉坐瓜 7 ~ 8 个，选瓜定瓜 4 ~ 5 个。及时翻瓜、竖瓜，使果实受光均匀，避免出现歪瓜、黄脐。

为了提升产品档次，提高产品的附加值，生产方形西瓜的基地可以按照生产绿色食品、有机食品的条件，由国家法定检测机构严格进行产地土壤和水源的检测，并按相应的栽培技术规程组织生产，积极申报绿色食品、有机食品标志，从而形成优质安全型特色西瓜生产基地。

三、模具制作

制作方形西瓜的模具要求透光、通气、漏水、耐张力。生产上一般有 3 种形式：一是由玻璃厂按规格大小直接注塑成形，西瓜成熟后用玻璃刀破模具取瓜，玻璃回厂再利用；二是用有机玻璃，按规格大小定制，用螺栓固定，可反复使用多年，但一次性投入成本较高；三是用角钢与玻璃结构，用螺栓固定成形，装拆方便，成本较低，可多年使用。各种规格以所选用的西瓜品种果形大小而定，一般为 15 ~ 25 厘米，内径正方体。目前，安徽省无籽西瓜研究所有专用模具生产和出售。

四、选瓜装模

玻璃一次成形模具因瓶口较小，应在西瓜授粉后、瓜柄垂直时装模，后两种模具一般在西瓜膨瓜前期、果实长到接近模内大小时再装模。

装模西瓜要选植株长势健壮、无病无虫，节位适中，瓜形圆正，色泽均匀，授粉后15天左右处于膨瓜盛期的西瓜。根据品种、生产季节、植株长势、节位和瓜胎长相，选择合适的模具规格，每株装2~3个瓜。装模时轻拿轻放，清除泥土沙粒，不可触摸抹掉瓜柄茸毛。放入模具后，把瓜柄嵌入玻璃圆孔中，使瓜柄和瓜脐垂直，扣上角铁方框，上紧螺栓，用瓜铲在坐瓜节位筑起高于地面的小平台，把装模后的西瓜摆正放稳在平台上，整理好翻转的枝蔓叶片。吊蔓支架栽培的无籽西瓜，把装模后的西瓜，用细绳或细铁丝拴住模具，四角挂在铁丝上即可。

五、管理采收

装模后的西瓜生长5~7天后，每隔3~5天翻转一次。翻转时要注意以下几点：第一，翻转时要看果柄上的纹路（即维管束），通常称作瓜脉，要顺着纹路而动，不可强扭；第二，翻转的时间选晴天午后为宜，此时瓜蔓较为柔软，不易折伤；第三，翻转时双手操作，一手握住模具近果柄部位，一手扶住近果尾部位，双手同时轻转动90°，即转动模具一个平面即可。要加强肥水管理和病虫害综合防治。施肥上注意有机氮和无机氮的比例不能超过1:1。禁用高毒、高残留农药，防病治虫时应选用国家规定的生产无公害西瓜或绿色食品西瓜指定农药及剂量，使生产出的方形西瓜不仅外观奇特，更要品质超群，达到安全卫生的绿色食品、有机食品标准。

西瓜装模后15~20天成熟，采收时保留3~5节剪断秧蔓，连同模具、叶片轻轻带出田外。桌面上铺上毛毯，在上面卸下模具的固定螺栓，轻轻打开模具，由专人戴手套拿出方瓜摆在阴凉干燥处2~3小时，然后分级装箱。用作观赏的方瓜，采收后立即把秧蔓插入塑料瓶里（1瓶矿泉水加5毫升保鲜精），保持结瓜节位的叶片完整，在室内常温条件下，夏季可观赏1~2个月，春秋季节可观赏3~4个月。

六、包装销售

根据西瓜生长成形的程度，每个规格分为一级、二级、三级。剪去所有叶柄叶片，保留 2 ~ 3 节瓜蔓，贴上商标，用泡沫网袋套上方瓜即可装箱。纸箱或塑料筐，四周放上泡沫板，打上通气孔，每箱一层 4 ~ 6 个。用胶带纸将箱子封好，然后运往超市、大酒店销售或出口外销。

第七节　特大西瓜栽培

所谓特大西瓜是指单瓜重在 15 千克以上的西瓜。据报道，目前已知国内外最大的西瓜均超过 90 千克。近年来，各地为发展西瓜生产，纷纷采取一系列激励措施，支持和鼓励广大瓜农种植西瓜。同时，不少地区还将西瓜作为招商引资的媒介，通过举办西瓜节，以瓜为媒，广招客商。国内西瓜节庆活动比较成功的是北京大兴西瓜节和山东东明西瓜节。西瓜节主要内容之一是评选"瓜王"和"瓜后"，所谓"瓜王"就是西瓜个头最大者，而"瓜后"则是含糖量最高者。另外，各个西瓜集中产区也经常举办各种形式的赛瓜会。为满足广大瓜农对种植参赛大型西瓜的要求，现将特大西瓜的栽培技术介绍如下。

一、选用丰产良种

种植特大西瓜必须选用中晚熟、植株长势强、抗病抗逆性好、丰产潜力大、瓜皮韧性好的大果型品种。据各地试验及生产实践表明，一般长椭圆瓜形的品种往往比圆瓜形品种更能长成大瓜。综合各地的试验结果和栽培经验，深绿瓜王景丰宝 2 号、抗病巨大景龙宝、庆农六号、华冠一号、豫艺 15、台湾黑宝、豫艺 2008、新大宝、黑无霸等品种均适于进行特大西瓜栽培。

二、精细整地施肥

1. 选地整地

种植特大西瓜必须选择土质肥沃、土层深厚、保水保肥力强、排灌方便、7 年以上未种过西瓜的沙壤土地块。生产上一般选择表层为沙质壤土、底层为黏土的所谓"蒙金地"，这类土壤表层通透性好，有利于西瓜根系的良好发育，底层保水保肥性好，可以减少肥水的流失，对保证西瓜丰产有良好的作用。

选好地后，冬前应及早深翻晒垡，一般深翻 20 厘米以上。在土壤封冻前，沿东西向按行距 2.5 ~ 3 米划出种植行，按株距 0.8 ~ 1 米开挖种植穴。种植穴一般宽 60 厘米，深 70 ~ 80 厘米，将 40 厘米以上阳土和下层阴土分放两侧，于冬季冰雪严寒中冻融、风化，这样一是可以杀死土壤中的病菌和虫卵，二是可以活化土壤，改善土壤结构。

2. 重施基肥

种植特大西瓜必须有充足、全面的养分供应。因此，要重施基肥。基肥以优质有机肥为主，配合施入适量化肥、生物肥及微量元素肥料。一般每 667 平方米施优质、充分发酵的厩肥或鸡粪 3 000 ~ 4 000 千克、三元素复合肥（养分总含量 45%）40 ~ 50 千克、有机生物肥 100 ~ 150 千克、硼砂 1 千克、硫酸锌、硫酸锰各 0.5 千克。基肥中的有机肥 60% 于深耕前撒施，其余 40% 集中施入种植穴内，化肥、有机生物肥和微量元素肥料则集中穴施。每个种植穴总施肥量在 100 千克左右。

3. 平穴做畦

播前 15 ~ 20 天，将肥料施入种植穴后，回填土壤，使肥、土混匀。施基肥及填土时，应施一层肥，填一层土，并立即混匀，先填阴土，后填阳土，施肥结束后，上面覆盖 10 ~ 15 厘米的阳土，稍加平整。播前 6 ~ 7 天，顺种植行浇水造墒，底墒一定要浇足、浇透。待水渗下，地表不太黏时，将表土用铁耙耧起，整细整平。在种植行北侧整成高 20 ~ 30 厘米的挡风沿或整成北高南低的锯齿形瓜畦。播前 1 ~ 2 天，在种植行上覆盖幅宽 1 米的地膜，以提温备播。为防止西瓜生长中后期杂草滋生，可在盖地膜前喷施播前除草剂。生产上一般采用 80% 的杀草净可湿性粉剂 150 ~ 200 克，稀释 100 倍喷于地表，或用 25% 的除草醚可湿性粉剂 500 ~ 700 克稀释 100 倍全面喷洒瓜田。无论选用何种除草剂都应严格按使用说明书的要求进行操作，不得随意增减用量和改变浓度，以免影响效果或造成药害。

三、适时播种，合理稀植

1. 播种期确定

特大西瓜一般均采取地膜覆盖栽培，这样西瓜的膨瓜期正处在温度高、昼夜温差大、雨水适中、光照充足的 6 月，有利于西瓜果实的快速生长。华北地区播期一般在 4 月上旬。确定播种期的温度指标是外界气温稳定在 10℃以上，地膜下 10 厘米地温 15℃以上时为适宜播期。各地可灵活掌握。

2. 种子处理

播前 3~5 天，精心选种，所用种子应为当年上市的新种子，种子纯度在 98% 以上，发芽率在 95% 以上，种子大小、颜色一致，籽粒饱满，无霉烂，无残破，将选出的种子在阳光下暴晒 8~10 小时，然后进行种子消毒。常用的方法是，用 40% 的福尔马林 100 倍液，在常温（20~25℃）下浸泡 30~40 分钟，或用 50% 的多菌灵 500 倍液浸泡 1 小时，消毒完毕将种子用清水洗净，在 25℃ 左右温水中浸种 6~8 小时，然后捞出用毛巾或棉布搓掉种子表面的黏质，再用湿布将种子包好，放在 30℃ 条件下催芽。待种子"露白"时，选晴天上午播种。

3. 播种

播种时，将地膜前侧揭起，在种植穴中心位置开挖宽 8~10 厘米、深 5 厘米左右的播种穴，点浇小水，待水渗下后，每穴播 3 粒有芽的种子，3 粒种子要均匀摆放，不可重叠，播后覆盖 2 厘米左右的湿细土。然后将地膜按阳畦式空盖或小拱棚式空盖法盖好。特大西瓜一般行株距为（2.5~3）米 ×（0.8~1）米，每 667 平方米栽培 250~350 株。

四、嫁接育苗，壮苗定植

俗话说"根深叶茂"，为了充分挖掘西瓜品种的产量潜力，有的地方在生产特大西瓜时，也采用嫁接育苗方式，利用砧木根系发达、吸水吸肥能力强的优势，配合其他栽培技术措施，促使西瓜个大、丰产。

1. 种子处理

采用嫁接育苗，苗期约 30 天左右，适宜播期应当在终霜期结束前 25~30 天，山东和华北地区一般在 3 月中下旬播种为宜。播前 1~2 天进行种子处理。

西瓜嫁接常用砧木为杂交南瓜（全能铁甲、京欣砧二号）或葫芦（抗病超丰 F1 等）。用葫芦作砧木时，因其种子皮厚、吸水困难，种子萌发慢，可以用热水烫种法处理，即先用凉水浸没种子，再倒入 80~90℃ 的热水顺一个方向不断搅动，使水温降到 70~75℃，并保持约 1 分钟，最后倒入凉水使水温降至 20~30℃，继续浸种 24~36 小时；用杂交南瓜作砧木，用温水（30℃ 左右）直接浸种 10~12 小时即可。西瓜种子用温水浸种 6~8 小时，然后在 28℃ 温度下催芽 30~36 小时。

2. 基质及装钵

生产特大西瓜因有特殊要求，而且用苗量较少，一般都是自己育苗。营养土或育苗基质一般采用草炭 3 份、蛭石 1 份，均匀混合后每立方米加入粉碎的磷酸二铵 0.5 千克或三元素复合肥 1 千克、50% 多菌灵 150～200 克、50% 辛硫磷 50 克，充分调和均匀，堆放 5～7 天。

生产特大西瓜要求幼苗生长健壮，发育良好，所以多用体积较大的营养钵育苗，培育 30～35 天大龄苗，用 10 厘米×10 厘米（直径 10 厘米、高度 10 厘米）营养钵，装营养基质压实后 8 厘米左右；培育 20～25 天小龄苗可用 8 厘米×8 厘米（直径 8 厘米、高度 8 厘米）营养钵，装土压实后 6 厘米。播前 2 天营养钵内浇透水。嫁接育苗一般安排在日光温室或保温条件良好的大棚内。

3. 播种

用葫芦作砧木，葫芦种子要提前 8～10 天播种，每钵播种 2 粒，播后覆土厚度 2 厘米左右；西瓜种子集中播于沙盘中，种子间距 2 厘米左右，覆土 1.5 厘米。用南瓜作砧木，南瓜种子浸种不催芽，西瓜种子催芽后同时播于营养钵内，砧木和西瓜各播种 2 粒，覆土 1.5 厘米。

砧木和西瓜种子播下后，白天保持环境温度 30～35℃，夜间 18～22℃，土壤温度 18℃以上。子叶拱土后，白天降至 25℃左右，夜间 15～16℃，防止幼苗徒长，促使下胚轴粗壮，并保持适当的高度。

4. 嫁接

采用南瓜与西瓜靠接时，南瓜和西瓜子叶完全展平时为嫁接适期。嫁接时先去掉南瓜生长点，在子叶下 0.5～1 厘米处用消毒的刀片呈 45°角向下斜削一刀，深度为茎（下胚轴）粗的 2/5～1/2，切口长约 1 厘米，同时在西瓜接穗相应部位向上成 45°角斜削，深度为茎粗的 1/2～2/3，切口长度与砧木切口相同，将接穗切口嵌入砧木切口，使二者切口紧密贴合在一起，用嫁接夹固定接口，约 7 天后接口愈合，切断西瓜接穗根部，10～15 天后及时去掉嫁接夹，以免影响下胚轴正常生长。

用葫芦作砧木顶插接，一般葫芦长至二叶一心而西瓜子叶刚刚展平为嫁接适期。嫁接时先将葫芦顶芽及真叶去掉，仅留两片子叶，然后用一个事先削好的、与西瓜苗下胚轴粗细相当、尖端带有 6～8 毫米长斜面的竹签，斜面向下沿葫芦子叶叶脉与葫芦茎（下胚轴）约 45°角的方向插入，以竹签尖端刚好露出为准。将西瓜苗在子叶下 8～10 毫米处用刀片斜切断茎，切面长度 8~10 毫米，拔下竹签迅速将西瓜接穗切面向下插入葫芦砧木中，使两个切面贴接，砧木子叶与接穗子叶呈"十"字形交叉。嫁接后营养钵内浇透水，注意不要湿及接口。

5. 嫁接后管理

嫁接后及时覆盖小拱棚保温保湿。嫁接后前 3 天，如果天气晴朗，应当用遮阳网或类似物遮阴；如果是多云或阴天，可以不遮阴，但一般不通风。嫁接后 3~5 天，白天温度保持在 25~28℃，夜间 20~22℃，不低于18℃，空气湿度保持在 95% 以上。3 天以后，苗床先从早晚接受散射光开始，逐渐延长光照时间，只要嫁接苗不发生明显萎蔫现象就不用遮光。嫁接 8~10 天后，可以正常见光。10~12 天后，接口充分愈合，嫁接苗成活，温度可降到白天 24~26℃，夜间 16~18℃。营养钵内湿度不足时，及时用喷壶向嫁接苗基部喷水，而不要直接喷到苗子上，始终保持 90% 以上的相对湿度。嫁接苗生长期间，注意及时去掉砧木萌生的侧芽，同时及时预防各种苗期病害的发生。定植前 3~5 天进行低温炼苗，白天 22~24℃，夜间13~15℃，适当加大放风量，促使幼苗生长健壮，以增强定植后嫁接苗对外界环境的适应能力。

6. 定植

嫁接苗长至三叶一心时，应适时定植。定植时的株、行距与直播相同，每 667 平方米栽植 250~350 株。定植时，按预定株距在瓜畦上开挖宽、深各 10 厘米左右的定植穴，将嫁接苗从营养钵中小心取出，放入定植穴内，四周用土埋好压实，点浇定植水。然后用地膜作小拱棚式空盖。幼苗生长至当地终霜期过后，及时放出膜外。后期管理与直播栽培相同。

五、理蔓保秧

1. 间苗、定苗

种子出苗后，在地膜下生长 7~10 天，待外界终霜期过后放苗出膜。长至 2 片叶时，间苗一次，将三棵苗中最弱小者拔掉。在幼苗长至 4 片真叶时，选留一株生长健壮、叶片肥硕、株型较大者留下，将另一棵拔掉。

2. 整枝留蔓

特大西瓜要求有较大的营养面积，因此，留蔓数要多，一般采用四蔓或五蔓整枝，即除保留主蔓外，在主蔓基部再选留 3 条或 4 条健壮侧蔓。也可在主蔓长至 50 厘米左右时打顶，在主蔓基部选留 4 条侧蔓，但这种方式在生产上应用较少。

3. 授粉留瓜

特大西瓜栽培一般选留主蔓第 3 雌花留瓜。为保证坐瓜，防止空秧，一般采取人工授粉措施，开花期如遇阴雨天气，应采取套帽、盖叶等保护措施。为确保坐瓜，一般除主蔓第 3 雌花外，各侧蔓第 2 雌花均进行授粉，待幼瓜坐稳后，从中选留一个果柄粗壮、外形周正、符合本品种特征、颜色鲜明而有光泽、褪毛前茸毛密布的发育最好的幼瓜留下，其余及时摘除。

4. 理蔓打顶

主、侧蔓分别长至 60 厘米以上时，茎基部用土培好稳秧，防止风吹摇秧使根茎部受伤。然后将 4 条秧蔓在瓜畦上朝前均匀分布，也可以 "三前一后"，即 3 条蔓向前爬，1 条蔓向后伸，这样即可以保证田间良好的通风透光条件，又便于田间管理。幼瓜长至鸡蛋大小时，主、侧蔓各保留 35 ~ 40 片叶打顶，使养分集中供应果实。据测算，要供应 15 千克以上果实的养分需求，至少应当有 100 片以上的功能叶（长至应有大小、发育完全、光合功能旺盛的叶片）。

5. 护瓜顺瓜

从雌花开花到幼瓜坐稳期间，子房或幼果表皮组织十分娇嫩，易被虫蛀或受其他机械损伤，轻者局部发育受阻，果皮变黑，重者发育停滞，直至落果。此期应及时固秧、压蔓，防止风吹滚秧，幼瓜四周的土壤要整细拍平，不留坷垃，最好待瓜长至鸡蛋大小时，在瓜下垫上柔软的麦草或草垫。果实发育中后期，如光照强烈，应采取阴瓜措施，即在瓜上面盖草或牵引瓜蔓为果实遮阴，防止果实直接裸露在阳光下。

六、增施肥水

1. 追肥

特大西瓜植株生长旺盛，养分需要量大，因此在施足基肥的基础上，还要重视追肥的施用。追肥的原则是，轻施提苗肥、酌施伸蔓肥、重施结果肥。

幼苗期根据瓜苗长势酌施少量速效氮肥，目的在于以淡肥促根。在基肥充足、土壤肥沃、幼苗生长健壮时，也可以不施；反之，如果瓜苗弱小时，每 667 平方米可追施尿素 5 ~ 8 千克。另外，当幼苗生长不整齐时，可对弱苗施 "偏心肥"。施肥方法是：在离幼苗基部 10 厘米处，用木棍捅一直径 2~3 厘米、深 10 厘米左右的洞，施入化肥后点水盖土，或将化肥溶于水中，灌入洞内，待水渗下后将洞封住。

西瓜伸蔓后，根据长势情况，一般要追肥一次，目的是促进植株地上部尽快形成较大的群体，为开花、坐果和果实膨大奠定物质基础。此时追肥可用长效有机肥加适量速效化肥。施肥方法：西瓜"甩龙头"后，在地膜前侧、距根部 20~30 厘米处开一宽、深各 20 厘米的沟，每 667 平方米施入充分发酵的饼肥 50~75 千克，另加三元素复合肥 15~20 千克；也可沿植株根际前侧 30 厘米处开深、宽各 20 厘米的弧形沟，将上述肥料施入。施完肥后覆土埋沟。

开花坐果期间为防止瓜秧徒长而影响坐瓜，生产上一般都不追肥。幼瓜坐稳后，是西瓜的迅速吸肥时期，也是瓜个膨大的关键时期，因此，要分期多次追肥。幼瓜鸡蛋大小时，每 667 平方米追施尿素或磷酸二铵 20~30 千克，随水冲施，或开穴追施，浇水后封穴，以后每隔 5~6 天追肥一次，每次每 667 平方米追施三元素复合肥 15~20 千克，随水冲施或穴施后浇水。整个结果期共追肥 4~5 次。结果后期为保证养分吸收和促进果实成熟，可进行 2~3 次叶面喷肥，一般用 0.3% 的尿素和磷酸二氢钾混合液，或专用叶面剂等。喷施时间以上午 8：00 以前或下午 17：00 以后为宜，此时空气湿度较高，营养元素易被植株吸收。

2. 浇水

特大西瓜整个生育期需水量比普通西瓜明显要多，适时、足量、均衡供水是确保西瓜个大、瓜重的重要保证。浇水的原则是，苗期点浇、伸蔓期轻浇、结果期勤浇。

幼苗期视苗情每 5~7 天点浇一次，每次每株浇水 500~1 000 毫升。浇水时间以上午 8：00~10：00 为宜，这样可凭借中午阳光提温。

伸蔓期一般浇水两次即可，在主蔓"甩龙头"后，在地膜前侧开沟缓浇，浸润膜下土壤，生产上一般结合伸蔓期追肥进行。浇水时间最好在上午，浇后暂不封沟，等中午阳光晒暖后下午再封。5~7 天后，主蔓第 1 雌花开放前再浇一次，方法同上，此后 7~10 天适当控水。防止植株徒长，以确保坐瓜。

幼瓜坐稳后，如无明显降水，每 3~4 天浇一水，始终保持瓜畦湿润，方法是顺瓜畦在地膜上普灌，以充足的水分促进果实迅速膨大。6 月下旬以后降水渐多，大雨过后要及时排水，防止渍涝。

七、防病治虫

特大西瓜的生长季节与地膜覆盖西瓜相同，一般在 4 月上旬至 7 月上中旬，病虫害发生特点及防治措施也相近。前期注意预防蝼蛄、蛴螬等地下害虫和预防苗期病害，中后期注意防治炭疽病、疫病、白粉病、细菌性角斑病等叶部病害，最好在伸蔓期喷施广谱性杀菌剂 1～2 次，提前预防，零星发现病叶时及时摘除，带出地外，并马上用药防治，具体用药种类和用量参见"日光温室栽培""大棚栽培"及"双膜覆盖栽培"相关部分。此外，后期注意防治蚜虫及红蜘蛛、病毒病等，确保瓜大质优，正常成熟和收获。

第八节　瓜田立体栽培

西瓜整个生育期较短，其种植的行距又较大，所以是一种非常适合间作套种的作物。在西瓜行间可以间套蔬菜、玉米、棉花、花生等多种作物，在基本不影响西瓜产量的情况下，可多种一季粮、棉或蔬菜，取得瓜棉、瓜粮或瓜菜双丰收。特别是早熟栽培的西瓜，由于收获期早，更有利于种植后茬作物，在黄淮海广大地区可以实现一年三作三收或四作四收。南北各地在西瓜生产中都摸索总结出了不少好的立体高效种植模式，充分利用了光、热、水、气等自然资源，大大提高了土地利用率，增加了农民收入。

一、立体栽培的特点及要求

1. 选择适宜的作物种类和品种

瓜田立体种植应从当地的地理位置、自然条件、土壤肥力、群众消费习惯及水平、个人家庭劳动力状况等情况出发，因地制宜，选择适宜的作物种类，宜粮则粮，宜棉则棉，宜菜则菜，使立体种植模式多样化。不要单纯地追求高效益，盲目种植某种作物，造成"欲速则不达"。如在各种立体种植模式中，西瓜与蔬菜间套作收益较高。蔬菜作物除部分可以加工外，大部分以鲜销为主，蔬菜脆嫩多汁，货架寿命短，如果种植面积较大，上市时间较集中，当地又没有大型批发市场，一时难以销售，会造成蔬菜产品的积压、变质，直接影响经济收入。另外，蔬菜作物栽培管理精细，用工较多，瓜菜间作后，如果家中劳力不足，往往会顾此失彼，"捡不到芝麻，反丢了西瓜"。因此，在远离城镇、人均耕地较多、农业机械化程度较差的地区，不宜大面积发展黄瓜、番茄等成本高、用工多的蔬菜种类，而尽量选择管理较为粗放、用工较少的洋葱、大蒜、出口干用辣椒或粮、棉等。

另外，在进行立体种植时，要考虑到各种作物的生态特征、特性，选择与西瓜生育特点互补的作物种类，合理组合、搭配。各地群众都提出了"一高一矮、一圆一尖、一深一浅、一早一晚、一阴一阳"的搭配经验。西瓜是喜光作物，根系又比较发达，要求在西瓜膨瓜定个前田间保持良好的通风透光条件，所以前期不宜间种高秆作物，而以套作株型较小的甘蓝、马铃薯、菜豆、菠菜、小麦等为好。需要注意的是，一般同科作物需肥、需光特性相同或相近，且易感染相同的病害，原则上应尽量避免西瓜与黄瓜、西葫芦、甜瓜及番茄等有相同病害的作物搭配种植。

瓜田立体种植对作物品种也有一定的要求，在间套作的特定条件下，需要选用具有特定生态类型的品种，才能取得增产增收的效果。立体种植田是一种复合群体结构，在田间几种作物有一段明显的共生期，地上部与地下部交叉生长，环绕光、温、气、肥、土形成一个特定的小生态环境，作物之间，各种因素之间存在着既竞争又促进的状况。品种选择的要求是尽量缩短作物之间的共生期，充分利用整个有利于作物生长的季节。以西瓜为主体的立体种植，春套作物如甘蓝、马铃薯、菜豆等必须选择早熟性好、耐寒、株型紧凑的品种，而西瓜则需具备高产、优质、抗病的特点，并以中早熟品种为宜，后套作物如棉花、玉米等则宜选早熟、高产的品种，栽培上应适当晚播，这样可以缓和共生期矛盾，达到主栽作物与间套作物双丰收。

2. 确定合理的田间群体结构

作物种类品种确定后，合理的田间群体结构是能否发挥复合群体利用生态环境和解决作物间一系列矛盾的关键。田间结构主要包括各种作物的密度、不同作物的行比以及间距等。

（1）确定种植密度。立体种植时确定密度的原则是，一般高秆作物单位面积上的密度高于单作时的密度，矮秆作物密度与单作时相近。当作物有主次之分时，要求主作物的密度不减少或略减少而适当加入副作物以保证主作物的增产优势，达到主副作物双丰收，提高总产和总收益。为了保证间作套种的密度，群众在生产实践中的重要经验是采用宽窄行（大小垄），带状条播或宽行密株的种植形式，做到"挤中间，空两边"。套种时，如套种时期较晚，上下茬作物一般都保持单作时的密度；如套种时期较早，共生期长，作物种植密度则要根据作物种类、品种特性及套种特点进行合理的安排。具体到瓜田来讲，西瓜为主作物，无论是双膜覆盖栽培，还是地膜覆盖栽培或露地栽培，西瓜均按常规密度种植，间作早春速生菜时，行距可按当地一般要求确定，而套作棉花、玉米等高秆作物时，则应适当加大西瓜行距，缩小株距，同时棉花、玉米等种植密度小于单作时的密度。

（2）确定适宜的行比（不同作物所占面积比）。在田间配置时，要考虑到土壤肥力条件、作物的主次、矮秆作物对光照的反应状况以及田间管理等多方面。在高肥力条件下，高秆的主作物往往占有的面积或行比较少，因地力较肥易解决种内的竞争，以便于为矮秆作物创造较多的播种面积；在地力低时，则相反。当以矮秆作物为主时，为改善矮秆作物的受光条件，高秆作物的种植距离应放远一些，采用一穴多株放大穴距的方法或加宽行距单行播种。各作物所占地面的宽度要本着"高要窄，矮要宽"的原则。瓜田间套作其他作物时，西瓜所占行比一般为 60% ~ 70%。

（3）确定合理的间距。一般要求既有利于解决两种以上作物争光争肥水的矛盾，又要适当缩小距离，以最经济地利用土地。影响间距大小的因素，有间作矮作物带或套种作物带的宽窄，有间套作物高度的差异，矮秆作物或套种作物耐荫程度的强弱、套种时间的早晚等。一般间作矮秆作物或套种带宽，对高秆作物的影响小。如矮秆作物耐阴，或套种时间晚，前作对套种作物的影响时间短，间距可适当小一些，反之则应适当大一些。西瓜间作早春矮生速生菜类，二者间距 30 厘米以上即可，而套作棉花、玉米等，则间距应在 1.2 米以上。

3. 采用育苗和地膜覆盖技术

立体种植田复种指数高，接茬较为紧密，为创造良好的田间生长发育环境，适当早播争取早熟，充分利用生长季节和合理安排劳动力，西瓜和早春蔬菜一般需要应用各种育苗技术，采用双膜覆盖或地膜覆盖栽培。这样可以在外界气候条件不适于作物生长的季节，创造适宜的环境来培育适龄的壮苗，一旦外界气候条件适合时便能及时定植，使作物迅速进入营养器官和产品器官的苗壮生长，从而达到争取农时、省种、省肥、早熟、丰产的目的。同时也有利于应用生育期较长而增产潜力较大的品种，提早播种，"以中代早"，增加产量。有关育苗技术和地膜覆盖技术前面已有述及，在此不再赘述。

4. 增加施肥总量，注意轮作换茬

立体种植的结果，提高了复种指数，挖掘了土壤的增产潜力。但不同熟制对土壤中有机质和肥料成分的积累和消耗是不同的。一般立体种植后，各种作物对肥水要求更加强烈，特别是对磷肥需求增加。据试验，一般全年间套作物要比单一作物用肥量增加一倍左右，并随间套作物不同而有所差异。以西瓜为主作物的立体种植田，施肥总量应比西瓜单作增加 50% ~ 70%。如果施肥量不足，则会造成地力下降，影响作物产量和收益。各地的生产实践表明：多种豆类，秸秆还田，增施有机肥和磷钾肥，并视间套作物不同和生育期差异，做到有轻有重，用土和养地结合，就能不断维持和提高土壤肥力，达到持续增产的目的。

发展立体种植的同时，更要注意轮作换茬，这不仅是由于不同熟制对地力的消耗和对不同土壤养分的吸收利用不同，还由于不同作物和熟制受病、虫、杂草的为害不同，成熟期早晚不同。西瓜长期连作容易感染枯萎病，并发生连作障碍，使产量降低，品质下降。另外，西瓜与需磷、钾肥较多的作物长期间套作，则会造成土壤中主要养分亏缺，引起地力下降。俗话说"换茬如上粪"，适当轮作换茬，可以减轻各种病虫害发生，实现用地和养地结合。一般瓜田需轮作 6 年以上，若水旱轮作年限可适当缩短。

5. 合理使用农药，减轻污染

立体种植后，作物种类增加，病虫害发生复杂，防治好病虫害是确保高产优质的重要措施。因此，一要注意预防为主，把病虫控制在初发阶段，防止其传播和蔓延；二要注意及时、合理用药。西瓜是入口作物，要按照无公害西瓜的生产要求，多选用生物农药或高效低毒低残留的农药，防止污染。

防治病虫害应以预防为主，采用综合防治措施。栽培上通过深翻土壤、种子消毒、培育壮苗、中耕除草、清洁田园、调节播期和茬口、合理施肥浇水等措施，为西瓜及其间套作物提供最适宜的生长条件，以增强其抗逆性或使其避免病原物和昆虫的侵害；同时，创造不利于病虫生长、发育、繁殖和传播的环境，使病虫的生育受到抑制，从而制止或减轻病虫害的发生和蔓延。在防治技术上，从实践来看，应当多采用生物防治措施，尽量利用天敌控制虫害（如利用七星瓢虫、草蛉、华姬春等防治蚜虫、棉铃虫、烟青虫等），选用保护性、无公害的生物农药防治病害，减少喷药次数。选用低毒、低残留高效化学农药配伍，严禁使用剧毒及高毒农药。在用药方法上，以涂茎、抹顶、注射代替喷雾等措施，农药残留问题基本上可以得到解决。

二、主要栽培模式

1. 小麦—西瓜

麦田套种西瓜是一种成功的立体种植形式，北方许多省市自治区均有应用，一般每667平方米产小麦300～400千克，西瓜3 000千克。

种植规格：

1.8～2.0米一带，6行小麦，1行西瓜。小麦行距18～20厘米；西瓜行距1.6～1.8米，麦瓜间距40～50厘米。

栽培技术要点：

（1）精心整地施肥。西瓜的根系具有明显的好气性，要求有通透性能良好的土壤条件，除尽量选择壤土、沙壤土种植外，在秋季要深翻细耙。西瓜和小麦均是需肥量较大的作物，要施足基肥。可于小麦播前每667平方米撒施土杂肥4 000～5 000千克，三元素复合肥40～50千克，浅耙一遍，使肥、土混匀。小麦收获前20天左右再在预留空畦中开沟施肥。具体做法是：开宽20厘米、深15厘米的施肥沟，顺沟撒施优质圈肥或其他有机肥，每667平方米2 500千克，可对施腐熟饼肥50～100千克或尿素25～30千克。小麦的单位面积穗数越多，施肥时间越要提前，从返青到灌浆均可进行。

（2）适时播种，一播全苗。小麦按当地适宜播期播种，尽量选晚播早熟的品种，每6行小麦，留一空畦，畦宽80厘米。麦田套种西瓜，西瓜幼苗处在温度较高、空气不够流畅的麦行内，瓜苗往往生长瘦弱，伸蔓早，无明显的团棵期。因此，瓜苗与小麦的共生期不宜过长，一般以在麦收前20天左右播种为宜，北方地区多在5月上中旬。西瓜要选用果皮坚韧、遇雨不易裂果、抗炭疽病、病毒病能力强、优质、高产的中熟品种。种子要精选，并用40%甲醛200倍液浸泡种子30～60分钟或用0.1%的升汞液浸种10分钟，清水洗净后置于30℃下催芽，种子露白即可播种。为保证适墒下种，出苗齐全，可结合小麦浇灌浆水或雨后抢墒播种。播种时在空畦施肥沟一侧按60厘米的株距开穴，每穴播2粒有芽的种子，覆土厚2～3

厘米。

有地下害虫或老鼠危害的地块，结合播种，在穴内撒施辛硫磷颗粒或毒饵诱杀。

（3）加强苗期管理。麦田套种的西瓜，出苗快，发育早，一般播后2~3天即出苗，7~9天进入三叶期，并开始"甩龙头"，十几天后瓜蔓就能长到20~30厘米。因此，应及时进行苗期管理。第2片真叶展开后间苗。伸蔓后，为了防止瓜蔓上的卷须缠绕麦秆，要及时用竹竿或树枝将已伸长的瓜蔓拨向垄侧，即将瓜蔓引向顺垄方向，已缠绕上麦株的卷须要剪断。为早倒茬便于西瓜幼苗生长，小麦蜡熟期就应抓紧时间人工收割。小麦收割时要仔细，并尽量避免踩伤瓜苗或割断瓜蔓。小麦收后抢时间灭茬，小麦的根茬要留在畦内。在原来的空畦两侧各挖一条深15厘米、宽15厘米的排灌水沟，将挖出的土填在坐瓜畦上，使其成为前高后低的斜坡。对个别生长瘦弱的幼苗可施"偏心肥"，在植株一侧10厘米处扎孔，每株施尿素10~15克。浇水后用土封好。适时划锄保墒和除草。

（4）铺草顺蔓。麦田套种的西瓜不需整枝压蔓，但铺草顺蔓的措施必不可少。具体做法：瓜畦开沟后，将已脱粒的麦草铺到坐瓜畦上。每667平方米铺500~600千克麦草，厚5~6厘米，将全部畦面盖严，越严越好，盖后再用铁锨拍平或用脚踏平，最好借麦茬将麦草固定，以防风吹草动。铺草后定苗，每穴选留1株健壮幼苗，其余瓜苗从基部剪断。选3条健壮瓜蔓引向坐瓜畦顺好摆直，让卷须缠绕麦草固定并伸展。使其余瓜蔓在麦垄（空畦）位置横向伸展，用以遮盖畦面，防止杂草丛生。

（5）坐瓜护瓜。主蔓11~15片叶时，主蔓上第3或侧蔓上第2雌花已出现，开花时只要天气好，每株会有几朵雌花可同时授粉坐瓜。开花期遇雨时用纸帽套袋授粉，2~3天后及时摘除。为了保证每株只结一个大瓜，其他幼瓜要及时摘掉，选留的幼瓜要果形周正，颜色鲜亮，果柄粗壮，同时幼瓜下面要有麦草铺垫，裸露的地方要重新盖好。进入膨瓜期，可将幼瓜前面的瓜蔓折回盖在幼瓜上，以防幼瓜遭雨淋和日晒。夏季植株生长快，长势较难控制，坐瓜期也很不集中，不同时间坐的瓜要做好标记，以便适熟采收。

（6）病虫害防治。麦田套种的西瓜生长在高温多雨及病虫害盛发期。对各种病虫害的防治要以栽培措施和预防为主、药剂防治为辅。小麦收获后，麦田易受棉铃虫和黏虫危害，可用辛硫磷乳油或棉铃宝防治；进入雨季，西瓜炭疽病、霜霉病和病毒病会同时发生，在未发病前，可喷施1~2遍50%的多菌灵、50%的甲基托布津或75%的百菌清500~1 000倍液；在田间管理上，从坐瓜到成熟，除了顺蔓护瓜和喷施1~2次农药外，要尽量减少田间作业次数，避免人为造成伤口或传播病害。另外，瓜田铺草也是一项防病虫害的有效措施。

（7）适时采收。麦套西瓜发育快，成熟早，生育期一般可比春播缩短10~15天，果实发育期可比春播西瓜提前5~7天。西瓜到八成熟时，瓜瓤颜色鲜艳、水分充足，已具备良好的食用价值，若继续生长，裂瓜增加，因此，应及时采收。采收时要按照坐瓜先后的标记分批采摘，并轻拿轻放，以防破损。一般情况下，5月中旬套种的西瓜，7月下旬至8月上旬可陆续采收完毕。此后稍加贮藏，可持续供应到9月、10月，而且此时正是北方西瓜供应淡季，麦套西瓜正是补淡的好茬口。

2. 小麦—西瓜—菠菜

小麦套种夏西瓜，西瓜收获后种一茬秋菠菜，一年三作三收，不仅可以充分利用地力、温光及空间与时间，提高复种指数，还有效地解决了粮、瓜、菜争地的矛盾，提高了经济效益。这种模式在山东、河北、河南等地广泛应用，一般每667平方米产小麦300~400千克、西瓜3 000~3 500千克、菠菜2 500千克。

种植规格：

1.8米一带，上一年秋种6行小麦，行距20厘米，留空畦80厘米，可种一茬越冬菠菜。冬菠菜收后，于5月中旬套种1行西瓜，株距40~50厘米。西瓜于7月下旬至8月上中旬收获后，整地做2米宽的畦，点播秋菠菜，行距20厘米，株距6~8厘米。

栽培技术要点：

（1）选用优质高产品种。小麦选用优质高产专用小麦，如济麦19、济麦20等。西瓜选用中熟、优质，抗病品种，如黑龙宝、科优21等。菠菜可选用适于加工出口的品种，如我国香港地区的多利牌全能菠菜，该品种具有生长快、株型直立、叶片肥厚、色泽浓绿的特点，非常受日本、韩国客商欢迎。

（2）整地施肥。选择有机质丰富、土质肥沃、保水保肥性能好的土壤。按当地适宜播期播种小麦。播前每667平方米施优质腐熟的圈肥4 000~5 000千克，尿素20~30千克，过磷酸钙50~75千克，硫酸钾20~30千克。另外，还可适当使用硼砂、硫酸锌等微肥。深耕细耙、整平地面，播种小麦和越冬菠菜。翌年 3 月中旬至 4 月上旬越冬菠菜陆续收获，稍加翻松，5 月上旬，在空畦内每 667 平方米施二铵 30 千克，优质饼肥 100 千克，开沟施入，结合浇水，也做小麦灌浆水。然后直播西瓜。8 月底至 9 月初播种菠菜时，每 667 平方米施三元素复合肥 40 千克、尿素 20～30 千克。

（3）苗期管理。西瓜出苗后及时划锄，防止地面板结。其他管理同"小麦—西瓜"模式。

（4）麦后管理。小麦收割后，及时灭茬，并追施催蔓肥。每 667 平方米施尿素 8～10 千克、硫酸钾 10 千克。天旱时及时浇水。采用一主二副三蔓整枝法。主蔓第 2 雌花开放后及时进行人工授粉，若遇阴雨天，应采取套袋等护花护瓜措施。西瓜鸡蛋大小时视植株长势追施膨瓜肥，每 667 平方米可追施三元素复合肥 30～40 千克。果实八、九成熟时适时采收。

（5）秋菠菜管理。8 月中下旬，西瓜收获拔秧后，及时清洁田园，浅耕细耙，整平地面做畦，直播菠菜。每 667 平方米用种 0.75 千克，采用点播法，穴距 6～8 厘米，播种深度 2～3 厘米，播后浇水。在菠菜生长期，要始终保持土壤湿润，以利菠菜快速生长。播后 45 天左右，当菠菜长到 25～35 厘米、叶片无病斑、虫洞，新鲜嫩绿，符合出口标准时，即可采收。

3. 小麦—小萝卜—西瓜

小萝卜生育期短，植株矮小，是良好的间作作物。在麦瓜两熟的基础上，利用麦行间的空畦，抢种一茬早春速生小菜，是充分利用地力、增加经济收入的好形式。可增收小萝卜 800 千克。

种植规格：

1.8 米一带，6 行小麦，4 行小萝卜。小麦行距 20 厘米，小萝卜行距 10 厘米，萝卜、小麦间距 25 厘米。小萝卜采用地膜覆盖栽培，收获后移栽 1 行西瓜。

栽培技术要点：

（1）小萝卜适期早播，覆盖地膜。小麦播前整地时连同预留空畦一起整好，做成平畦，施足基肥。春季气温低而不稳，小萝卜播种过早，容易引起未熟抽薹；但播种过晚，占地时间长，会延误西瓜播种或定植。一般在当地化冻后开始播种，华北地区多在 3 月中下旬。小萝卜选用生育期 40～50 天的四缨或五缨品种。播前 3～5 天覆盖幅宽 80 厘米的地膜提温，采用小拱棚式空盖法。播种选"冷尾暖头"的晴天进行。先揭开地膜，按预定行距开沟，然后撒播种子。小萝卜播种深度约为 1.5 厘米左右，不宜过深。

（2）小萝卜争取早熟，西瓜阳畦育苗。小萝卜播后要加强管理，幼苗出土、子叶展平后，要及时间苗，一般间苗 2~3 次，长足 4~5 片叶时定苗，保持植株间距 10 厘米左右。随着外界气温的升高，要注意能风炼苗，可每隔 40 厘米左右支一通风口，也可在膜上扎孔放风。小麦浇返青水和拔节孕穗水时，暗润小萝卜。若基肥不足、地力较差时，可在萝卜肉质根膨大时期追施速效化肥，每 667 平方米施用磷酸二铵 8~10 千克。西瓜于 4月上旬采用阳畦营养钵育大苗，营养钵直径 10 厘米以上，培养具有 5~6片真叶的适龄壮苗。

（3）一膜两用，西瓜适时移栽。4 月下旬以后，小萝卜肉质根直径 3厘米以上时，陆续采收，5 月上旬采收完毕。将地膜揭开中耕松土，然后平铺在畦面上。5 月中旬在膜上按 40~50 厘米的株距开穴，移栽瓜苗。3~5 天在膜前开沟浇缓苗水。中后期管理同麦瓜两熟。

4. 小麦—西瓜—玉米—白菜

小麦、西瓜、玉米、白菜四熟是一种潜力较大、耗肥较多的立体种植形式，适于在人多地少、土壤肥沃的地区应用。但因接茬紧密，土壤耕作、施肥不便，因此，不能作为主要熟制而长期连作，应与其他熟制轮作，以维持土壤肥力。此模式一般每 667 平方米收小麦 200~250 千克，西瓜2 500~3 000 千克，玉米 400~500 千克，大白菜 3 000~4 000 千克。

种植规格：

1.8 米一带，秋种 6 行小麦，行距 20 厘米，预留 0.8 米的空畦，春移栽 1 行西瓜；小麦收获后贴茬点播 2 行玉米，小行距 50 厘米，与西瓜间距1 米（与前畦西瓜间距 30 厘米）；西瓜收获后，移栽 2 行大白菜，行距 50厘米，与玉米间距 40 厘米。

栽培技术要点：

（1）选用良种。小麦要选用矮秆、抗倒伏、晚播早熟的高产品种；西瓜选用优质、丰产、抗病性强的中早熟杂交种；玉米品种要具备早熟、高产、株型紧凑、叶片上冲、苗期耐阴性强等特点；白菜可以根据当地的食用习惯选用高产、抗病的中晚熟品种。

（2）熟熟争早，适期早播早栽。土壤冬前深翻细耙，每 667 平方米撒施优质土杂肥 5 000~6 000 千克。小麦于秋分前后适期播种。3 月下旬采用阳畦营养钵育西瓜苗，5 月上旬将空畦中间深翻一锹，每 667 平方米条施腐熟饼肥 100～150 千克，复合肥 30 千克，将肥、土混匀，然后移栽瓜苗。6 月上旬收割小麦，此时西瓜已进入开花坐果期。小麦收获后贴茬点播 2 行玉米，行间开沟条施基肥。西瓜果实发育期，玉米处在幼苗期，7 月上旬西瓜收获拉秧，玉米开始进入旺盛生长期，将麦茬铲除，瓜畦内中耕松土，8 月中旬移栽白菜。

5. 西瓜—芸豆—玉米

芸豆又名菜豆，是一种适应性比较强的豆类作物，我国从南到北都有栽培。华北地区盛行芸豆与其他作物间作。采用该模式，一般每 667 平方米产西瓜 3 000 千克，芸豆 600 千克，玉米 350～450 千克。此模式要求有水浇条件和较高的地力水平。

种植规格：

1.8 米一带，大小垄种植。大垄宽 90 厘米，4 月初地膜覆盖直播 2 行芸豆；小垄宽 50 厘米，4 月中旬移栽 1 行西瓜。6 月中旬芸豆拔秧后，种 2 行玉米。

栽培技术要点：

（1）整地施肥，起垄种植。冬前撒施优质圈肥 3 000 千克，磷肥 50 千克，深耕 25 厘米以上，冻土晒垡。早春土壤解冻后，细耙一遍，按 1.8 米的行距控深、宽各 50 厘米的瓜沟，每亩沟施圈肥 2 000 千克，腐熟饼肥 100 千克，回填土时注意不要打乱土层，然后浇水造墒，沉实土壤。3 月底在瓜沟上起垄包肥，垄宽 50 厘米，高 8～10 厘米，垄内包施尿素 15 千克，磷肥 40 千克，钾肥 10 千克，然后覆盖幅宽 60 厘米的地膜。在西瓜垄之间起 90 厘米宽的芸豆播种垄，垄面覆盖 90 厘米宽的地膜。芸豆于 4 月初在地膜上打孔播种，播种深度 2～3 厘米。每垄 2 行，行距 80 厘米，穴距 30 厘米，每穴 3～4 粒，每 667 平方米约 2 400 墩。西瓜于 3 月中旬浸种催芽，营养钵阳畦育苗，4 月中旬打孔移栽，株距 40 厘米，每 667 平方米 900 株左右。

（2）芸豆加强管理促早熟，玉米抢茬播种。芸豆要选用抗病性强、播后 50 天左右开始采收的矮生型品种（即地芸豆）。为使种子提早出苗，可在播前用 30℃左右的温水浸种 1～2 小时，以保证苗齐苗壮，并能避免地蛆为害。出苗后及时破膜放苗，并进行查苗补苗。苗期以营养生长为主，宜控制水分，适当蹲苗，促使根系生长，但蹲苗期不宜过长，以 10～15 天为宜。开花坐荚以后，植株进入旺盛生长期，需水较多，一般幼荚 3～4 厘米时开始浇水，3～5 天浇一水。浇水可顺两垄间的沟进行暗浇，既浇芸豆，又润西瓜。地芸豆结荚早，不易徒长，应在结荚前早施追肥，促进植株生长发育，提高产量，可在初开花时每 667 平方米追施复合肥 20 千克，尿素 10 千克。芸豆花后 10～12 天及时采收，6 月上旬全部收获拔秧。夏至前 6～8 天按 40 厘米的行距在大垄前侧点播 2 行玉米，株距 20 厘米，每 667 平方米 4 000 株，选用早熟、高产的品种。

（3）精细管理西瓜，减轻对玉米的影响。玉米播种较晚，应当采取措施调节西瓜的生长，减轻瓜秧对玉米幼苗的覆蔽。西瓜蔓长 60 厘米左右时盘条，双蔓整枝，即将主蔓和基部一条较长、健壮的侧蔓分别向瓜垄后侧绕成半圆形，再引向前方，这样可使主、侧蔓头部保持齐平，长度相应缩短。西瓜开花后，选留第 2 雌花坐瓜。6 月上中旬，西瓜坐住瓜，可在瓜前留 12～15 片叶打顶。西瓜收获后，玉米合理施肥、浇水，促进生育。

6. 菠菜—甘蓝—西瓜—玉米—白菜

此模式是山东淄博以西瓜为主体独创的立体种植形式。一般每 667 平方米产菠菜 300 千克，甘蓝 500～750 千克，西瓜 3 500 千克，玉米 350～400 千克，大白菜 5 000～6 500 千克。

种植规格：

1.7 米一带，秋挖宽 40 厘米的瓜沟，在沟间整 80 厘米宽的畦面，在畦面上撒播菠菜。3 月上旬收菠菜后，定植 2 行甘蓝，行株距均为 30 厘米，每 667 平方米栽植 2 500～2 600 株；3 月底将瓜沟整平做畦，在瓜畦中间定植 1 行西瓜，株距 45 厘米。每 667 平方米 800～900 株。5 月中旬甘蓝收获后点播 2 行玉米，小行距 40 厘米，大行距 130 厘米，株距 20 厘米，每 667 平方米 4 300～4 400 株。西瓜拉秧后，8 月上旬在玉米大行间起垄种 2 行大白菜，垄距 80 厘米，株距 40 厘米，每 667 平方米 2 000 株左右。

栽培技术要点：

（1）菠菜覆膜，一膜三用。菠菜 10 月中旬播种后用幅宽 90～100 厘米的地膜覆盖。翌年 2 月下旬至 3 月上旬采挖菠菜，然后浅翻整畦，定植早熟甘蓝，定植后立即用覆盖菠菜的地膜做拱棚式覆盖。3 月下旬在瓜沟内每 667 平方米施圈肥 3 000～5 000 千克。磷酸二铵或复合肥 20 千克，与沟土混匀，整平做畦，定植瓜苗，将覆盖甘蓝的地膜翻转 180°，按 45 厘米的株距在膜上打孔，将地膜平铺在瓜畦上，将瓜苗放出膜外。然后再加盖小拱棚，成为双膜覆盖。

（2）甘蓝、西瓜双育苗。甘蓝于12月下旬至1月中旬采用阳畦育苗。选用早熟、紧凑型品种。西瓜于2月下旬采用电热温床或火炕育苗，不同育苗阶段控制不同的温度（表6），同时适当补水和补肥，以培育壮苗。

表6　西瓜不同育苗阶段床温的控制　　　　　　　　　　（单位：℃）

生育阶段	日温（℃）	夜温（℃）	管理要点
播种—出土	25～32	17℃以上	加厚不透明覆盖物，晚揭早盖
出土—破心	20～25	12～14	25℃放风、20℃关风
破心—三叶期	25	14～18	28℃放风、22℃关风
三叶期—栽前1周	20	12～10	早揭晚盖，加大放风量
栽前1周—定植	20～18	10	大敞大晾，低温锻炼

（3）精细管理。甘蓝定植后在两行中间开沟施入速效氮肥，每667平方米施尿素10～15千克。结合浇水。4月中下旬收获。西瓜定植后以防寒保温为主。缓苗后适当揭膜放风，防止烤苗。覆盖期间浇水以点浇为主，也可在膜前开沟浇小水。团棵时开沟追肥，每667平方米施入腐熟饼肥75～100千克，并加入尿素4～5千克。4月上旬至5月上旬，植株第2雌花开放时，及时揭膜进行人工授粉，以保证坐果。立夏前后撤除小拱棚。此后要加强肥水管理和病虫害防治，争取西瓜丰产。玉米前期的管理与西瓜结合进行，7月上旬西瓜拉秧后，增施肥水。后期管理同一般栽培。

7. 小萝卜—马铃薯—西瓜—玉米—豆角—菜花—菠菜

此模式是山东海阳县创造的一种多熟制立体种植形式。一般每667平方米产马铃薯1000千克，萝卜800千克，西瓜2500～3000千克，玉米350千克，豆角100千克，菜花1500千克，菠菜500千克。此模式经济效益较高，但接茬紧密，用工较多，要求有较高的土壤肥力水平和良好的水浇条件，适于在人多地少的地区和城市近郊区应用。

种植规格：

采用4米大条带大小畦种植方式。小畦宽1.4米，春季覆膜种6行小萝卜，行距15厘米；收萝卜后移栽2行西瓜，小行距60厘米，株距45厘米，调角种植，双向爬蔓，每667平方米栽植700株左右；西瓜拉秧后种4行菜花，行距45厘米，株距45厘米，每667平方米1480株。大畦宽2.6

米，春覆膜栽 8 行马铃薯，行距 30 厘米，株距 30 厘米，每 667 平方米栽 4 400 株，收马铃薯后，在中间种 2 行玉米，小行距 40 厘米，株距 15 厘米，667 平方米栽 2 200 株，玉米小行外各带 1 行豆角，株（墩）距 40 厘米，每 667 平方米 800 墩左右。玉米收获后撒播菠菜。

栽培技术要点：

（1）根据播种期的早晚选用相适应的作物品种。马铃薯选用早熟矮秧者，小萝卜选用五缨品种。玉米和西瓜均应选用早熟丰产的品种。豆角选用矮生型品种，菜花选用生育期 100 天左右的中熟丰产品种。

（2）精细整地，加大投入。土壤封冻前要精细整地，并在不打乱土层的基础上按东西向挖好宽 80 厘米、深 40 厘米的西瓜丰产沟，以加厚活土层。七种七收耗肥较多，必须加大投入，培肥地力。每 667 平方米施肥总量为：土杂肥 5 000 ~ 6 000 千克，纯氮 70 千克，五氧化二磷 24 千克，氧化钾 15 千克。土地耕翻前撒施有机肥总量的 60%，磷肥总量的 50%，挖瓜沟时，沟内施入有机肥总量的 40%，化肥总量的 20%。平好瓜沟后，全田冬灌增墒，以利早春足墒播种。

（3）采用育苗和薄膜覆盖技术。小萝卜和马铃薯均于 3 月上旬播种，采用地膜覆盖。小萝卜实行拱棚式覆盖法，待长出 3 ~ 5 片叶，气温稳定在 5 ~ 7℃时，放苗出膜。小萝卜和马铃薯分别于 4 月底和 5 月底收获。西瓜于 4 月初采用阳畦营养钵育苗，5 月上旬定植。菜花在 7 月上旬采用露地小高畦育苗，8 月中旬移栽。

（4）加强田间管理。马铃薯于初花期、西瓜于膨瓜期、玉米大喇叭口期、菜花莲坐期各重施一次追肥。根据各种作物的需水特点适时、适量浇水或中耕。西瓜伸蔓后，使其均向大畦中爬蔓，及时压蔓、整枝和授粉护瓜。

（5）及时防治病虫害。马铃薯结薯期适时喷药防治马铃薯疫病、环腐病等；西瓜从伸蔓开始就应加强对炭疽病、白粉病等的防治；进入高温季节后注意防蚜，预防病毒病的发生，后期注意查治玉米螟。

8. 小麦—菠菜—西瓜—花生—萝卜

以小麦、西瓜为主体进行多种作物的间套作，各地都进行了不少探索。山东省五莲县自 1995 年开始开展了小麦、西瓜、菠菜、花生、萝卜的多作物间套作模式栽培试验，取得了成功，并已在山东临沂、日照等地较大面积推广应用。该模式一般每 667 平方米产小麦 300 千克、西瓜 3 000 千克、花生 200～250 千克、菠菜 1 500～2 000 千克、萝卜 2 500～3 000 千克。

种植规格：

2.4 米为一种植带，采用大小畦种植，大畦宽 1.6 米，种植小麦、花生；小畦宽 0.8 米，种植菠菜、西瓜和萝卜，垄宽 15 厘米。上年在大畦内秋播 8 行小麦，9 月底 10 月上旬在小畦内条播或撒播菠菜。小麦播前每 667 平方米施优质圈肥 5 000 千克、尿素 50 千克、过磷酸钙 50 千克、硫酸钾 20 千克，深耕细耙。翌年 3 月中旬菠菜收获后，将小畦深翻，每 667 平方米施优质圈肥 4 000 千克、三元素复合肥 40～50 千克，整平地面，5 月上旬播种 1 行西瓜，株距 50 厘米。5 月中旬于小麦行中套种 6 行花生，株距 30 厘米，每 667 平方米 5 500～6 000 墩。7 月下旬西瓜收获，于 8 月上旬播种 3 垄萝卜，株距 25 厘米，每 667 平方米种 4 000 株。

栽培技术要点：

（1）小麦。选用单株生产力高、抗倒伏能力强、大穗、大粒、优质、丰产的小麦品种，按当地适宜播种期播种，保证一播全苗。追好返青、拔节肥，浇好越冬水、挑旗水和灌浆水。及时防治病虫害，确保小麦高产。

（2）菠菜。选用高产优质的日本大圆叶菠菜，适时播种，出苗后及时间苗，浇好越冬水，叶面喷施 0.3% 尿素液 1～2 次，使叶大肥嫩，春节前后陆续采收上市。

（3）西瓜。菠菜收获后将小畦翻起，并施足基肥。选用抗病性强、优质、丰产的中熟品种，5 月上旬催芽播种。出苗后及时中耕松土，西瓜"甩龙头"后，在距根部 20 厘米处挖环状沟，每 667 平方米施腐熟饼肥 25～30 千克、尿素 20 千克及硫酸钾 10 千克，覆土后浇水。采用一主一副双蔓整枝法，主蔓第 2 或第 3 雌花留瓜，授粉后做好标记，雨季授粉注意采取护花护瓜措施，采用明压法压蔓。幼瓜长到鸡蛋大小时追膨瓜肥，在二株西瓜间开穴施肥，每 667 平方米施三元素复合肥 30～40 千克。坐瓜后叶面喷施 0.3% 磷酸二氢钾 2～3 次。当瓜拳头大小时，将瓜下部地面整成斜坡形小高台，将瓜顺直平放在上面，遇连阴雨天时在瓜下垫一草圈，防止地面潮湿烂瓜或虫咬伤瓜。瓜即将成熟时用草或瓜秧阴瓜，以防日烧。采取预防措施，及时防治各种病虫害。7 月上中旬根据果实成熟情况适时采收。

（4）花生。选用耐阴性好、中熟或早中熟的高产鲁花 9 号、鲁花 10 号良种，于 5 月中旬适时套种，结合浇小麦扬花水开沟播种，播后用"812"

粉剂 0.5 千克掺土盖种，防治地下害虫。小麦收割时，尽量少践踏花生。后期管理同一般栽培。

（5）萝卜。选用高产优质抗病的鲁萝卜 1 号和鲁萝卜 3 号良种，8 月 10 日前后播种，播后起垄。栽培管理同一般萝卜。

9. 西瓜—棉花

棉瓜间作是实现棉花、西瓜双扩双增、提高土地利用率，增加农民收入的重要途径之一。此种模式棉、瓜共生期短，田间通风透光良好，"棉花不减产，西瓜是白捡"，每亩比单作可增收 800 ~ 1 000 元。

种植规格：

1.8 米一带，种 1 行西瓜，2 行棉花。西瓜采用地膜覆盖栽培，行距 1.8 米，株距 40 ~ 45 厘米，每亩 850 株左右；棉花小行距 50 厘米，大行距 1.3 米，株距 25 厘米。每 667 平方米 3 000 株左右。

培技术要点：

（1）选用良种。棉花品种选用优质、抗虫、早熟性较好优良品种，如中棉 42、中棉 45、99B 等；西瓜品种选用高产优质的德龙宝、科优 21、花龙宝、黑巨冠、早熟丰一等。

（2）整地施肥。早春按预定行距挖好瓜沟，瓜沟深 30 ~ 40 厘米，熟土（20 厘米耕层土）、生土分放两侧。瓜沟挖好后，晾晒 7 ~ 10 天。播种前半月左右，向沟内普施厩肥 4 000 ~ 5 000 千克，或腐熟鸡粪 3 000 千克，另加三元素复合肥 40 ~ 50 千克，然后将熟土填入，与肥料混匀。整平做成锯齿形瓜畦或龟背畦。整好畦后，浇水造墒。播前 3 ~ 5 天盖膜提温。

（3）适期播种。西瓜的适宜播期在当地气温稳定在 10℃ 以上时为宜，一般在 3 月底 4 月初。播前 2 ~ 3 天浸种催芽。播种时揭开地膜，采用穴播法，每穴播 2 粒有芽种子，覆土厚 1.5 ~ 2.0 厘米。播后将地膜改为小拱棚式覆盖。棉花播期可比正常春播延迟 5 ~ 7 天，以 4 月中下旬播种为宜，尽量缩短棉花与西瓜的共生期。

（4）加强管理，培育壮苗。西瓜幼苗出土后，应及时揭膜放风，防止烫苗和幼苗徒长。随着外界温度升高，逐渐扩大或增多通风口。4 月下旬外界气温稳定在 20℃ 以上时，选晴朗无风的上午将瓜苗放出膜外，再把地膜平铺在瓜畦上，破土处用土封严。

（5）整枝压蔓，人工授粉。棉瓜间作西瓜一般采用双蔓整枝法，即只留主蔓和一条生长健壮的侧蔓，其余侧枝全部去掉。压蔓采用阴压法，即用带杈的细树枝或棉柴插入地下卡住秧蔓，或用土块压住秧蔓，使其固定，防止风吹滚秧。开花坐果期为保证坐瓜整齐，于每天7：00～9：00进行人工授粉。每株留一个瓜。棉花7月下旬打掉顶心，8月中旬打边心使棉株长成小宝塔形。

（6）追肥浇水，防治病虫。西瓜植株伸蔓后，根据天气及土壤墒情适当浇水。幼瓜鸡蛋大小时，每667平方米施三元复合肥30～40千克，在地膜前20厘米处开沟施入，兼作棉花蕾肥，结合浇水一次。果实碗口大小时，每667平方米施三元复合肥40千克，分别开沟施于膜前和棉花小行间。膨瓜期如天气较干旱，应5～7天浇1次水。西瓜采收前一周停止浇水。西瓜坐瓜后根据植株生长情况适时喷药防病；7—8月份棉花上注意防治蚜虫和红蜘蛛等。正常天气条件下，西瓜于6月底7月初可收获上市，每667平方米产量可达3 000～4 000千克。西瓜收获后，棉花按正常管理进行。

10. 小麦—棉花—西瓜

此模式在山东、山西、河北等省均有采用。一般每667平方米产小麦250千克，西瓜2 500千克，皮棉80千克。

种植规格：

2米一带，秋种6行小麦，行距20厘米，占地1米；空畦内春种1行西瓜，株距45厘米，每667平方米740株，2行棉花，小行距40厘米，株距25厘米，每667平方米留苗2 500株。瓜麦间距20厘米，棉瓜、棉麦间距也为20厘米。

栽培技术要点：

（1）小麦、西瓜均选用早熟品种；棉花选用中熟品种。

（2）棉花、西瓜双覆膜。3月上旬将小麦行间空畦翻起，每667平方米撒施圈肥3 000～4 000千克，磷肥40千克，并在种植西瓜的位置开20厘米深的沟，每667平方米施腐熟饼肥75～100千克，然后整平做畦，用幅宽90～100厘米的地膜，整个将空畦覆盖。3月底4月初，在距地膜后侧20厘米处破膜开浅穴，将催芽的西瓜种子播下，播后覆土厚度1.5厘米。4月中旬分别在西瓜前侧20厘米和60厘米处，打孔播种2行棉花。

（3）西瓜、棉花出苗后要及时查苗、补苗。西瓜苗期点浇催苗水，结合浇水每667平方米施尿素4～5千克。以后的肥水管理与小麦结合进行。麦收后西瓜进入结果期，早培急管是西瓜早熟丰产的关键。此时可在瓜苗后侧开沟施肥，每 667 平方米施磷酸二铵 15～20 千克或复合肥 20 千克，结合浇膨瓜水。西瓜采收后，棉花处在花铃期，重施追肥，每 667 平方米追施尿素 10～15 千克或复合肥 20 千克。及时喷助壮素和摘心，控制株型，打好丰产架子，增加霜前花量。

11. 小麦—菠菜—棉花—西瓜—菠菜

此模式每 667 平方米产小麦 250 千克，皮棉 60 千克，西瓜 2 000～2 500 千克，两茬菠菜可收获 1 500 千克。

种植规格：

2.66 米一带，秋种 9 行小麦，行距 20 厘米，占地 1.6 米，余下的 1.06 米空地撒播菠菜。翌春菠菜收获后播种 2 行棉花，行距 50 厘米，株距 20 厘米，每 667 平方米 2 500 株，在 2 行棉花中间移栽 1 行西瓜，株距 40 厘米，667 平方米苗数 625 株。西瓜采收后，在棉花大行间再撒种秋菠菜。

栽培技术要点：

（1）地膜冬盖菠菜，菠菜收后再盖棉、瓜。小麦播种时同时整好菠菜畦，畦宽 90 厘米左右，灌水洇畦撒播菠菜，播后用幅宽 100 厘米的地膜覆盖。翌年 3 月底菠菜全部收完后，及时浅翻整地，结合浇小麦返青拔节水浇足底墒水，4 月初播种棉花，4 月中旬在棉花行间膜上打孔移栽西瓜。

（2）西瓜阳畦育苗。西瓜于 3 月上旬采用阳畦营养钵育苗，苗期控制合适的温、湿度，培育出具有四叶一心的适龄壮苗。

（3）精培细管。减轻相互间的影响。小麦合理施肥、浇水，蜡熟期适时采收。西瓜定植后，及时浇缓苗水，追催苗肥。开始伸蔓时在两株中间打孔；穴施追肥，每 667 平方米施腐熟饼肥 50～75 千克或复合肥 20～35 千克。第 2 雌花开花后及时进行人工授粉。采用双蔓整枝、明压法压蔓（即用坷垃或树枝将秧蔓压住或叉住）。坐瓜后增加浇水次数，追肥可结合浇水冲施。西瓜结果期，棉花处在初花期，其肥水管理与西瓜结合进行。7 月上旬西瓜收获拉秧后，棉花进入花铃期，在植株一侧破膜开沟施肥。667 平方米施尿素 10～15 千克，复合肥 15 千克。8 月初在棉花大行间（原麦畦）撒种秋菠菜，10 月上中旬收获上市。

12. 小麦—大蒜—棉花—西瓜

此模式一般每 667 平方米产小麦 200～225 千克，蒜苗 30～40 千克，大蒜 1 000～1 500 千克，棉花 60 千克（皮棉），西瓜 2 000～2 500 千克，经济效益较高。

种植规格：

2米一带，播种6行小麦，行距20厘米，占地1米宽，在1米预留棉行内种5行大蒜，行距10厘米，株距8厘米，每667平方米2万株左右。次春拔去中间1行蒜苗，种植1行西瓜，株距50厘米，每667平方米660株。在大蒜两边各种1行棉花，株距20厘米，每667平方米3 300株左右。

栽培技术要点：

（1）小麦、大蒜同时播种。播前施足基肥，浇足底墒。冬前适时浇冻水。

（2）去蒜种瓜。4月中旬拔除中间1行大蒜，点播西瓜。西瓜选用早熟品种。

（3）棉花育苗移栽。4月上旬播种，采用阳畦营养钵育苗，5月上中旬移栽。

（4）加强培管。5月下旬至6月上旬收获大蒜，6月上旬收获小麦。麦、蒜收后，要加强中耕，并追肥1次，以有机肥为主。每667平方米施腐熟饼肥40～50千克，过磷酸钙25～30千克，碳铵30千克，在棉、瓜间开沟施入。将瓜蔓顺入小麦空档内，结合中耕及时灭茬。棉花花铃期再追肥一次。西瓜结果期保持地面湿润，以促进果实膨大，并注意合理用药，防止污染。

13. 西瓜—花生—大白菜

此模式是西瓜集中产区群众喜爱的种植形式，也是土地和光热资源利用的优良模式之一。在4—10月整个生长季节中，3种作物的生育高峰期均处于最适于其生长的季节内，并且有机地衔接在一起，使田间始终保持较大、有效的光合面积，因而可以获得较高的光合产量。此模式一般每667平方米产西瓜3 500千克以上，花生150千克，大白菜4 000～6 000千克。

种植规格：

1.6米一带，春种1行西瓜，株距45厘米，每667平方米824株；夏套2行花生，小行距30厘米，株（墩）距20厘米，每667平方米约4 000株。西瓜收获后，移栽2行大白菜，株距40～45厘米，每667平方米1 800株左右。

栽培技术要点：

（1）土壤准备。选择土质肥沃、水浇条件好的壤土或沙壤土，要求6年以上未种过西瓜。秋季深翻细耙，耕翻前每667平方米撒施土杂肥4 000

千克，磷肥 50 千克。土壤冻结前按 1.8 米的行距挖好瓜沟。翌春 3 月中旬在瓜沟内集中施肥，每 667 平方米施充分腐熟的饼肥 100 千克、尿素 15 千克、硫酸钾 10 千克，然后平好瓜沟，整成锯齿形瓜畦。浇足底墒水。

（2）西瓜育苗移栽。西瓜于 3 月上旬采用阳畦（营养钵或营养土块）育苗，选用优质、抗病性较强的中早熟杂交种。育苗前期苗床以增温保墒为主，不透明覆盖物（草苫或麦秸等）要晚揭早盖，夜间加强保温，尽量使畦内温度保持在 12℃ 以上；中后期注意通风炼苗并加强水分管理，以培育壮苗。4 月中旬幼苗出 3~4 片真叶时移栽，采用拱棚式地膜覆盖。

（3）间作花生。西瓜移栽缓苗后即可栽植花生。一般在 5 月上旬，在瓜畦前侧的斜坡上点播 2 行花生，与西瓜间距 1.2~1.3 米，种子选用海花一号或其他早熟高产良种。西瓜、花生共生期间需肥水较多，应注意追肥浇水。尤其是西瓜进入结果期后，可结合浇水每 667 平方米施磷酸二铵 15~20 千克或复合肥 25~30 千克，保持土壤湿润。及时清除田间杂草。

（4）移栽白菜。西瓜收获完毕后，拔除秧蔓，将瓜畦浅翻培土成两条小高垄或小高畦，8 月上中旬白菜幼苗团棵前后移栽。大白菜进入莲坐期后，花生开始收获。要加强肥水管理，随水追肥 2、3 次，每次追施尿素 5~7.5 千克。及时喷药防治白菜霜霉病和软腐病。

14. 西瓜—甘薯

此模式在山东沂南县应用较多。西瓜、甘薯间作的优点：西瓜生长发育前期，甘薯秧棵较小，因而田间通风透光良好，西瓜生长基本不受影响。西瓜进入膨瓜期，甘薯蔓刚爬到垄沟底，西瓜茎叶对甘薯遮阴不大。瓜秧拔除后，甘薯进入块根膨大期，对肥水的吸收面积增大，可以充分发挥边际效应。甘薯不减产，每 667 平方米可增收西瓜 2 000 千克。

种植规格：

2 米一带，种 2 垄甘薯，垄距 70 厘米（其中，垄宽 40 厘米，沟宽 30 厘米），株距 20 厘米，每 667 平方米栽苗 5 000 株；留一 90 厘米宽的空畦，种 1 行西瓜，株距 45 厘米，每 667 平方米 740 株左右。

栽培技术要点：

（1）巧施基肥。结合土壤耕翻每 667 平方米撒施圈肥 3 000~4 000 千克，在起甘薯垄和挖瓜沟时，再集中施肥，每 667 平方米施土杂肥 3 000 千克或炕洞土 2 000 千克，过磷酸钙 50~60 千克，尿素 10 千克或硫酸铵 15~20 千克，草木灰 100~150 千克。

（2）西瓜、甘薯双育苗。西瓜于 3 月采用阳畦育苗，选用早熟、优质、丰产的品种，如京欣一号、爱耶一号、金冠、郑抗 7 号等。甘薯采用火炕育苗，春分前后为育苗适期，掌握的温度指标为：春季气温稳定在 7～8℃ 时，即可开始育苗。甘薯宜选用品质优良的短蔓型品种。播种前用 50％ 甲基托布津 500 倍液浸种 10 分钟，防治甘薯黑斑病。

（3）适时移栽。西瓜于 4 月中旬移栽，采用拱棚式地膜覆盖。甘薯于谷雨前后栽秧，一般 5～10 厘米地温稳定在 17℃ 左右时为栽秧适期。北方春甘薯一般采用船底式栽法，即秧苗的头尾两处埋土较浅，中间埋土较深，秧苗栽后形如船底。秧苗长约 20 厘米左右为宜。栽后浇水封窝。

（4）合理培管。4 月下旬至 5 月上旬，在经过一段时间的通风炼苗后，将西瓜幼苗放出膜外，变拱棚式覆盖为普通覆盖。甘薯从栽秧到封垄，中耕 3～5 次，在最后一两次中耕时，结合修沟培垄，保持高胖的垄形。5 月中旬西瓜、甘薯普施一次肥料，在垄背或植株一侧 20 厘米处开沟，每 667 平方米施复合肥 25～30 千克，轻浇一次促秧水。西瓜结果期保持瓜畦湿润。6 月下旬至 7 月上旬西瓜收获完毕后，田间注意排水防涝，适当提蔓和喷药控秧，防止甘薯茎叶徒长。

15. 西瓜—小萝卜—花生—菜花

此模式是以西瓜为主体的种植形式。一般每 667 平方米产西瓜 3 000 千克，小萝卜 400～500 千克，花生 250～300 千克，菜花 1 500～2 000 千克。适于地力肥沃、人力充足的地区应用。

种植规格：

1.8 米一带，春种 1 行西瓜，株距 50 厘米，每 667 平方米 740 株；紧贴瓜畦两侧种 2 行小萝卜，株距 6～8 厘米，每 667 平方米 1 万株左右。5 月初在畦背上套种 3 行花生，行距 30 厘米，株距 25 厘米，每穴 2 株，每 667 平方米 9 000 株左右，花生与西瓜间距 80 厘米。西瓜 6 月下旬至 7 月上旬收获后，移栽 2 行菜花，行距 50 厘米，株距 40 厘米，每 667 平方米 1 900 株左右。

栽培技术要点：

（1）西瓜采用温床育苗，双膜覆盖。2 月下旬播种西瓜，选用优质、产量较高的中早熟品种，采用火炕或电热温床育苗。冬前挖好瓜沟，施足基肥，3 月上旬再沟施基肥，然后平瓜沟，整成锯齿形瓜畦，浇水造墒。3 月下旬移栽瓜苗，采用地膜加小拱棚双层覆盖。与瓜苗定植同时或提前 5～

7 天，在地膜前后两侧各播种 1 行小萝卜，在小拱棚的覆盖之下，西瓜定植后，加强温度管理，随外界温度升高及时通风并逐渐加大通风量。主蔓第 2 雌花开放后，及时进行人工授粉，以促进坐果。采用一主二副三蔓整枝法。5 月上旬揭除拱棚。5 月上中旬收获小萝卜。

（2）西瓜收获后，花生加强中耕，并结合花期中耕，适量追肥，每 667 平方米施复合肥 10 ~ 15 千克，同时培土 1 次。菜花 6 月上中旬露地育苗，7 月中下旬移栽。选用生育期 80 ~ 100 天的品种。

16. 西瓜—花生—玉米

此模式一般每 667 平方米产西瓜 2 500 ~ 3 000 千克，花生 300 千克，玉米 400 千克，适于在水肥条件较好的粮区推广。

种植规格：

1.7 米一带，春种 1 行西瓜，株距 50 厘米，每 667 平方米 800 株左右，3 行花生。行距 33 厘米，株距 25 厘米，每穴 2 株，每 667 平方米 1 万株，花生距西瓜 52 厘米。5 月中旬在西瓜与花生之间套 1 行夏玉米，株距 18 ~ 20 厘米，每 667 平方米 2 000 株。

栽培技术要点：

（1）西瓜 4 月初播种，采用拱棚式地膜覆盖。5 月上旬放苗出膜，改为普通覆盖形式。4 月下旬在瓜畦背上套种花生。西瓜和花生均要选用早熟、丰产品种。

（2）玉米选用中熟、丰产、紧凑型品种，5 月下旬在地膜前侧 20 厘米处开穴播种玉米，每穴播种 3 ~ 5 粒种子。7 月上旬收获西瓜后，及时中耕划锄。增施肥料，促进花生和玉米的生长发育，提高产量。

17. 西瓜—棉花—花生

此模式在棉瓜两熟的基础上，增收一茬花生，一般每 667 平方米产西瓜 2 500 千克，棉花 60 ~ 80 千克（皮棉），花生 200 千克，适于水肥条件较好的棉区推广。

种植规格：

1.6 米一带，春种 1 行西瓜，株距 50 厘米，每 667 平方米 830 株。在瓜畦两侧各种 1 行棉花，株距 28 厘米，每 667 平方米 2 600 ~ 3 000 株，瓜棉相距 25 厘米；5 月上旬在畦背上套 2 行花生，行距 30 厘米，株距 25 厘米，每穴 2 株，每 667 平方米 6 600 株左右，花生、西瓜相距 65 厘米。

栽培技术要点：

（1）西瓜采用阳畦育苗，3月上旬播种，选用早熟、丰产、优质的品种。4月中旬定植，采用普通式地膜覆盖。随即贴地膜两边各种1行棉花。西瓜加强管理促早熟，瓜棉共生期间禁止使用剧毒、高残留农药。6月中下旬收获西瓜。

（2）西瓜收获后，及时清理秧蔓，中耕松土。棉花要比单作田适当早打顶和去边心。初花期追肥1次，每667平方米施复合肥30~40千克。花生初花期适当培土。

（3）花生8月下旬至9月上旬收获后，棉花大行间（行距1.1米）浅翻，开沟施入基肥，10上旬可套播3行小麦，行距20厘米。